教育部大学计算机课程改革项目成果

工业和信息化部所属高校联盟推荐教材

大学计算机实践教程

——面向计算思维能力培养（第2版）

潘梅园　王立松　朱敏　编著

電子工業出版社

Publishing House of Electronics Industry

北京 · BEIJING

内容简介

本书是教育部大学计算机课程改革项目成果，是一本面向计算思维能力培养的大学计算机实践教程，力图从计算机问题求解的角度，引导学生利用可视化的程序设计工具进行问题描述和求解。书中引用和创作了丰富的实例，通过实例逐步介绍计算机问题求解的一般方法，通过设计对应的实验，使得学生在实践中强化计算思维，提高计算思维能力。本书内容结构上具体分为三部分：第一部分为 Raptor 程序设计基础；第二部分为问题求解实例；第三部分为问题求解实践内容，包括基础实验和综合实验。

本书配套有丰富的教学资源，包括：PPT、电子素材、示例演示视频等。除此以外，本书特别添加了二维码技术，读者可以通过移动终端扫描本书封面上的二维码来观看相应示例的演示视频。

本书适用于大学低年级学生，可作为大学计算机实践课程的教材，也可作为理解计算思维、提高问题求解能力的参考用书，或者作为软件开发人员或计算机爱好者的自学用书。

图书在版编目（CIP）数据

大学计算机实践教程：面向计算思维能力培养/潘梅园，王立松，朱敏编著. —2 版. —北京：电子工业出版社，2016.7

ISBN 978-7-121-29256-9

Ⅰ. ①大… Ⅱ. ①潘… ②王… ③朱… Ⅲ. ①电子计算机—高等学校—教材 Ⅳ. ①TP3

中国版本图书馆 CIP 数据核字（2016）第 150573 号

策划编辑：任欢欢
责任编辑：任欢欢
印　　刷：北京虎彩文化传播有限公司
装　　订：北京虎彩文化传播有限公司
出版发行：电子工业出版社
　　　　　北京市海淀区万寿路 173 信箱　　邮编：100036
开　　本：787×1 092　1/16　印张：13.5　字数：312 千字
版　　次：2014 年 9 月第 1 版
　　　　　2016 年 7 月第 2 版
印　　次：2018 年 9 月第 6 次印刷
定　　价：35.00 元

凡所购买电子工业出版社图书有缺损问题，请向购买书店调换。若书店售缺，请与本社发行部联系，联系及邮购电话：（010）88254888，88258888。

质量投诉请发邮件至 zlts@phei.com.cn，盗版侵权举报请发邮件至 dbqq@phei.com.cn。

本书咨询联系方式：192910558（QQ 群）。

第 2 版前言

现代科学技术的飞速发展，改变了世界，也改变了人类的生活，作为新时代的大学生，应当站在时代发展的前列，以适应社会发展的要求。新的时代需要具有丰富的现代科学知识，需要有实践思维、理论思维和计算思维的能力，才能在现代信息世界中了解、处理和解决问题。

本教材是一本针对非计算机专业学生，进行面向计算思维能力培养的大学计算机实践教程，力图从计算机问题求解的角度，引导学生利用可视化的程序设计工具进行问题描述和求解。

本教材的使用对象是在校低年级的大学生，第 1 版经过 3 年的使用后，在广泛听取了教师和学生意见的基础上，第 2 版主要修订的是第 10 章问题求解实验相关内容：对学生难以完成的实验进行了替换；初始实验和较复杂的实验给出了算法描述和程序流程图示例；增加了游戏程序实验，使实验的趣味性大大提高。

本书难免有不足之处，竭诚希望得到广大读者的批评指正。

作　者

2016 年 5 月

第1版前言

近年来，大学计算机课程的教学改革探索和实践表明，大学计算机课程的教学应该以培养计算思维能力为核心任务。在具体教学实施过程中，如何培养计算思维能力就成为了大学计算机课程教学的中心问题。通过对这个问题的深入思考和多年的教学经历，我们认为有两个方面或途径来培养计算思维能力：一是在课堂教学上，把计算（机）的知识放在思维层面进行讲解，学生通过思考“这些知识是如何形成的”来贯通知识，计算思维能力也在这种知识的贯通过程中得到提高；二是围绕计算思维的“应用”，主要基于计算机的问题求解，这样计算思维就必然涉及如何构建计算环境以及如何进行问题求解。大学低年级的学生，主要通过简单的工具进行问题描述，并能在计算机上执行这一过程来“体会和实践”计算思维，从而培养计算思维能力，为未来进一步学习诸如高级语言程序设计等课程打下坚实基础。重要的是，学生能结合自身专业，利用计算思维求解问题，甚至可以验证问题求解方法的有效性与正确性。

本教材的目的在于引导学生进行面向计算思维能力培养的实践，切入点是计算思维指导下的计算机问题求解。鉴于大学低年级学生的计算机相关知识水平可能不够，教材采用浅显的语言，简单介绍了一些必要的知识。为了可以在计算机上进行实践，本书选用了非常简便的可视化程序设计工具Raptor作为实践工具，并给出了工具的基本要素和常用技巧及其应用。有了这些内容作为基础，教材又给出了基本的问题处理策略和问题求解实例。最后设计了一系列精心挑选的问题求解实例和问题求解实践题目，供读者进行学习、参考和实践。希望通过本教材的引导，读者可以有一个深层次的“入门”，在实践中提高计算思维能力，也为后续课程的学习打下坚实基础。

本教材适合于各类专业的大学生，建议在大学一年级第一学期开设。考虑到教学进度和学生接受程度，总学时安排30学时为宜。由于是实践教程，建议在实验室讲授，边学边练边思考。

本教材由王立松、潘梅园和朱敏共同创作和编写，王立松负责统稿。其中，王立松编写第1章和第8章，潘梅园编写第4、5、6、9、10章，朱敏编写第2、3、7章。南京航空航天大学长期从事大学计算机教学的一线教师对本教材的书稿进行了讨论，并提出了很好的修改建议。陈龙等研究生参与了部分实例的制作工作。

本书在成稿过程中得到很多专家教授的指点和帮助，哈尔滨工业大学的战德臣教授给予了非常多的建议，南京航空航天大学的陈兵教授细致审阅了稿件。在此对他们表示衷心的感谢。

感谢南京航空航天大学教务处、计算机科学与技术学院及电子工业出版社对本书出版所给予的大力支持。在此对为本书出版做出贡献的所有人员一并表示衷心的感谢。

面向计算思维能力培养的大学计算机实践是一门发展中的课程，由于时间仓促和作者的水平限制等因素，教材中的内容难免有不完善之处，敬请广大读者谅解，并诚挚地欢迎读者提出宝贵建议。

作 者

2014 年 8 月

目　录

第1章 概　述

1.1 培养计算思维能力的重要性

计算思维是指计算机、软件等与计算相关的学科中科学家和工程技术人员的思维模式。美国卡内基·梅隆大学周以真（Jeannette M. Wing）教授认为，计算思维（Computational Thinking）是运用计算机科学的基础概念去求解问题、设计系统和理解人类的行为，计算思维的本质是抽象（Abstraction）和自动化（Automation）。如同所有人都具备是非判断、文字读写和进行算术运算一样，计算思维也是一种本质的、所有人都必须具备的思维能力。有学者认为，计算思维被归纳、提出，可能是近十年来计算科学和计算机学科中最具有基础性的、长期性的重要学术思想。国内很多学者也对计算思维进行了深入的研究，如陈国良院士、李廉教授等，将计算思维看成是除理论思维、实验思维外的第三大思维。理论思维是以推理和演绎为特征的“逻辑思维”，用假设/预言——推理和证明等理论手段研究社会、自然现象及规律；实验思维是以观察和总结为特征的“实证思维”，用实验—观察—归纳等实验手段研究社会、自然现象及规律；而计算思维则是以设计和构造为特征的“构造思维”，是以计算手段研究社会、自然现象及规律。随着社会、自然探索内容的深度化和广度化，传统的理论手段和实验手段已经受到很大的限制，实验产生了大量数据其结果是很难通过观察获得的，因此不可避免地需要利用计算手段来实现理论与实验的协同创新。战德臣教授等为了概括计算学科中所体现的重要的计算思维，提出了一种多维度观察计算思维的框架——计算之树。

研究和实践表明，计算思维的核心是基于计算模型（环境）和约束的问题求解。计算机学科是研究计算模型、计算系统的设计以及如何有效地利用计算系统进行信息处理、实现工程应用的学科，涉及基本模型的研究、软件/硬件系统的设计以及面向应用的技术研究与工程方法研究。虽然计算机学科研究涉及面广，但其共同特征还是基于特定计算环境的问题求解。比如，计算机科学基础理论研究实际上是基于抽象级环境（如图灵机）的问题求解，计算机硬件体系的设计与研究则是一种指令级的问题求解，程序设计是基于语言级的问题求解活动，系统软件设计与应用软件设计则是一种系统级的问题求解。因此，可以认为，计算思维的本质特征是基于不同层次计算环境的问题求解。而不同层次计算环境的问题求解行为也反映了计算机学科的三种不同形态：科学、技术与工程。

如果说计算思维的本质特征是基于计算模型（环境）和约束的问题求解，那么计算思维就必然涉及怎样构建计算环境以及如何进行问题求解，更进一步地包括怎样验证问题求解方法的有效性与正确性。因此，计算思维的核心方法就是“构造”，不但构造计算环境，而且构造基于计算环境的问题求解过程，以及构造对问题求解过程的验证方法。可以称这三类构造为对象构造、过程改造、验证构造。

鉴于计算思维的重要性，人们认识到，大学计算机的教学和学习核心任务就是培养计算思维能力。

1.2 为什么培养计算思维需要有实践

计算思维的重要意义在于指导如何利用计算（机）的理论、方法、技术、系统及其工具进行问题求解。在问题求解实践过程中，计算思维得到进一步的强化，计算思维能力得到不断增强；反过来，这种增强了的计算思维能力又可以提升实践者问题求解的能力。所以，我们学习和理解计算思维，培养计算思维能力，需要配合必要的具体应用和实践，使得“抽象”的思维活动可以具体地“显现”出来。

计算思维本身就是在计算（机）科学和技术的研究和实践中不断被总结和发现的，如果脱离了实践，则有可能使得计算思维成为一种裹足不前的空洞“思维”，而培养计算思维能力则有可能成为镜花水月，所以从计算思维自身的发展来说，计算思维也是离不开实践的。

培养一个人的计算思维能力最终还是要促进人的实践能力，而实践能力却是需要在实践活动中不断思考和演练才能逐步提高，这也是创新能力培养的一般过程。总的来说，计算思维的培养和实践能力的培养是一体两面、相辅相成的，计算思维在计算实践活动中被总结和反复应用，而各种借助于计算工具进行的实践又在反复地应用着计算思维，在计算思维指导下进行创新实践，使得人类的计算思维能力越来越强，也使得利用计算（机）科学和技术进行问题求解的能力越来越强。

1.3 如何进行面向计算思维培养的实践

本书中，面向计算思维培养的实践试图体现抽象、构造和自动化这些计算思维的本质特征，以培养问题求解，系统设计和人类行为理解等方面的能力为目标，从问题的描述、计算（机）原理和过程的展示、算法和程序的设计、系统的设计和实现、模型的分析和验证等方面进行具体的实验项目设计，这些实验项目可以让读者循序渐进地在实践环节中得到训练，配合面向计算思维能力培养的教学，培养学生的实践能力和创新思维能力。

虽然计算思维可以脱离具体的计算机器、系统和工具，就如同使用不插电的计算机那样进行思维培养，但是，为了配合未来学习和工作的需要，本书所说的面向计算思维培养的实践是要借助现代计算机为工具的，所说的“问题求解”是指利用计算机系统进行问题求解，也就是说，我们在对问题进行分析和理解时，要使用计算机问题求解的基本步骤和方法，通过计算机问题求解的方法找出（或者说是构造出）解决问题的具体有效的办法，再利用计算机最终把问题具体“解”出来，并能分析求解这个问题付出了怎样的代价，进一步验证某些期望的性质是否得到满足。

要达到上述目的，就需要了解到底利用计算机进行问题求解需要我们做什么。正如一个人与另外一个人合作交流并希望对方帮忙解决问题一样，首先需要把自己的问题分析清楚，然后用对方能听得懂的语言无二义性地表达出来（还可以告诉对方如何完成这个任务），所以我们碰到的第一个问题就是如何用一个语言来描述问题，在计算机科学和技术中，这是计算机语言和程序设计需要解决的问题。其次，为了表达问题中涉及的处理对象（亦即数据对象）及其对象之间的联系等信息，计算机科学家为此建立了描述数据对象和对象之间关系的一种结构，即所谓的数据结构。最后，在解决问题的方法上，人们通过不断地研究、实践和总结，形成了很多解决问题的一般性的方法和步骤，这些方法和步骤往往基于某种数据结构，即所谓的算法。当然，要完成一个问题的最终求解，还需要有一定能力的计算机，所以还要了解计算机硬件系统和软件系统的基本构成、工作原理，以及其中蕴含的思维方式。

从上面的讨论可以看出，要让计算机为我们解决问题，其实首先是人要有解决问题的思路和方法，然后以计算机能接受的方式“告诉”计算机，才能利用计算机得到最终想要的“答案”。为此，为了后续章节的学习，围绕计算机问题求解，本章将简要介绍一些必要的概念和术语，它们分别是：程序、程序设计、程序设计语言、算法、数据结构，以及本书使用的主要工具——Raptor，并适当地用 Raptor 来说明这些概念和术语的含义。

1.4 程序、程序设计和程序设计语言

要培养计算思维，必然需要表达计算思维，表达计算思维就需要用到语言，因为最终要把一个想法或者问题的解决方案在计算机上实现，就需要了解和掌握计算机中的语言，这些语言往往又是用来设计计算机程序的，所以通常又称为程序设计语言，这里就需要了解什么是程序、程序设计要做什么的、程序设计语言是什么这三个问题。

1.4.1 程序及其基本要素

我们日常生活中打算完成一项任务的时候，通常会事先拟定一系列有序的具体步骤，具体执行的时候就可以按照这些具体步骤按部就班地完成此项任务。这些完成目

标任务的一系列有序步骤就是程序，只是本书中的“程序”指的是计算机程序。读者会发现，生活中在描述一项任务的具体步骤时，一定会需要用某种语言（不一定是自然语言，可能是其他的文字或者符号）来描述。同样，让计算机完成任务的步骤序列即计算机程序也是需要用语言来描述的，只不过是计算机能“认识”的语言，计算机能“认识”的语言最基本的形式是机器能执行的指令。因此，我们可以把程序简单地定义为：由基本动作指令构造的若干指令的一个组合或一个执行序列，用以实现千变万化的复杂动作，或者说，程序是为解决一个信息处理任务而预先编制的工作执行方案，是由一串 CPU 能够执行的基本指令组成的序列，每一条指令规定了计算机应进行什么操作（如加、减、乘、判断等）及操作需要的有关数据。例如，从存储器读一个数送到运算器就是一条指令，从存储器读出一个数并与运算器中原有的数相加也是一条指令。

这里需要特别强调的是，人们在从事计算机程序相关的工作中使用了一种称为“程序”思维的思维模式，是构造一个复杂系统时使用的一般性的思维方式。系统可被认为是由基本动作（基本动作是容易实现的）以及基本动作的各种组合所构成（多变的、复杂的动作可由基本动作的各种组合来实现）。因此，实现一个系统仅需实现这些基本动作以及实现一个控制基本动作组合与执行次序的机构。对基本动作的控制就是指令，指令的各种组合及其次序就是程序。系统可以按照“程序”控制“基本动作”的执行以实现复杂的功能。计算机或计算系统就是能够执行各种程序的机器或系统，指令与程序的思维也是最重要的一种计算思维。

对于计算机的程序而言，它有自己的基本构成要素，通常由两种基本要素组成：一是对数据对象的运算和操作，二是程序的控制结构。

1. 程序中对数据的运算和操作

计算机程序是计算机能处理的操作所组成的指令序列。

通常，计算机可以执行的基本操作是以指令的形式描述的。一个计算机系统能执行的所有指令集合称为该计算机系统的指令系统。计算机程序就是按解题要求从计算机指令系统中选择合适的指令所组成的指令序列。在一般的计算机系统中，基本的运算和操作有以下 4 种。

① 算术运算：主要包括加、减、乘、除等运算。

② 逻辑运算：主要包括“与”、“或”、“非”等运算。

③ 关系运算：主要包括“大于”、“小于”、“等于”、“不等于”等运算。

④ 数据传输：主要包括赋值、输入、输出等操作。

在设计程序之初，通常并不直接用通用的高级语言来描述程序，而是用其他描述工具（如流程图、伪代码，甚至用自然语言）来描述程序。但不管用哪种工具来描述程序，设计程序一般都应考虑按问题求解要求从上述 4 种基本操作中选择合适的操作，组成解题的操作序列。程序的主要特征着重于程序的动态执行，这使得它有别于传统的着重于静态描述或按演绎方式求解问题的过程。传统的演绎数学是以公理系统为基础的，问题的求解过程是通过有限次推演来完成的，每次推演都将对问题做进一步的描述，如此不断推演，直到直接将解描述出来为止。而计算机程序则是用一些最基本的操作，通过对已知条件一步一步地加工和变换，从而实现问题求解目标。

2. 程序的控制结构

一个程序的功能不仅取决于所选用的操作，还与各操作之间的执行顺序有关。程序中各操作之间的执行顺序称为程序的控制结构。

程序的控制结构给出了程序的基本框架，不但决定了程序中各操作的执行顺序，而且直接反映了程序的设计是否符合结构化原则。描述程序的工具通常有传统流程图、伪代码、程序设计语言等。一个程序一般都可以用顺序、选择、循环这 3 种基本控制结构组合而成。

例 1-1：有黑和蓝两个墨水瓶，但错把黑墨水装在了蓝墨水瓶子里，而蓝墨水错装在黑墨水瓶子里，要求将其互换。

解：这是一个非数值运算问题。因为两个瓶子的墨水不能直接交换，所以，解决这类问题的关键是需要借助第三个墨水瓶。设第三个墨水瓶为黄瓶，其交换步骤如下：

① 将黑瓶中的蓝墨水装入黄瓶中。

② 将蓝瓶中的黑墨水装入黑瓶中。

③ 将黄瓶中的蓝墨水装入蓝瓶中。

④ 交换结束。

例 1-2：计算函数 $f(x)$ 的值。函数 $f(x)$ 为：

$$f(x) = \begin{cases} bx + a & x \leqslant a \\ ax + b & x > a \end{cases}, \text{其中 } a,b \text{ 为常数}$$

解：本题是一个数值运算问题。其中 $f(x)$ 代表要计算的函数值，有两个不同的表达式，根据 x 的取值决定采用哪一个算式。根据计算机具有逻辑判断的基本功能，用普通语言描述如下：

① 将 a，b 和 x 的值输入到计算机。

② 判断 x 是否小于等于 a，如果条件成立，执行第③步，否则执行第④步。

③ 按表达式 $bx+a$，计算出结果并存放到 f 中，然后执行第⑤步。

④ 按表达式 $ax+b$，计算出结果并存放到 f 中，然后执行第⑤步。

⑤ 输出 f 的值。

⑥ 程序结束。

由上述两个简单的例子可以看出，一个程序由若干操作步骤构成，并且任何简单或复杂的程序都是由基本功能操作和控制结构这两个要素组成的。程序的控制结构决定了程序的执行顺序。

1.4.2 程序设计

前面解释了什么是程序和程序的组成要素，知道了计算机是执行程序来完成指定工作的，那么如何得到让计算机完成我们想要完成的任务的程序呢？显然，这个程序还是要由人来把它“做”出来，也就是人要先构造出计算机能一步一步执行的指令序列，即程序，这个构造过程就是程序设计，称“构造”是计算思维的一个本质特征就是这个原因。通过一定的手段和技术，把一个计算机能执行的程序构造出来，所以程序设计就是给出解决特定问题的程序的过程，是软件构造活动中的重要组成部分。程序设计往往以某种程序设计语言为工具，给出这种语言描述的程序。程序设计过程应当包括分析、设计、编码、测试、排错等阶段。专业的程序设计人员常被称为程序员。

在某种意义上，程序设计的出现甚至早于电子计算机的出现。英国著名诗人拜伦的女儿爱达·勒芙蕾丝曾设计了巴贝奇分析机上计算伯努利数的一个程序。她甚至创造了循环和子程序的概念。由于她在程序设计上的开创性工作，爱达·勒芙蕾丝被称为世界上第一位程序员。

任何设计活动都是在各种约束条件和相互矛盾的需求之间寻求一种平衡，程序设计也不例外。在计算机技术发展的早期，由于机器资源比较昂贵，程序的时间和空间代价往往是设计关心的主要因素；随着硬件技术的飞速发展和软件规模的日益庞大，程序的结构、可维护性、复用性、可扩展性等因素日益重要。

另一方面，在计算机技术发展的早期，软件构造活动主要就是程序设计活动。但随着软件技术的发展，软件系统越来越复杂，逐渐分化出许多专用的软件系统，如操作系统、数据库系统、应用服务器，而且这些专用的软件系统越来越普遍地成为计算环境的一部分。在这种情况下，软件构造活动的内容越来越丰富，不再只是纯粹的程序设计，还包括数据库设计、用户界面设计、接口设计、通信协议设计和复杂的系统配置过程。

由于现代人们的工作、学习和生活几乎很难离得开计算机，例如，每天都在使用计算机帮我们完成一定的工作，所以程序设计自然就成为大多数人需要了解并掌握的基本概念和技能了。

1.4.3 程序设计语言

以上在介绍程序和程序设计中都提到，程序是用某种语言来描述的，程序设计也是要用到某种语言来设计程序，我们不妨将用于说明程序和进行程序设计的语言称为程序设计语言（Programming Language)。图1-1形象地描述了程序设计语言的作用，即人类要想让计算机解决问题，必须用程序设计语言和计算机进行沟通。

图1-1 程序设计语言的作用

程序设计语言同其他语言一样，是人与机器之间沟通的媒介；类似地，它的基础也是一组记号和一组规则。根据规则，由记号构成的记号串的总体就是语言（读者可以仔细类比你自己说的自然语言来理解这一点)。在程序设计语言中，这些记号串就是程序。

我们不妨来看一个例子，现在想要完成一项任务："求数字1055减去383与545的和的结果。"这里，我们首先获得了第一种表达这个任务的方式，就是自然语言的表达方式。这句话是通过符合自然语言语法规则组成的一个符号串，对于这个符号串，懂中文并且学过小学算术的人都可以"执行"，但没有学过中文的人看不懂，无法"执行"。当然，此任务机器是不能执行的。

为了让没有学过中文的人能理解这个任务，我们可以采用通用的数学语言，即："1055 -(383 +545)"，这样全世界学过整数算术运算的人都能理解和"执行"了。显然，这个符号串是符合数学运算规则的符号串，也可以看成一个程序，但机器还是不能执行。

为了让机器能理解和执行这个任务，就需要用机器能认识的语言来表达这个任务，图1-2中的符号串就是用机器语言表达的"求1055 -(383 +545)的结果"这个任务。

B8	7F	01
BB	21	02
03	D8	
B8	1F	04
2B	C3	

图1-2 机器语言程序（5条机器指令）

令人尴尬的是，虽然这个机器语言是人发明的，但就算是发明这个机器语言的本人，如果不查阅相关的"说明书"或者"字典"，也是难以理解这段程序的。人们不得不去寻找一种方法，用简单、易理解、有限的符号来表示这个机器语言，使得这个符号语言很容易就能对应到机器语言，从而使得机器能理解和执行的同时，也能方便使用这个语言的人设计程序和阅读程序，这就是后来的汇编语言。"求1055 -(383 +545) 的结果"这个任务的汇编语言程序如图1-3所示。

```
MOV AX 383     将383传送到AX寄存器
MOV BX 545     将545传送到BX寄存器
ADD BX AX      将BX内容加AX内容，结果在BX中
MOV AX 1055    将1055传送到AX寄存器
SUB AX BX      将AX内容减BX内容，结果在AX寄存器中
```

图1-3 汇编语言程序的例子

虽然汇编语言给人们进行程序设计带来了很大的方便，但在实际的程序和软件的"构造"中，还是有烦琐和效率低下等问题。随着计算机技术的发展，人们创立了更直观的所谓高级程序设计语言。这里的"高级"可以简单地理解为接近于某种自然语言、给程序设计带来了高效率以及更高级的程序设计方法等。为了展示高级语言的概貌，图1-4给出了一个用高级语言编写的略显复杂的程序，这段程序将完成把一个数字序列进行排序的任务。

> 初学的读者看不懂这些程序没有关系，本章只是在向读者介绍本书中用到的基本概念及其由来，有兴趣的读者可以通过查阅资料自己看懂这些语法。

由于程序设计语言是构造程序和软件的基础，所以程序设计语言及其工具一直是计算机科学和技术中发展非常迅速的领域，新的语言和工具层出不穷。从培养计算思维能力的角度，过于复杂的工具并不适用于初学者，那么有没有适合初学者进行思维

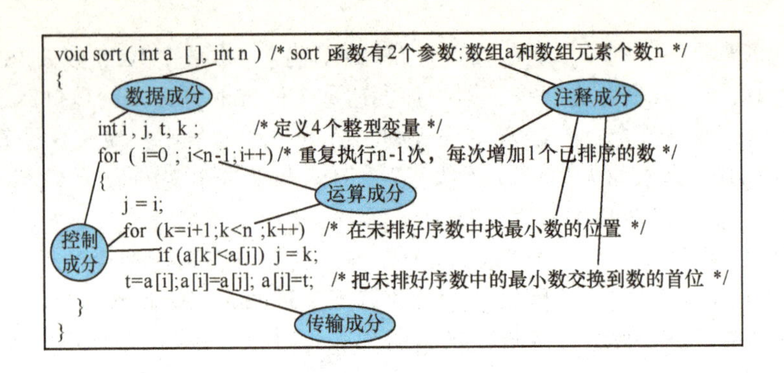

图 1-4 高级语言（C 语言）程序：选择法对 a 数组中的 n 个元素升序排序

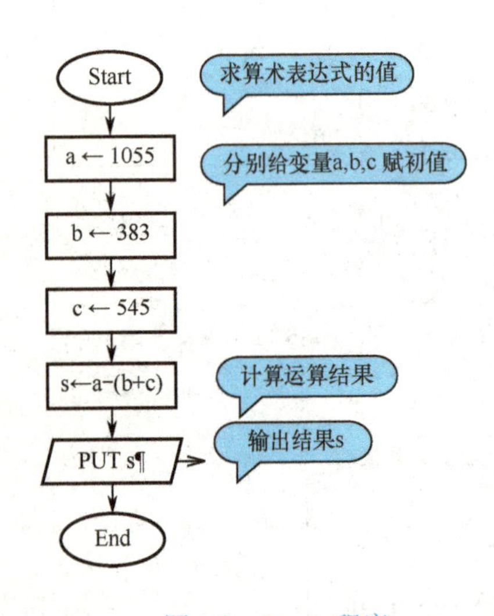

图 1-5 Raptor 程序

表达而且无须太多学习就能入门的语言和工具呢？答案是肯定的。例如，图 1-5 中的例子就是采用一个称为 Raptor 的工具来表达“求 1055 –（383 + 545）的结果”这个任务的程序。这个程序对于大多数的初学者来说，很容易明白，要让计算机解决问题，其实很简单，就是用流程图的方式表达自己的想法即可，这样，我们就可以把主要精力放在如何表达自己的想法上，而无须了解过多的程序设计技巧和工具本身的技巧，非常有利于思维能力的培养。

更一般地说，程序设计语言有 3 方面的因素，即语法、语义和语用。语法表示程序的结构或形式，即表示构成语言的各记号之间的组合规律，但不涉及这些记号的特定含义，也不涉及使用者。语义表示程序的含义，即表示按照各种方法所表示的各个记号的特定含义，但不涉及使用者。语用是语言成分相对语言情景的含义，即语言使用的语境不同含义可能不同（语用的讨论超出本书范围，有兴趣读者可以查阅相关文献资料）。

对于一个具体的计算机程序设计语言来说，它的目标就是利于进行程序设计，那么涉及计算机程序语言必然和计算机能做什么相关，计算机能存储指令和数据、接受输入、执行指令和处理数据、输出结果，所以，从这个层面我们很容易得到程序设计语言的基本成分（见图 1-4）：

① 数据成分，用以描述程序所涉及的数据。

② 运算成分，用以描述程序中所包含的运算。

③ 控制成分，用以描述程序中所包含的控制。

④ 传输成分，用以表达程序中数据的传输。

程序设计语言按照语言级别可以分为低级语言和高级语言。低级语言有机器语言和汇编语言。低级语言与特定的机器有关、功效高，但使用复杂、烦琐、费时、易出差错。机器语言是表示成数码形式的机器基本指令集，或者是操作码经过符号化的基本指令集。汇编语言是机器语言中地址部分符号化的结果，或进一步包括宏构造。高级语言的表示方法要比低级语言更接近于待解问题的表示方法，其特点是在一定程度上与具体机器无关，易学、易用、易维护。

在计算机科学和技术发展过程中，很多程序设计语言被研究和使用。由此产生了很多的程序设计语言以及程序设计方法和技术，形成了现代软件的技术基础。程序设计语言正朝着模块化、简明化、形式化、并行化和可视化发向发展，例如，支持基于模型驱动的开发方法的开发工具就是用可视化的方法建立模型，由模型直接生成程序代码。

1.5 算法和数据结构

瑞士计算机科学家尼古拉斯·沃斯（Niklaus Wirth）提出了一个著名的公式："算法 + 数据结构 = 程序"，从某种意义上说，正是这个公式使得他获得了计算机界的最高奖——图灵奖（1984 年）。这个公式告诉我们，程序的核心是算法和数据结构，而算法往往是基于某种数据结构来构造的。读者在以后的实践中将会慢慢体会到这种思维方式，我们在利用计算机进行实现求解问题时，必须设计相应的算法和数据结构，通过具体的语言和工具（如 Raptor）就得到了程序。本节将简单介绍算法和数据结构。

1.5.1 算法

所谓算法，就是一个有穷规则的集合。其中，规则规定了解决某一特定类型问题的一个运算序列。通俗地说，算法规定了任务执行/问题求解的一系列步骤。

应该看到，这里对算法的定义和前面对程序的定义似乎非常接近，容易混淆。首先，从公式"算法 + 数据结构 = 程序"可以看到，算法和程序显然是密切相关的，但算法不等于程序，程序却一定是算法，因为二者都涉及解决问题的方法步骤，都隶属于典型的计算思维范畴。由于我们在谈程序的时候都隐含着是在谈计算机的程序，从这个角度出发，程序是用一种计算机能理解并执行的计算机语言描述解决问题的方法步骤；算法也是解决问题的方法步骤，但不一定要让计算机能理解并执行。所以，我们解决问题首先是要考虑好算法，然后据此依托一个具体的程序设计语言实现这个算法即得到程序，也就是说，算法表达了解决问题的步骤，程序是算法的计算机程序设计语言代码实现。具体实现时，算法是靠程序来具体完成功能的，程序则需要算法作为其灵魂。所以，算法和程序其实是一体两面，算法更多地 体现的是思维层面，程序则是算法的实现层面。

我们可以从下面的例子中体会算法的含义，这个算法是经典的辗转相除法求最大公约数，也称为欧几里得算法。

算法：欧几里得算法（辗转相除法）。

STEP 0：输入两个正整数 m，n。

STEP 1：计算 m 除以 n，所得余数是 r。

STEP 2：若 r 等于0，则 n 为最大公约数，算法结束；若 r 不等于0，则 $m \leftarrow n$，$n \leftarrow$

r，执行 STEP 1。

在算法中，由于 m 和 n 均为正整数，在 STEP 1 之后，r 必小于 n，若 r 不等于 0，下一次执行 STEP 1 时，n 的值已经减小，而正整数的递降序列最后必然要终止。因此，无论给定 m 和 n 的原始值有多大，STEP 1 的执行都是有穷次。

我们也可以把欧几里得算法用图 1-6 所示的流程图表示。

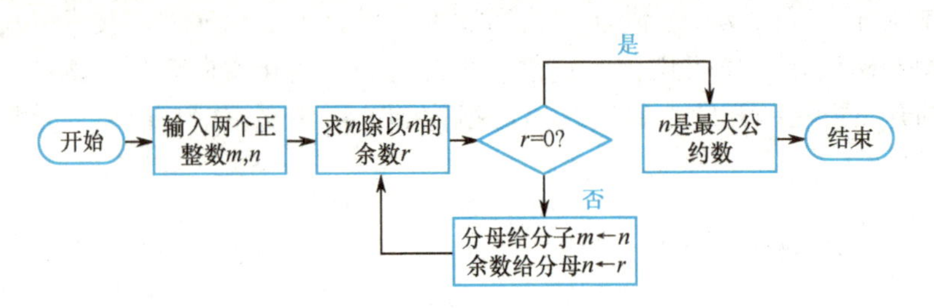

图 1-6　欧几里得算法流程

以上说明了算法和程序的关系，知道了算法是解决一个问题的思路和步骤，程序则是解决这些问题所具体编写的代码。算法的描述不依赖于某种语言，如果用某种语言实现了这个算法（用不同语言编写的程序会有一些语法和技巧上的差异），我们就得到了一个具体可以在计算机上执行的程序。图 1-7 就是用 C 语言实现的欧几里得算法。

```
# include <stdio.h>
void main()
{
    int m,n,r;
    scanf("%d%d",&m,&n);
    while ( (r=m%n)!=0 )
   {
      m=n;
      n=r;
   }
   printf("输入两个数的最大公约数是:%d\n",n);
}
```

图 1-7　欧几里得算法的 C 语言实现

人们通过对算法的研究，得出算法具有很多特性，了解这几个特性有助于理解算法的含义，算法的主要特性如下。

① 有穷性：一个算法在执行有穷步骤之后必须结束。

② 确定性：算法的每一个步骤必须确切地定义，即算法中所有有待执行的动作必须严格而不含混地进行规定，不能有歧义性。如欧几里得算法中，STEP 1 中明确规定"以 m 除以 n"，而不能有类似"可能以 n 除以 m，也可能以 m 除以 n"这类有多种可能做法但不确定的规定。

③ 可执行性：算法中有待执行的运算和操作必须是相当基本的，换言之，它们都是能够精确地进行的，算法执行者甚至不需要掌握算法的含义即可根据该算法的每一步骤要求进行操作，并最终得出正确的结果。

④ 算法有零个或多个的输入，即在算法开始之前，对算法最初给出的量。如欧几

里得算法中，有两个输入，即 m 和 n。

算法有一个或多个的输出，即与输入有某个特定关系的量，简单地说就是算法的最终结果。如在欧几里得算法中只有一个输出，即 STEP 2 中的 n。

计算机算法就是指挥计算机按照一定步骤完成指定的工作，形式上表现为有限的指令序列。步骤体现为算法语言的语句，那么在描述算法的就涉及描述语言的选用问题，由于在描述算法的时候不涉及具体实现，一般来说，可以用自然语言、传统流程图、N-S 盒图（1973 年美国学者 I. Nassi 和 B. Shneideman 提出的一种无流线的流程图）、伪代码（类似于数学语言）等来描述算法。

算法思维是计算思维的核心之一，一个程序或软件系统好不好，很多时候体现在其中的核心算法设计得好不好，所以在具体实践中，读者可以在算法设计上多一些思考和训练。

1.5.2 数据结构

前面讨论了什么是算法，并把算法和程序做了比较，让读者知道了算法用程序设计语言进行具体实现就可得到程序，但算法加上数据结构才等于程序，那么数据结构是什么？我们从两个方面入手来了解这个概念，一个是数据，一个是结构。

什么是数据？对于计算机来说，凡是能输入到计算机中并能被计算机程序处理的符号都称为数据。所以数据是描述客观事物的符号，是计算机中可以操作的对象，是能被计算机识别，并输入给计算机处理的符号集合。数据不仅仅包括整型、实型等数值类型，还包括字符及声音、图像、视频等非数值类型。正如我们日常生活中处理任何一件事，都需要有处理的目标对象，也就是载体，如一份文件、一句话等，算法的步骤中也有处理的目标对象，由于计算机处理的对象是数据，我们就把这些目标对象统称为数据。例如，欧几里得算法中的 m、n、r 和 0 就是这个算法处理的数据。

什么是结构？结构是指组成整体的各部分之间的搭配和安排。例如，化学中谈分子结构，是指组成分子的原子之间的排列方式；建筑学中谈建筑结构，是指建筑物上承担重力或外力的部分的构造，如砖木结构、钢筋混凝土结构。这些都是指各个组成部分相互搭配和排列的方式。在现实世界中，不同数据元素之间不是独立的，而是存在特定的关系，我们将这些关系称为结构，也就是说，结构可简单地理解为关系。

什么是数据结构？按照前面的讨论，我们就可以得出，数据结构就是数据对象和数据对象之间的关系的描述。有了数据结构，我们就可以建立计算机中的数据对象之间内在有机的联系，进而使得计算机要处理的数据对象可以进行合理组织和有效存储。其实，一个算法离不开它要处理的数据对象，这些数据对象如何组织、如何存储是算法设计和优化的基础，也是程序实现的基础。设计数据结构有三方面的问题需要解决：

① 数据的逻辑结构（数据集合中各数据元素之间所固有的逻辑关系）。

② 数据的存储结构（在对数据进行处理时，各数据元素在计算机中的存储关系）。

③ 具体数据结构上可进行的运算。

一个数据结构是由数据元素依据某种逻辑联系组织起来的。对数据元素间逻辑关系的描述称为数据的逻辑结构；数据必须在计算机内存储，数据的存储结构是数据结构的实现形式，是其在计算机内的表示；此外，讨论一个数据结构必须同时讨论在该类数据上执行的运算才有意义，这也是可以在数据结构上设计算法的基础。一个逻辑数据结构可以有多种存储结构，且各种存储结构影响数据处理的效率。可以说，逻辑结构是面向问题的，而物理结构是面向计算机的，其基本的目标就是将数据及其逻辑关系存储到计算机的内存中。

计算机程序设计和软件实现的实践表明，系统实现的困难程度和系统构造的质量都严重地依赖于是否选择了最优的数据结构。一般来说，确定了数据结构，算法就容易设计出来，也可以根据特定算法来选择与之适应的数据结构。总之，精心选择的数据结构可以带来更高的运行或者存储效率，数据结构往往同高效的算法紧密相关。目前的数据结构还在发展中，高效的数据结构一直是研究人员探索和追寻的目标。

诸多应用广泛的数据结构中，最基本的有 4 种：集合结构、线性结构、树型结构和图型结构。其中，集合结构与数学中的集合概念类似，我们这里对线性结构、树型结构和图型结构进行简单的说明，有助于读者理解数据结构。

线性结构是一种最常用的数据结构（如图 1-8 所示），简单地说，就是数据之间存在一对一的前后关系，如班级学生以学号组成的先后序列。

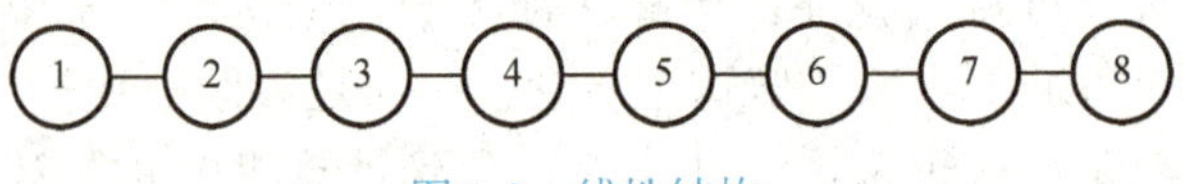

图 1-8 线性结构

树型结构（如图 1-9 所示）是较复杂的结构，数据之间存在一对多的层次关系，如家谱中的父子关系。

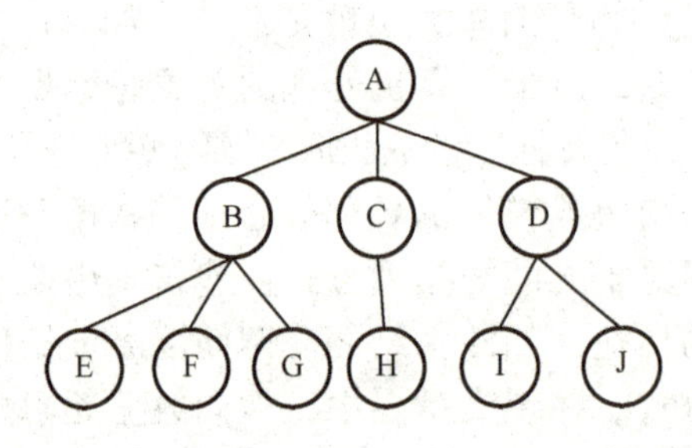

图 1-9 树型结构

图型结构（如图 1-10 所示）是其中最复杂的结构，数据之间存在多对多的网状关系，如电子地图中地点通过道路相互连接。

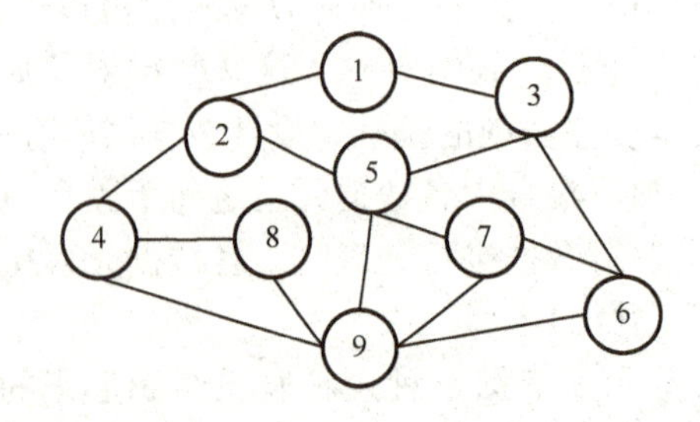

图 1-10 图型结构

这些结构是难以用数学模型或公式来描述的，是非数值计算中常用的结构，读者在以后的实践中可以深入体会到这些结构的用处，这是计算思维中特有的表达问题的方式。

1.6 可视化的程序设计工具——Raptor

Raptor 是一种基于流程图的可视化编程开发环境。流程图是一系列相互连接的图形符号的集合，其中每个符号代表要执行的特定类型的指令。符号之间的连接决定了指令的执行顺序。一旦开始使用 Raptor 解决问题，这样的理念将会变得更加清晰。

本书使用 Raptor 进行程序设计基于以下几个原因：

① 在最大限度地减少语法要求的情形下，Raptor 可以帮助用户编写正确的程序指令。

② Raptor 开发环境是可视化的。Raptor 程序实际上是一种有向图，可以一次执行一个图形符号，以便帮助用户跟踪 Raptor 程序的指令流执行过程。

③ Raptor 是为易用性而设计的。

④ Raptor 所设计的程序的调试和报错消息更容易为初学者理解。

⑤ 使用 Raptor 的目的是进行算法设计和运行验证，不需要重量级编程语言（如 C ++ 或 Java）过早的引入给初学者带来学习负担。

Raptor 工具有很多特点，正是因为这些特点，本书才选用其作为表达问题的求解方法。

① 语言简单、紧凑、灵活（有 6 个基本语句/符号）。使用流程图形式实现程序设计，使得初学者无须花费太多时间就可以进入问题求解的实质性算法学习阶段。

② 具备基本运算功能，有 18 种运算符，可以实现大部分基本运算。

③ 具备基本的数据类型与结构，提供了数值、字符串和字符 3 种数据类型以及一维和二维数组，组合以后，可以实现大部分算法所需要的数据结构，包括堆栈、队列、树和图。

④ 具有严格的结构化的控制语句。

⑤ 语法限制宽松，程序设计自由度大。例如，在一个数组中的变量可以具有不同的数据类型，因此可以实现更高级的数据结构，如数据库的记录的处理等。

⑥ 可移植性好，程序的设计结果可以直接执行，也可以转换成其他高级语言，如 C ++ 、C#、Java 和 Ada 等语言。

⑦ 程序的设计结果可以编译成为可执行文件，直接运行。

⑧ 支持图形库应用，可以实现计算问题的图形表达和图形结果输出。

⑨ 支持面向过程和面向对象的程序和算法设计。

⑩ 具备单步执行、断点设置等重要的调试手段，便于快速发现问题和解决问题。

1.7 小结

本章回答了本书中将涉及的几个基本问题：培养计算思维能力的重要意义在哪里？为什么培养计算思维需要进行实践训练？如何进行面向计算思维培养的实践？我们也对实践中需要用到的一些最基本的概念进行简要描述，主要有：程序、程序设计和程序设计语义，算法和数据结构等。通过对这些问题的解答和基本概念和术语的解释，为开展面向计算思维的实践打下了必要的基础。这部分内容读者可以在实践中反复思考和体会，也可以作为一种知识的索引，通过这个索引能很快找到更丰富更详细的资料。最后简要介绍了本书中采用的工具 Raptor。后续章节将依托 Raptor 工具，逐步引导读者进行由浅入深的实践，力图达到在实践中培养计算思维能力，反过来，也可以用计算思维指导与计算相关的实践活动。

第2章 Raptor基本程序环境

为了利用计算系统描述我们的思想，体现利用计算机来求解问题的过程和方法，必须借助相应的工具，正如Edsger Dijkstra（1972年图灵奖得主）所说：“我们所使用的工具影响着我们的思维方式和思维习惯，从而也将深刻地影响着我们的思维能力”。本章开始，将利用几个章节介绍Raptor工具，读者在利用这个工具进行计算思维能力培养的实践时，也可以思考如果构造这样的工具会怎么做。

2.1 Raptor概述

Raptor是一个简单的问题求解工具，可以使用户创建可执行的流程图，为初学者学习算法设计进行问题求解提供了一个高效率的平台。

2.1.1 Raptor主窗口

Raptor的主窗口含有4个主要区域，如图2-1所示。

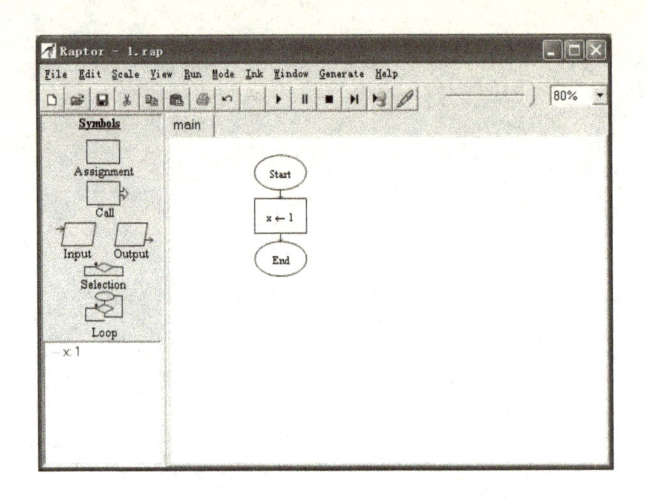

图 2-1　Raptor 的主窗口

（1）符号区域（Symbols Area）

Raptor 主窗口左上角的符号区域有 6 个可供用户使用的图形符号：

① 赋值符号（Assignment Symbol），用来给变量（Variable）赋值。

② 调用符号（Call Symbol），用来进行子图或过程的调用。

③ 输入符号（Input Symbol），用来获得用户的输入。

④ 输出符号（Output Symbol），用来显示文本到主控制台窗口（Master Console）。

⑤ 选择结构符号（Selection Structure Symbol），用来进行选择判断处理。

⑥ 循环结构符号（Loop Structure Symbol），用来进行重复事件的处理。

（2）观察窗口（Watch Window）

观察窗口是符号区域下面的区域。当流程图运行时，这个区域可以让用户浏览到所有变量和数组实时内容。

（3）主工作区（Primary Workspace）

主工作区是最大的位于右侧的白色区域。在这个区域中，用户可以创建的流程图以及流程图执行时的变化情况。工作区是一组标签。大部分流程图只有一个被称为 main 的主图标签，当编程者创建子图或过程，则会增加相应标签。

（4）菜单和工具栏（Menu and Toolbar）

这个区域允许用户改变设置和控制视图，并且执行流程图。

2.1.2　Raptor 主控制台（Master Console）

主控制台窗口显示用户所有的输入和输出，输入和输出是通过输入或输出图形符号取得的。Raptor 主控制台窗口如图 2-2 所示。

主控制台窗口底部文本框允许用户直接输入命令。例如，用户想打开 Raptor 图形窗口，可以在这文本框中直接输入 Raptor 过程调用命令：Open_Graph_Window(300, 300)。

主控制台的下拉菜单可以用来设置窗口的属性。

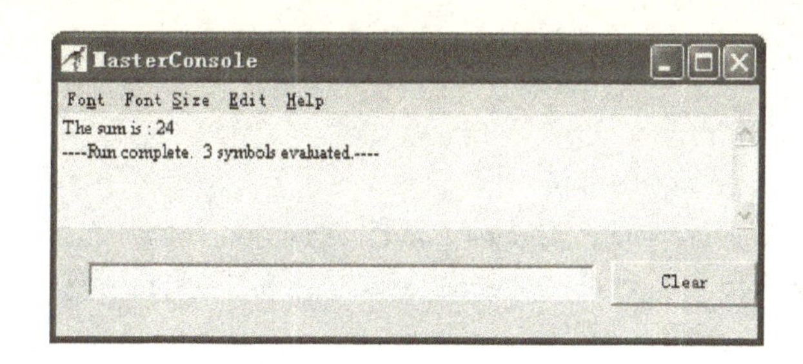

图 2-2　Raptor 主控制台窗口

清除按钮“Clear”用来清除主控制台窗口内容。

2.2　Raptor 编程基本概念

2.2.1　标识符（Identifier）的命名规则

Raptor 是图形语言，编写程序时力求用最少的词汇替代基于文本的其他语言，Raptor 中的对象如变量名、子图名、过程名和函数名通称为标识符。

标识符命名规则如下：

① 由英文字母、数字和下画线 3 种符号组成。

② 必须以字母开头，第一个字母后可以跟任意的英文字母、数字或下画线。

③ 不区分大小写，如：get_mouse_button、Get_Mouse_Button 与 GET_MOUSE_BUTTON 等价，Count 与 count 等价。

④ 保留字（Raptor 自己使用）不能作为用户标识符，如：e 和 pi 不能用作变量名，因为 Raptor 已将它定义为数值常量；red 不能用作变量名，因为 Raptor 已将它定义为颜色常量；Get_Key 不能用作变量名，因为 Raptor 已将它定义为过程名。

2.2.2　常量

程序运行过程中固定不变的量称之为常量，有下列几种。

（1）符号常量：Raptor 系统内部定义的用符号表示的常量

pi（圆周率）：定义为 3.1416（默认精度 4 位，用户可以定义扩展精度表达的范围）。

e（自然对数的底数）：定义为 2.7183（精度设置同上）。

true/yes（布尔值为真）：定义为 1。

false/no（布尔值为假）：定义为 0。

以上列举的这 4 个符号常量也称为保留字，不可以再用于变量、子图、过程等的名字。

（2）数值型（Numbers）常量

例如，12，567，－4，3.1415，0.000 371。数值的整数部分有效位数为 15 位；小数部分初始默认为 4 位，需要提高小数精度时，可以使用 set_precision( ) 函数进行设置。

（3）字符型（Character）常量

例如，'A','8','!'。

（4）字符串型（Strings）常量

例如，" Hello，how are you?","James Bond","The value of x is"。字符串型常量一般用于输入或输出的提示信息。目前，Raptor 除了注释尚不能处理汉字，所有字符串仅限 ACSII 字符。

2.2.3 变量

可以变化的量称为变量。变量的命名满足标识符的命名规则，用于保存数据值。在任何时候，一个变量只能容纳一个值。然而，在程序执行过程中，变量的值和类型均可以改变。这就是为什么它们被称为“变量”的原因。表2-1 为讨论变量 x 值的变化过程。

表 2-1 变量 x 的赋值变化过程

说　明	x 的值	程　序
程序开始时，没有变量存在。Raptor 变量在某个语句中首次使用时会自动创建	未定义变量	Start
第一个赋值语句，x←10，定义了变量 x，并将数据 10 赋给变量 x	10	x ← 10
第二个赋值语句，x←x+1，取出变量 x 的值为 10，加 1，并把结果 11 赋给变量 x	11	x ← x + 1
第三个赋值语句，x←x*2，取出变量 x 的值为 11，乘以 2，并把结果 22 赋给变量 x	22	x ← x * 2 End

在上面程序的执行过程中，变量 x 存储过 3 个不同的值。

> 在一个程序中，语句顺序是非常重要的。如果重新排列这3个赋值语句，存储在x中的值则会有所不同。

给变量赋值可以采取以下 3 种方式之一：①通过输入语句赋值；②通过赋值语句赋值；③通过过程调用的参数传递或返回值。

变量命名要点提示：

① 按含义取名，依据变量所代表的含义给变量取名，可以帮助用户更清楚地思考需要解决的问题，增加程序可读性，并利于查找程序中的错误。

② Raptor 程序开始执行时并没有变量存在。当出现新的变量名接收数据时，系统会自动创建一个新的内存存储区域并将该变量名与该存储区域相关联。在程序执行过程中，该变量将一直存在，直到程序运行结束。

③ 一个新的变量被创建时，其初始值将决定该变量存储数据的数据类型。在程序运行过程中，可由所赋值数据的数据类型来改变变量的数据类型。换句话说，变量的

数据类型是可以改变的。

Raptor 中变量也有数值、字符和字符串 3 种数据类型。

① 数值型变量：存储一个数值。

② 字符型变量：存储一个字符。

③ 字符串变量：存储一个字符串。

使用变量时常见的错误如下。

(1) 错误 1：变量没有找到

此错误的原因有两个，变量无值，变量名拼写错误，如图 2-3(a) 和图 2-3(b) 所示。

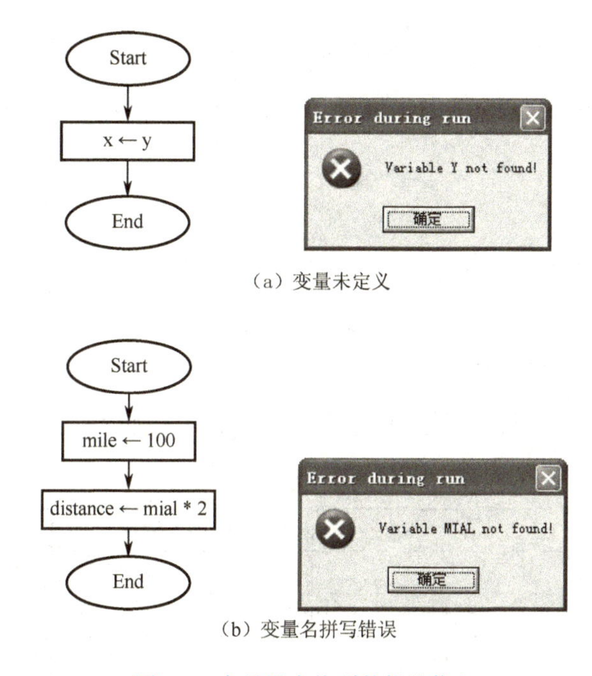

（a）变量未定义

（b）变量名拼写错误

图 2-3　变量没有找到的报错信息

(2) 错误 2：不能用字符串类型的量与字符类型的量进行比较

① 由于变量的数据类型在程序的运行过程中可能会改变，时间久了开发者自己可能都不清楚程序中的变量名所代表的含义和类型。所以，Raptor 的开发者为了避免出现上述问题，专门设置了若干函数用于在程序运行过程中测试变量的类型（所有返回值为布尔值）。

⊙ Is_Number (variable)：是否为数值变量。

⊙ Is_Character (variable)：是否为字符变量。

⊙ Is_String (variable)：是否为字符串变量。

⊙ Is_Array (variable)：是否为一维数组。

⊙ Is_2D_Array (variable)：是否为二维数组。

② Raptor 具有自动提示功能。这给编辑者带来很大方便，可以节省时间，减少记忆，保证输入信息的正确性。利用 Raptor 变量自动提示功能的具体步骤如下（假定已

定义了两个变量名：distance_in_miles 和 distance_in_meters)：

<1>当输入 di 两个字符后，文本框下方出现了提示，如图 2-4(a) 所示。

<2>在文本框中，可用上下箭头选择所需要的变量（被选中的变量名为红色），如图 2-4(b) 所示。

<3>按 Enter 键后，Raptor 便会自动填充变红的变量，如图 2-4(c) 所示。

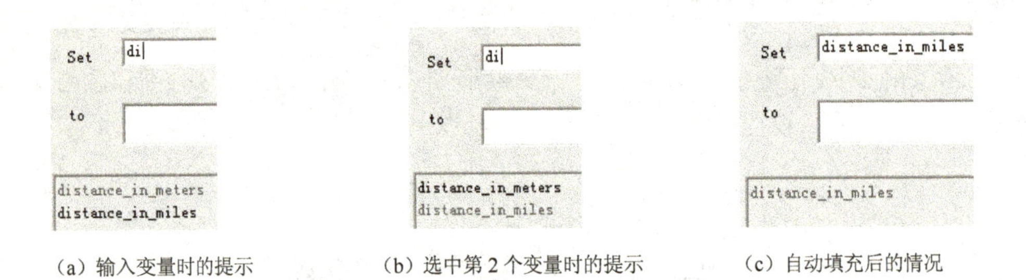

（a）输入变量时的提示　（b）选中第 2 个变量时的提示　（c）自动填充后的情况

图 2-4　Raptor 变量输入提示的应用技巧

2.3　Raptor 运算符和表达式

2.3.1　算术运算符和算术表达式

算术运算符如表 2-2 所示，其中的取余运算如表 2-3 所示。

表 2-2　算术运算符

运算符号	含　义	运算符号	含　义
-	负号	rem，mod	取余运算
^，**	指数运算	+	加法运算
*	乘法运算	-	减法运算
/	除法运算		

表 2-3　取余运算 rem 和 mod

x	y	x rem y	x mod y
10	3	1	1
37	2	1	1
16	2	0	0
9.5	3	0.5	0.5
9.5	2.5	2	2
-10	3	-1	2
10	-3	1	-2

算术表达式是由算术运算符将运算对象（常量、变量、函数和括号）连接起来的

式子。算术表达式的运算结果为一个数值。

算术表达式计算时是按照优先顺序进行的，优先顺序从高到低如下：①计算所有函数（function）；②计算括号中表达式；③计算乘幂（^，＊＊）；④从左到右，计算乘法和除法；⑤从左到右，计算加法和减法。

2.3.2　关系运算符和关系表达式

关系运算符如表2-4所示。

表2-4　关系运算符

运算符号	含　义	运算符号	含　义
>	大于	<=	小于等于
>=	大于等于	=或==	等于
<	小于	!=或/=	不等于

关系表达式：由关系运算符将运算对象（常量、变量、函数和括号）连接起来的式子。关系表达式的运算结果是一个布尔值（true/false），关系运算示例如下：

Count = 10

Count mod 7 != 0

x > maximum

关系运算（=、!=、<、<=、>、>=）必须是两个相同数据类型量之间的比较。例如，3 = 4或"Wayne" = "Sam"是有效的比较，但3 = "Mike"是无效的。

2.3.3　布尔运算符和布尔表达式

布尔运算符如表2-5所示。

表2-5　布尔运算符

运算符号	含　义	运算功能
not	非	x为true时，not x为false
and	与	x和y同时为true时，x and y为true，否则为false
xor	异或	x和y取不同值时，x xor y为true，否则为false
or	或	x和y同时为false时，x or y为false，否则为true

布尔表达式是由关系运算符或逻辑运算符将常量、变量、算术表达式、函数和圆括号连接起来的式子。布尔表达式的运算结果是一个布尔值（true/false），布尔运算示例如下：

$n >= 1$ and $n <= 10$ 和 $n < 1$ or $n > 10$

逻辑运算符and、xor和or是双目运算符，运算对象应是两个布尔值，并得到布尔值的结果。逻辑运算符not是单目运算符，必须与单个布尔值结合，并形成与原值相反的布尔值。

2.3.4 Raptor 运算符优先顺序

Raptor 运算符出现在表达式中时，计算时的优先顺序如下：①计算所有函数；②计算括号中的所有表达式；③计算乘幂（^或 * *）；④计算乘法和除法；⑤计算加法和减法；⑥关系运算（<、< =、>、> =、=、! =）；⑦not、and、xor、or 逻辑运算从高到低的顺序。

2.4 Raptor 函数

Raptor 中的函数一般是指系统标准函数，用户不能自定义函数，用户只可以定义子图和过程。Raptor 的函数分为基本数学函数、三角函数和布尔函数。

2.4.1 基本数学函数（Basic Math Functions）

基本数学函数如表 2-6 所示。

表 2-6 基本数学函数

函 数	说 明	范 例
abs	绝对值	abs(-9) =9，abs(9) =9
ceiling	向上取整	ceiling(3.1) =4，ceiling(-3.1) = -3
floor	向下取整	floor(3.9) =3，floor(-3.9) = -4
log	自然对数（以 e 为底）	log(e) =1
max	两个数最大值	max(5,7) =7
min	两个数最小值	min（5，7） =5
powermod	乘方取余	powermod(a,b,c) = (a^b) mod c
random	生成一个[0.0,1.0)之间的随机小数	random * 100 为 0 ~ 99.9999 的随机数
length_ of	对于数组变量，返回数组元素的个数；对于字符串变量，则返回字符个数	str←“Sell now” Length_of(str) =8
sqrt	平方根	sqrt(4) =2

2.4.2 三角函数（Trigonometric Functions）

三角函数如表 2-7 所示。

表 2-7 三角函数

函 数	说 明	范 例
sin	正弦（以弧度表示）	sin(pi/6) =0.5
cos	余弦（以弧度表示）	cos(pi/3) =0.5
tan	正切（以弧度表示）	tan(pi/4) =1.0
cot	余切（以弧度表示）	cot(pi/4) =1

续表

函　数	说　明	范　例
arcsin	反正弦，返回弧度	arcsin(0.5) = pi/6
arccos	反余弦，返回弧度	arcos(0.5) = pi/3
arctan	反正切，返回弧度	arctan(10,3) = 1.2793
arccot	反余切，返回弧度	arccot(10,3) = 0.2915

2.4.3 布尔函数（Boolean Functions）

如果函数的返回值是true/false，这样的函数称为布尔函数，布尔函数常用在选择和循环条件判断的位置。Raptor的布尔函数较多，在后面将陆续介绍，例如：

⊙ Key_Hit 键盘是否有键按下，有返回true，否则返回false。

⊙ Is_Open 窗口是否处于打开状态，打开返回true，否则返回false。

⊙ Mouse_Button_Pressed(Left_Button)鼠标左键是否处于按下状态，是则返回true，否则返回false。

2.4.4 随机函数（Random Function）

（1）随机函数的主要用途

在算法设计中，随机数的主要用途如下：

① 产生算法所需要的原始数据。例如，排序和查找算法需要大量的基础数据进行算法验证，而随机数符合算法应用的大部分场合。

② 产生一些随机模拟算法的动态数据。

③ 减少不必要的人机交互。例如，要求输入10个数据进行最大值和最小值的查找等。

（2）随机函数Random的使用

随机函数的使用应注意以下事项：

① 随机函数random只产生［0.0，1.0）之间的小数，所以需要加工以后才能获得常用算法所需要的随机整数。在Raptor中，可以用random乘以一个正整数N，并使用向下取整函数floor()和向上取整函数ceiling()来获取相应范围内的随机整数。

② 需要获取ASCII码表中的数值，可以使用模运算，如floor(random * 1000 mod 128)可随机得到标准ASCII码值(0～127)。

③ 由于Raptor的数值默认精度有4位小数，所以，部分随机数结果可能为0.0000，经过处理得到的结果就是0。所以，在不希望出现0的场合，必须对随机数得出的结果进行检验，去除不希望得到的值。

（3）随机函数使用举例

问题：生成10个0～9之间的随机整数保存在数组元素a[1]～a[10]中。

Raptor程序流程如图2-5所示。

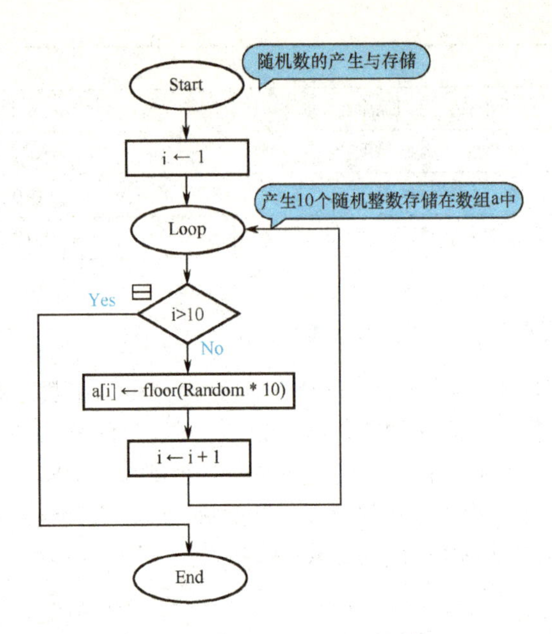

图 2-5　随机数的生成和存储

2.5　Raptor 基本环境及使用

2.5.1　Raptor 图形符号

Raptor 有 6 种基本图形符号，每个图形符号代表一个特定的语句类型。基本图形符号如图 2-6 所示。分别为赋值（assignment）、调用（Call）、输入（Input）、输出（Output）、选择（Selection）和循环（Loop）。

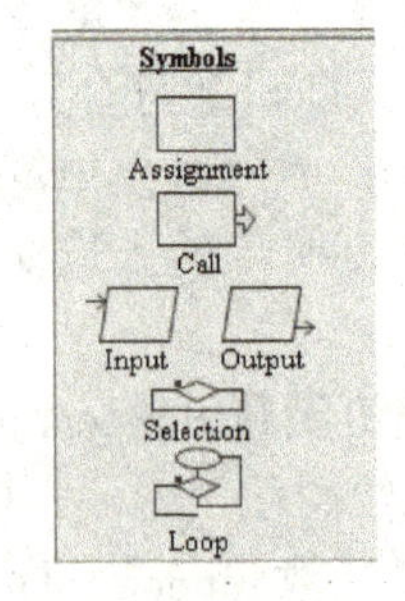

图 2-6　Raptor 中的 6 种图形符号

Raptor 中 6 种图形符号的说明如表 2-8 所示。

表 2-8　6 种 Raptor 图形符号说明

符　　号	名　　称	说 明
	赋值语句	用表达式的计算结果改变变量的值
	子图或过程调用语句	流程转向子图或过程执行，当子图或过程中的语句执行完成后返回
	输入语句	用户输入数据保存到变量中

续表

符号	名称	说明
	输出语句	显示/保存变量的值
Yes No	选择语句	菱形框中布尔表达式值为true则执行左边流程；为false则执行右边流程
Loop Yes No	循环语句	菱形框中布尔表达式值为false则重复执行一组语句

2.5.2 观察窗口

观察窗口显示的是流程图执行过程中所有变量的变化情况，当语句对变量进行操作时，该变量显示红色，如图2-7所示。

数组变量初始以折叠显示，用户单击数组名左边的“+”符号可以看到展开后的数组，可以看到每一个元素，单击“-”符号可以折叠数组的具体元素。

count: 5
number: 2
SCORE[]
Size: 4
<1>: 0
<2>: 0
<3>: 0
<4>: 95

图2-7 Raptor观察窗口

2.5.3 Raptor工作区

工作区是流程图创建和执行的区域。初始时，主图main中的流程图仅含有开始（Start）和结束（End）两个图形符号。程序可能会增加子图或过程，它们初始也只含有开始（Start）和结束（End）两个图形符号。图或过程中的这两个符号都不可删除。初始流程图如图2-8所示。

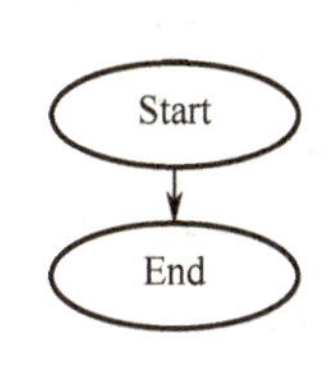

图2-8 图或过程中的初始流程图

向流程图中增加图形符号的基本方法如下。

①“选择图形符号”插入方法。首先单击选择符号区域中的6个图形符号之一，然后单击（不要拖曳）流程图的某个插入位置（带向下箭头的流程线，鼠标呈手形图标时），就可以将相应图形符号插入到现行流程图中。

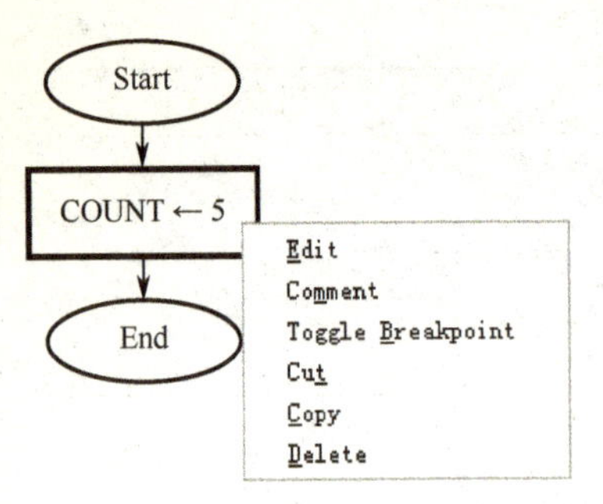

图 2-9　右击图形符号时的快捷菜单

②“快捷菜单”插入方法。在插入位置（带向下箭头的流程线，鼠标呈手形图标时）单击右键，在快捷菜单中选择相应的图形符号。

当流程图规模较大时，可以通过操作滚动条观察屏幕外的流程图，也可以通过改变显示比例缩放流程图。

编辑流程图中图形符号的方法如下：

① 右键单击流程符号，通过快捷菜单中的选项进行编辑，如图 2-9 所示。

② 双击流程图中的图形符号，可以按要求对图形符号进行编辑。如变量重新赋值，输入或输出，过程调用，输入布尔表达式等。

③ 将鼠标选中流程图中的某个图形符号，按 Enter 键可对选中的图形符号进行编辑。

④ 利用鼠标左键拖曳产生的虚线矩形框可以选中多个图形符号，被选中的图形符号呈红色显示，此时可以用菜单、工具栏或快捷菜单对这多个图形符号进行编辑，如图 2-10 所示。

在程序执行的过程中，工作区窗口用绿色标记正在执行的指令，如图 2-11 所示。

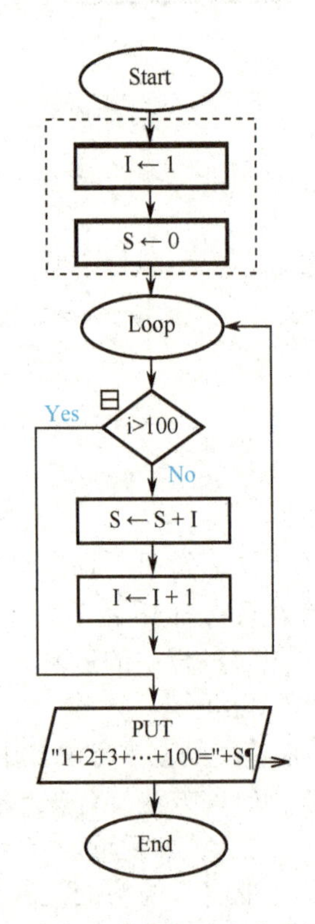

图 2-10　鼠标左键拖曳选中多个图形符号

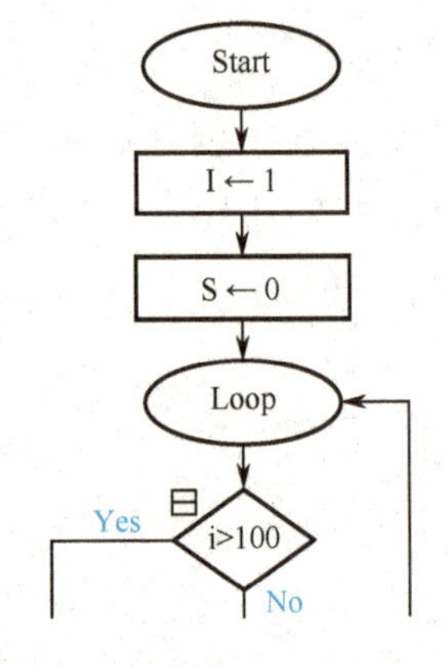

图 2-11　绿色显示正在执行的指令“S←0”

2.5.4 使用菜单

Raptor 上部的级联菜单主要有如下 10 项。

(1) File 菜单

New：创建一个新的流程图。

Open：打开一个流程图。

Save：保存现行流程图。

Save As：另存为。

Compile：编译现行流程图，生成只可执行不能浏览和编辑的 Raptor 文件，编译后的文件执行速度要比流程图文件快。

Page Setup：页面设置。

Print Preview：打印预览。

Print：打印现行流程图。

Print to Clipboard：保存现行流程图到剪贴板。

Exit ：退出 Raptor。

(2) Edit 菜单

Undo：撤销。

Redo：重做。

Comment：给选中的图形符号增加注释。

Edit Selection：编辑选中的图形符号。

Cut：剪切。

Copy：复制。

Paste：粘贴。

Delete：删除。

Select All：选择当前流程图所有图形符号。

(3) Scale：菜单

Scale：菜单用于选择工作区的显示比例。

(4) View 菜单

All Text：完整显示每个图形符号中的所有文本。

Truncated：图形符号中只显示节选的文本。

No Text：隐藏每个图形符号中的文本。

Comments：显示/隐藏注释。

Variables：显示/关闭变量观察窗口。

Expand All：扩展所有被折叠的选择和循环符号。

Collapse All：折叠所有被展开的选择和循环符号。

(5) Run 菜单

Step：单步执行方式，每次执行一个图形符号，或按 F10 键，也可进行单步执行。

Execute to Completion：执行整个程序直到完成。

Reset：停止当前程序执行并清除所有变量的值。

Reset/Execute：停止程序执行，清除所有变量的值，从起点重新开始执行。

Pause：暂时停止程序的执行，直到用户重新开始执行。

Clear all Breakpoints：清除现行流程图的所有断点，允许现行程序执行直到完成。

（6）Mode 菜单

Novice：初学者。

Intermetiate：中级。

Object-oriented：面向对象。

（7）Ink 菜单

Off：关闭墨水标记功能。

Black：黑色墨水。

Blue：蓝色墨水。

Green：绿色墨水。

Red：红色墨水。

Eraser：橡皮擦。

Select：选择。

（8）Window 菜单

Tile Vertical：横向平铺工作区和主控制台窗口。

Tile Horizontal：纵向平铺工作区和主控制台窗口。

（9）Generate 菜单

Ada：生成 Ada 程序代码。

C#：生成 C#程序代码。

Java：生成 Java 程序代码。

C ++：生成 C ++ 程序代码。

Standalone：生成独立的可执行文件。

（10）Help 菜单

About Raptor：版本信息。

General Help：打开 Raptor 帮助窗口。

⊙ Show Log：显示现行 Raptor 程序编辑和保存的历史信息。

⊙ Count Symbols：在主控制台显示现行图形符号数目。

2.5.5　使用工具栏

工具栏（如图 2-12 所示）的许多工具的功能与级联菜单和快捷菜单相似，将鼠标光标放在某一个工具上时，将出现相应功能的工具提示文本。

图 2-12　工具栏

⊙ 新建按钮：可创建新的流程图。

⊙ 打开按钮：可打开一个流程图。

⊙ 保存按钮：可保存现行流程图。

⊙ 剪切、复制和粘贴按钮：可对当前选择的符号区域进行相应的操作。

⊙ 打印按钮：可打印现行流程图。

⊙ 撤销按钮：可撤销之前的操作。

⊙ 重做按钮：可重做之前的撤销。

⊙ 执行到完成按钮：可执行全部的程序直到完成。

⊙ 暂停按钮：可暂停程序的执行直到用户重新开始。

⊙ 停止并复位到开始状态按钮：可停止程序执行，清除所有变量的值。

⊙ 单步按钮：每次可执行流程图中的一个图形符号。

⊙ 测试之前服务按钮：可测试之前服务。

⊙ 切换墨水按钮：可切换墨水。

⊙ 执行速度滑块：可以调整流程图的执行速度，滑块向左移动可降低执行速度，向右移动可加快执行速度。

⊙ 100% 下拉列表框：可以选择主工作区的显示比例。

2.5.6　执行流程图

使用运行菜单或工具栏执行命令按钮执行流程图时，被执行到的图形符号呈绿色高亮显示，变量值的变化呈红色高亮显示在观察窗口中，示例如图 2-13 所示。

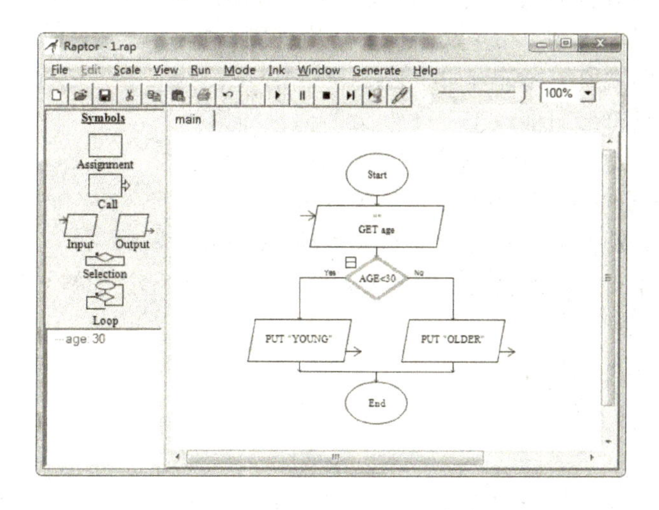

图 2-13　流程图的执行情况

2.5.7 设置图形符号属性

（1）赋值图形符号

赋值图形符号：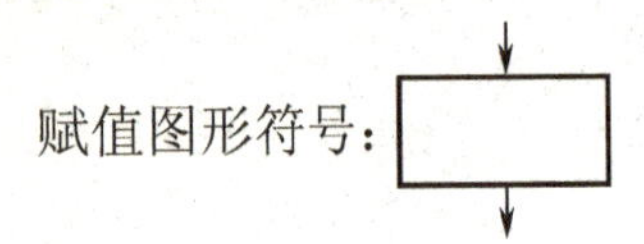

赋值图形符号是用于执行计算，并将其结果存储在变量中。双击赋值图形符号产生的编辑框如图2-14所示。

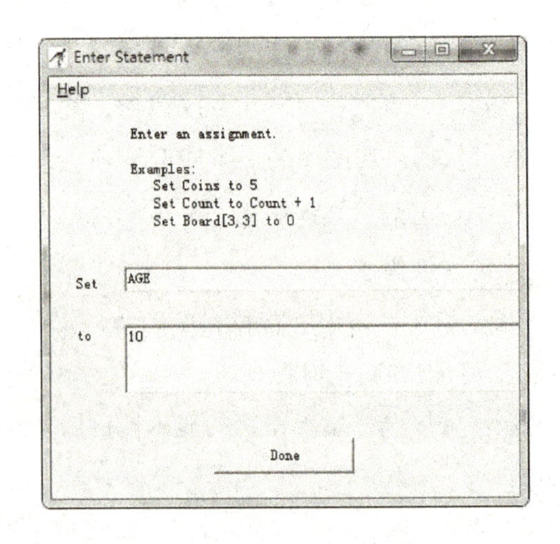

图2-14 赋值图形符号编辑框

在图2-14所示的编辑框中，将需要赋值的变量名输入到“Set”文本框，将需要执行计算的表达式输入到“to”文本框。对应如图2-14所示对话框所创建的赋值图形符号如图2-15所示。

AGE ← 10

图2－15 编辑完成的赋值图形符号

一个赋值图形符号只能改变一个变量的值，即箭头所指向的变量。如果这个变量在先前的语句中未曾出现过，则Raptor会自动创建一个新的变量。如果这个变量在先前的语句已经出现，那么先前的值就将被当前所执行的计算结果所取代。位于箭头右侧表达式中的变量值则不会被赋值图形符号改变。

（2）输入图形符号

输入图形符号：

输入图形符号允许用户在程序执行过程中输入变量的数据值。最重要的是，必须让用户明白这里程序需要什么类型的数据。因此，当定义一个输入图形符号时，一定要在提示文本中说明所需要输入的提示信息，提示信息应尽可能明确，如果预期值需要单位或量纲（如英尺、米或英里），则应该在提示文本中说明，双击输入图形符号产生的编辑框如图2-16所示。

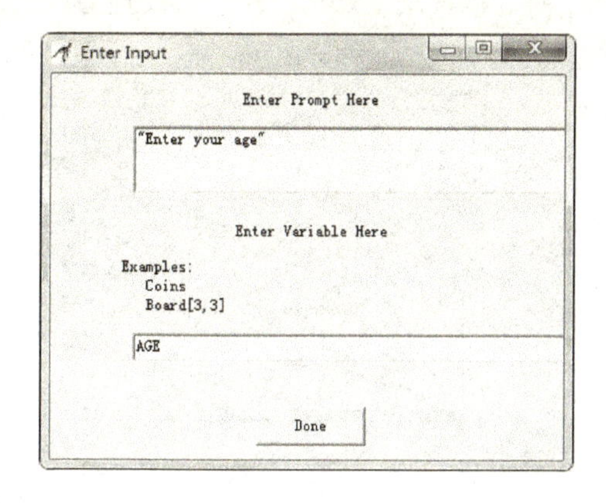

图2-16　输入图形符号编辑框

设置一个输入图形符号属性时，用户必须指定两方面信息：① 提示文本；② 变量名称，该变量的值将在程序运行时由用户输入。

输入图形符号编辑完成后在流程图中显示如图2-17所示。

输入图形符号在运行时，将显示一个输入对话框，如图2-18所示。用户输入一个值，并按下Enter键（或单击“OK”按钮），输入的值将赋给变量AGE。

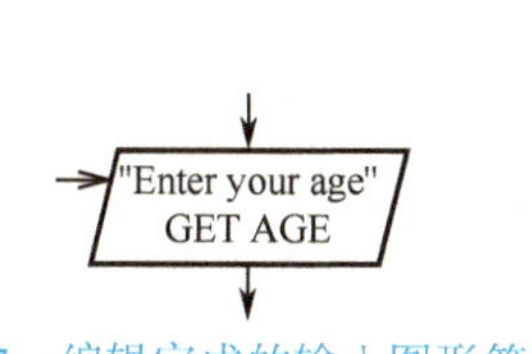

图2-17　编辑完成的输入图形符号

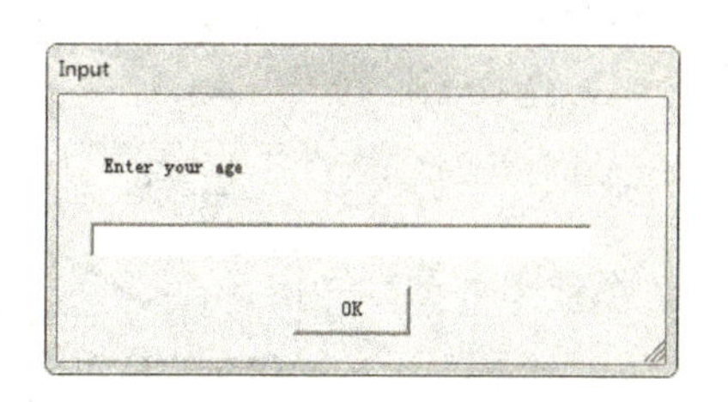

图2-18　输入图形符号运行时的对话框

（3）输出图形符号

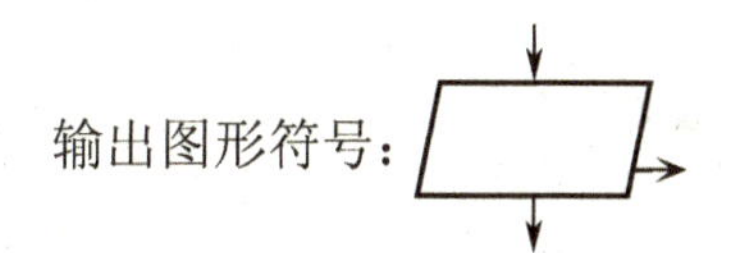

输出图形符号执行时，将在主控制台窗口显示输出结果。双击输出图形符号产生的编辑框如图2-19所示。要求用户指定两方面的信息：① 输出怎样的文字或表达式结果；② 是否需要在输出结束时输出一个换行符。

在如图2-19所示编辑框中，在“Enter Output Here”文本框中使用字符串和连接运算符“+”，可以将文本字符串与多个值构成一个单一的输出。文本必须包含在双引号中，以区分文本字符串和计算值。在这种情况下，引号不会显示在主控制台窗口。例如，表达式：

"Active Point =(" +x+"," +y+")"

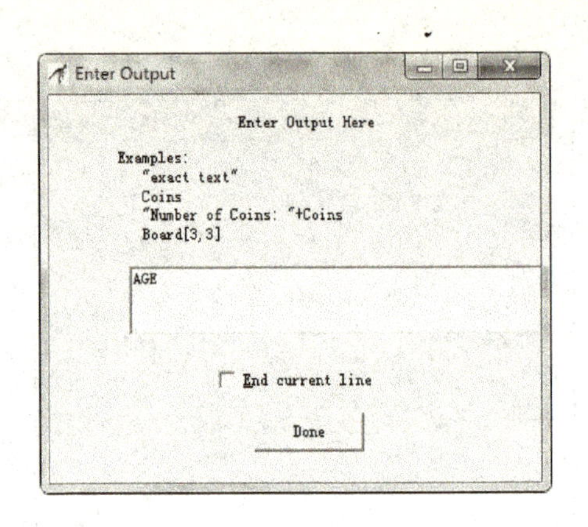

图 2-19 输出图形符号编辑框

如果 x 为 200，y 为 5，将显示以下结果：

Active Point =(200,5)

输出图形符号编辑框中编辑的信息将输出到主控制台或文件中，如果底部的“End current line”前的复选框被选中，则本行信息输出后将换行。

输出图形符号编辑完成后在流程图中显示的状态如图 2-20 所示。

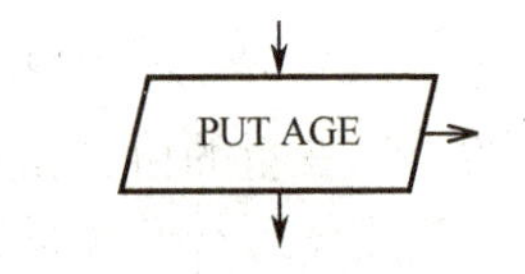

图 2－20 编辑完成的输出图形符号

（4）选择图形符号

选择图形符号：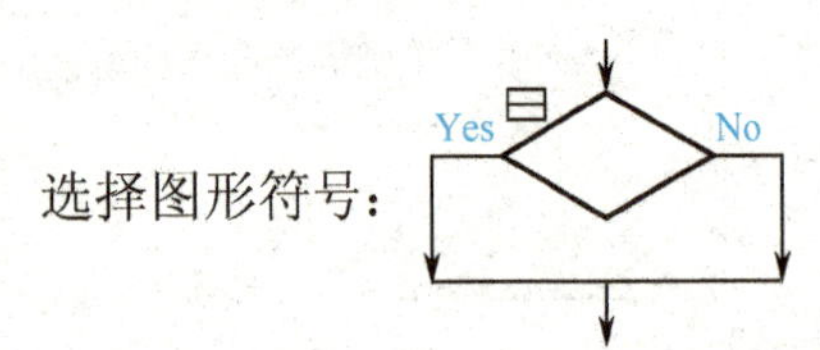

用 Raptor 流程图求解问题时，经常遇到选择判断，此时就要用到选择图形符号，双击选择图形符号，产生的编辑框如图 2-21 所示。

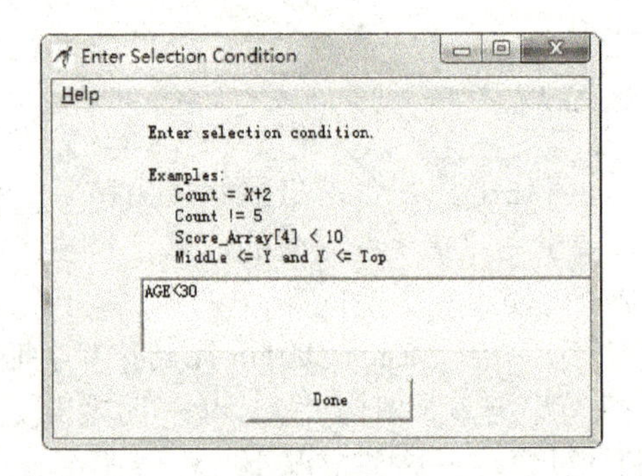

图 2-21 选择图形符号编辑框

在选择图形符号编辑框中，输入一个布尔表达式，如果布尔表达式为true，则流程进入到左边的分支；否则，流程进入到右边的分支。

选择图形符号编辑完成后在流程图中显示的状态如图2-22所示。

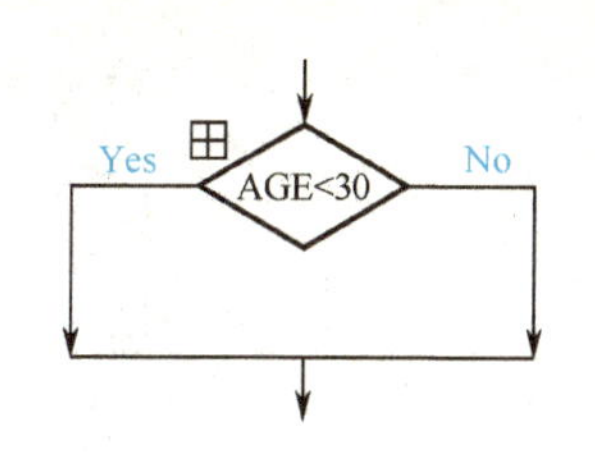

图2-22 编辑完成的选择图形符号

（5）循环图形符号

循环图形符号：

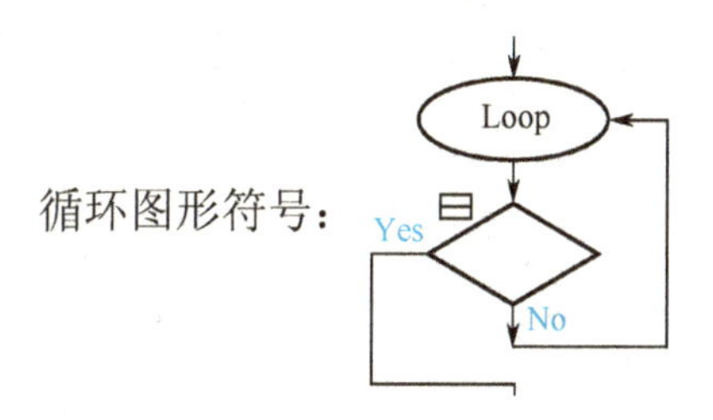

用Raptor流程图求解问题时，经常遇到需要重复执行的程序段，此时就要用到循环图形符号，双击循环图形符号，产生的编辑框如图2-23所示。

在循环图形符号编辑框中，输入一个布尔表达式，如果布尔表达式值为true，则本图形符号循环执行结束；否则，流程进入菱形框下面的循环体执行，当循环体内的图形符号执行一遍后，再转去判断菱形框中的布尔表达式。这个过程重复下去，直到布尔表达式为true为止。

循环图形符号编辑完成后在流程图中显示的状态如图2-24所示。

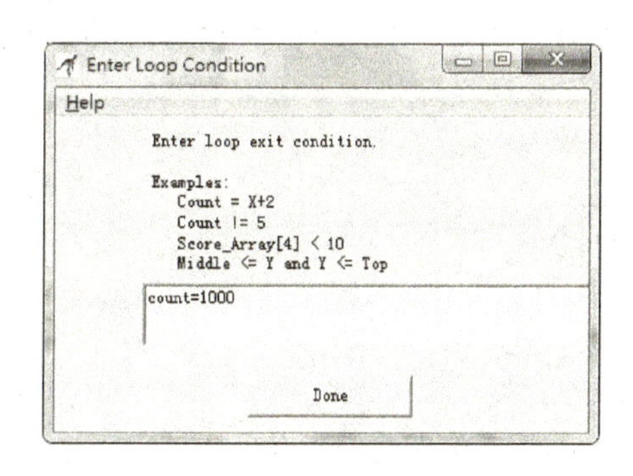

图2-23 循环图形符号编辑框

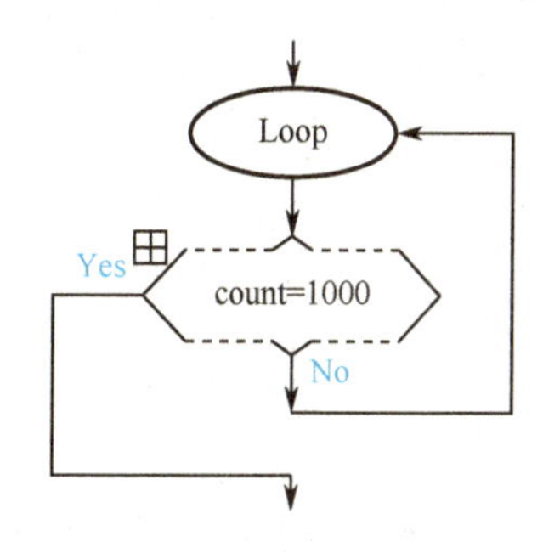

图2-24 编辑完成的循环图形符号

（6）调用子图或过程图形符号

调用图形符号：

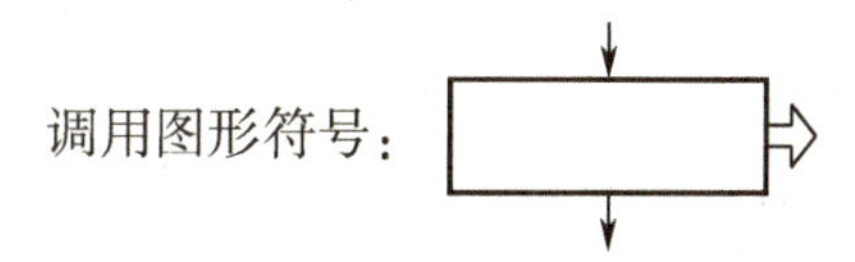

调用图形符号可以调用子图或过程，子图或过程是一个完成特定功能的程序模块。调用时，将暂停当前流程图的执行，转向被调用的子图或过程执行，调用完成后会继续执行先前暂停的流程图。双击子图或过程调用图形符号，产生的编辑框如图2-25所示。

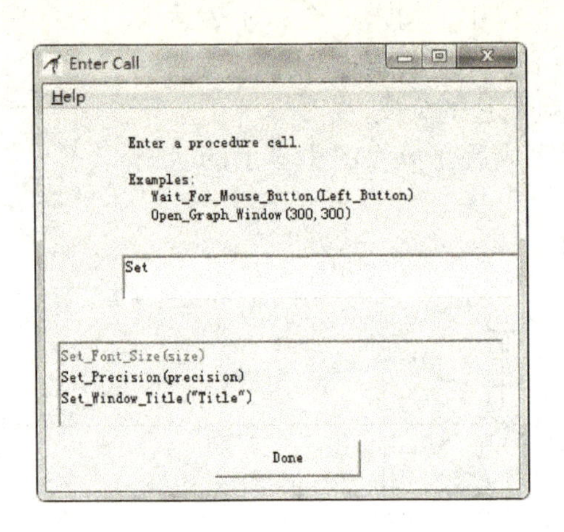

图 2-25　调用子图或过程图形符号编辑框

要正确使用子图或过程，需要了解下述两点：① 子图或过程的名称；② 如果是过程调用，必须提供必要的参数。

Raptor 流程图设计中，为尽量减少用户的记忆负担，在过程调用的编辑框中，会随用户的输入按首部匹配原则，在对话框中进行提示，这对减少输入错误大有好处。例如，输入字母“set”三个字母后，窗口的下部会列出所有以字母“set”开头的过程。该列表还提醒每个过程所需的参数。

一个过程调用显示在 Raptor 流程图中时，可以看到被调用的过程名称和参数，如图 2-26 所示。

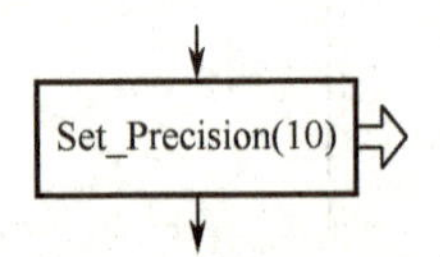

图 2－26　编辑完成的过程调用图形符号

Raptor 定义了较多的内置过程，不在此一一说明。在必要时，可以参考 Raptor 帮助文档。

值得关注的是，在 Raptor 中，用户可以定义子图（subchart）和过程（procedure），用户定义子图和过程也是通过调用图形符号来调用的。

定义和调用子图时，无须提供参数，Raptor 主图与所有子图共享变量。

定义和调用过程时，需要提供参数。

有关用户子图和过程的定义和调用参见后续内容。

2.5.8　折叠/展开控制流程图形符号

Raptor 流程图可能很庞大，当我们不关心局部流程图的具体细节时，可以将“选择图形符号”和“循环图形符号”折叠起来，具体的办法如下。

(1) 折叠/展开所有“选择图形符号”和“循环图形符号”

折叠所有“选择图形符号”和“循环图形符号”，在级联菜单“View”中选择“Collapse all”命令，此时“选择图形符号”和“循环图形符号”项的左上角出现符号⊞。

展开所有选择图形符号和循环图形符号，在级联菜单“View”中选择“Expand all”，此时“选择图形符号”和“循环图形符号”项的左上角出现符号⊟。

(2) 折叠/展开某个“选择图形符号”或“循环图形符号”

鼠标直接单击某个“选择图形符号”或“循环图形符号”左上角的图形⊟或⊞，即可完成相应“选择图形符号”或“循环图形符号”的折叠或展开。

2.5.9 Raptor 中的注释

Raptor 开发环境像其他许多编程语言一样，允许对程序进行注释。注释用来帮助他人理解程序，特别是程序代码比较复杂、很难理解的情况下。注释本身对计算机毫无意义，并不会被执行。然而，如果注释得当，可以使程序更容易被他人理解。

要在某个图形符号中添加注释，可用鼠标右键单击相关的图形符号，在出现的快捷菜单中选择“Comment”命令。进入注释编辑对话框，如图 2-27 所示。注释以绿色字符显示，可以用汉字（仅注释），注释可以在 Raptor 工作窗口中通过鼠标左键拖动来移动，但建议不要移动注释的默认位置，以防在需要更改时引起错位和带来麻烦。

注释一般有以下 4 种类型。

① 编程标题：用于标注程序的作者和编写的时间、程序目的等（添加到“Start”符号中）。

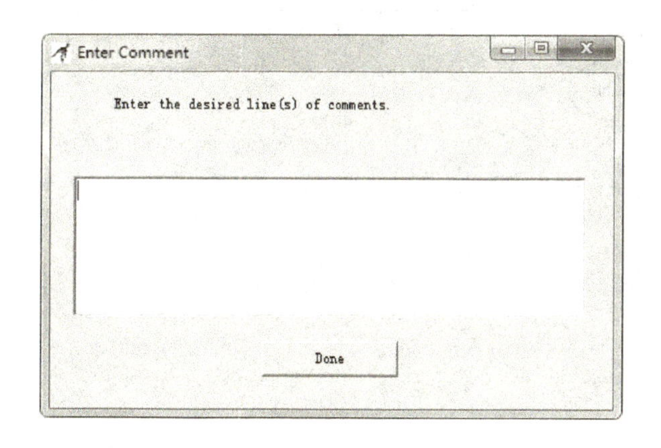

图 2-27　注释编辑对话框

② 分节描述：用于标记程序，使程序员更容易理解程序整体结构中的主要部分，如算法中主要选择和循环语句的标注。

③ 逻辑描述：解释算法中标准或非标准的逻辑设计，如递归程序中基本条件和正

常递归部分的标注。

④ 变量说明：解释算法中使用的主要变量的用途，哪些是用于接收输入变量，哪些是输出变量，哪些是保存中间结果的临时变量等。

在通常情况下，没有必要注释程序流程图中每一个图形符号。图 2-28 是一个“求解一元二次方程”的示例程序流程图，其中包括了注释。

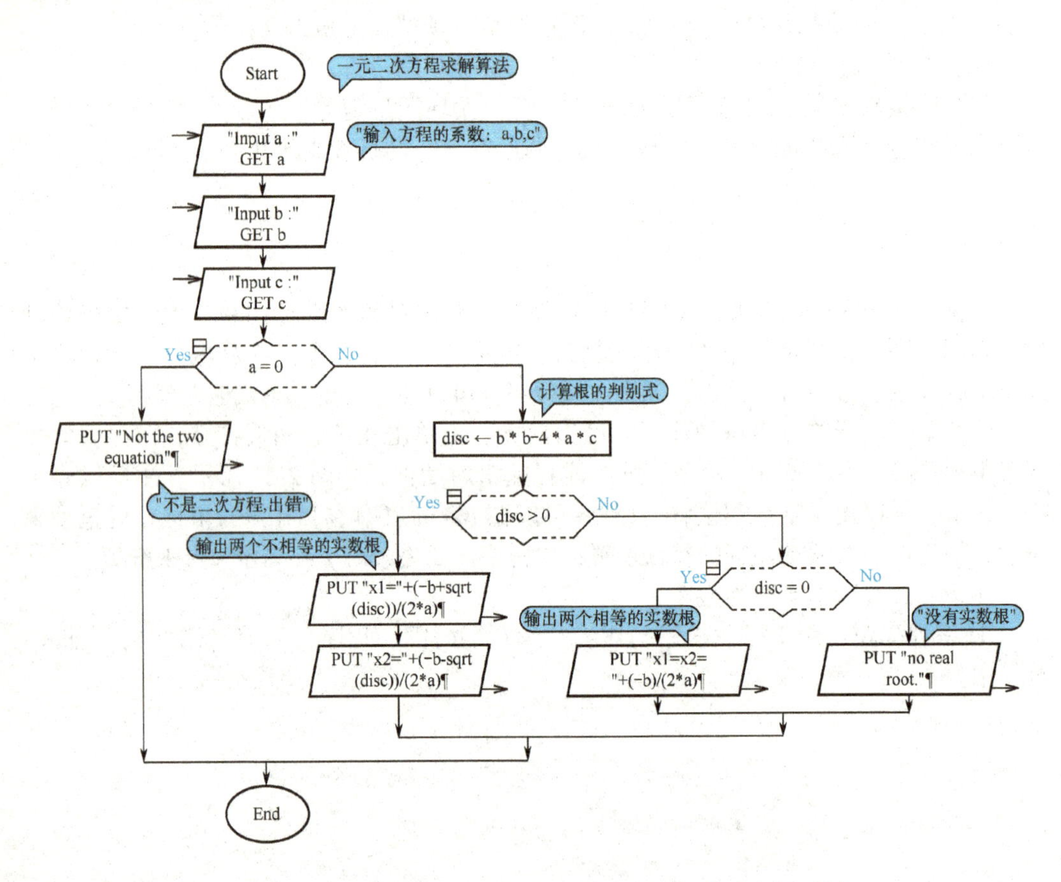

图 2-28 含有注释的“求解一元二次方程”程序流程图示例

第 3 章

Raptor 流程控制

第 1 章中，我们看到程序是有其基本控制结构的，从本章的内容中，我们可以看到 Raptor 工具也有着程序的基本控制结构。

3.1 Raptor 程序结构

Raptor 程序是由一组关联的图形符号所构成的，表示要执行的一系列动作。图形符号之间带箭头的连接线称为流程线，以确定所有操作的执行顺序。Raptor 程序执行时，从开始（Start）符号起步，并按照流程线所指方向执行程序。Raptor 程序执行到的结束（End）符号时停止。初始时的流程图如图 3-1 所示。在开始和结束符号之间可插入一系列 Raptor 基本图形符号，以完成程序流程图的设计。

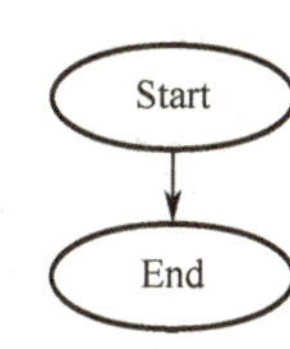

图 3-1 最小的 Raptor 程序

程序一般可分为如下 3 部分。

① 输入部分（Input）：完成任务所需要的数据准备。

② 处理部分（Process）：操作数据来完成任务。

③ 输出部分（Output）：显示/保存加工处理后的结果。

每部分都由基本图形符号和流程线构成。编写程序最重要的工作之一就是设计程序的执行流程。合理安排程序流程图的结构，可以确定程序的执行顺序。程序结构有以下 3 种：

① 顺序结构：按流程线从上到下的顺序执行每一条语句；

② 选择结构：根据布尔表达式条件判断结果决定程序的执行流程；

③ 循环结构：布尔表达式条件为假时重复执行一组语句。

3.2 顺序结构

顺序结构是最简单的程序结构，本质上就是把每个语句按顺序排列，程序执行时，从开始（Start）语句按流程线顺序执行到结束（End）语句。如图3-2所示，流程线连接的语句描绘了执行流程。

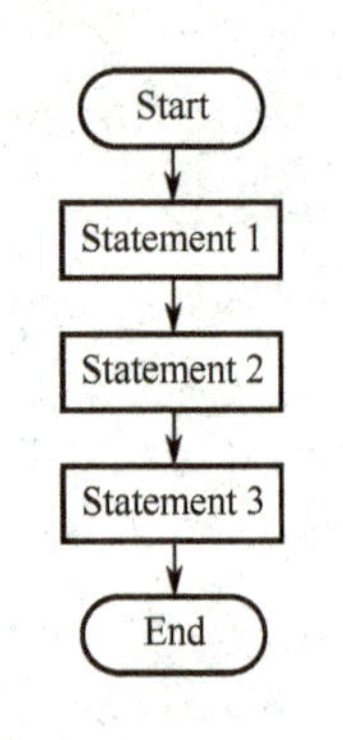

图3-2 顺序控制结构

程序员为解决问题，必须首先确定问题的解决方案需要哪些语句，以及语句的执行顺序。因此，编写正确的语句是一个任务，同样重要的是确定语句在程序中的放置位置。例如，当要获取和处理来自用户的数据时，就必须先取得数据，然后才可以使用。如果交换一下这些语句的顺序，则程序流程将出现错误。

顺序结构是一种"默认"的顺序，在这个意义上，流程图中的每个语句自动指向下一个语句。顺序结构非常简单，除了把语句按顺序排列，不需要做任何额外的工作。然而，仅仅使用顺序结构无法处理现实世界所有复杂问题。真实世界问题中包括了各种"条件"，并可以根据条件来确定下一步应该怎样做。

3.3 选择结构

一般情况下，程序需要根据一些条件来决定是否应执行某些语句。例如，使用赋值语句计算 x←a/b，就需要确保 b 的值不为零。因此，需要先做的决策是"b＝0?"。

选择结构可以使程序根据布尔表达式的情况，选择两种可能的流程中的一条来执行。如图3-3所示。Raptor 选择结构呈现出一个菱形的符号，用"Yes/No"表示布尔表达式的求解结果，从而决定程序的流程。当程序执行时，如果布尔表达式的结果是 Yes（True），则执行左侧分支。如果布尔表达式的结果是 No（False），则执行右侧分支。在图3-3中，Statement 2a 或 Statement 2b 都有可能被执行到，但两者不会被同时执行。

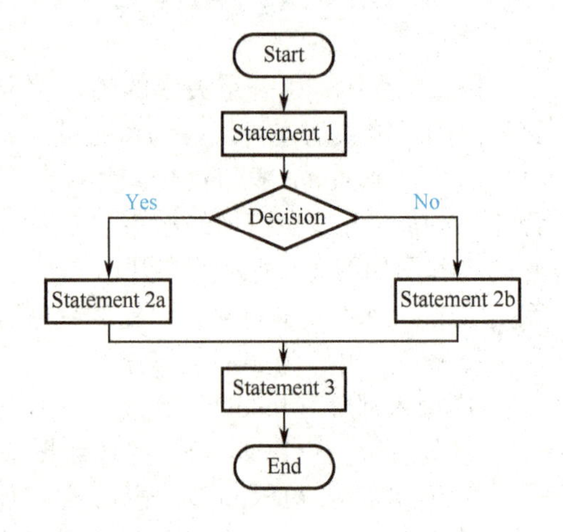

图3-3 选择控制结构

单一的选择结构可以在一个或两个可能之间进行选择。如果需要做出的决策涉及两个以上的可能，则需要有多个选择结构。例如，根据百分制成绩 grade 输出相应的等级（A、B、C、D 或 E），就需要在5个可能的结果中进行选择，如图3-4所示。这时被称为“级联选择控制”，犹如溪水山上的一系列级联的瀑布。

选择结构的两个路径之一可能是空的，或包含多条语句。

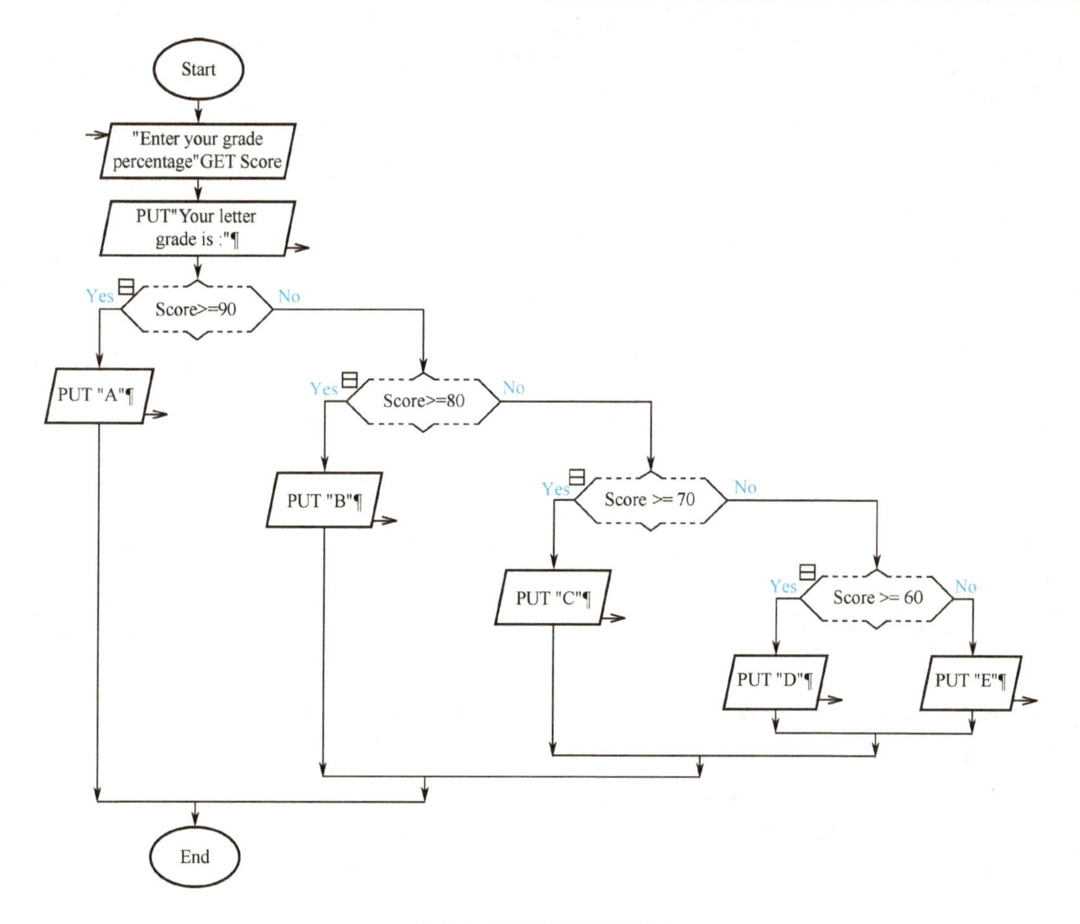

图 3-4　级联选择控制结构

3.4　循环结构

循环结构允许重复执行一个或多个语句，直到表示条件的布尔表达式为 True。这种类型的控制结构可以用来解决需要重复执行的问题。

在 Raptor 中，用一个椭圆和一个菱形符号表示一个循环结构。需要重复执行的部分（循环体）由菱形符号中的布尔表达式控制。在执行过程中，如果菱形符号中的布尔表达式结果为“No”，则执行循环体。要重复执行的语句可以放在菱形符号的上方或下方。当菱形符号中的布尔表达式结果为“Yes”时循环结束。

循环结构如图 3-5 所示，注意以下情况：

① Statement 1 在循环开始之前执行。

② Statement 2 至少执行一次，因为该语句处在条件判断之前。

③ 如果布尔表达式的计算结果为“Yes”，则循环终止，流程控制执行 Statement 4。

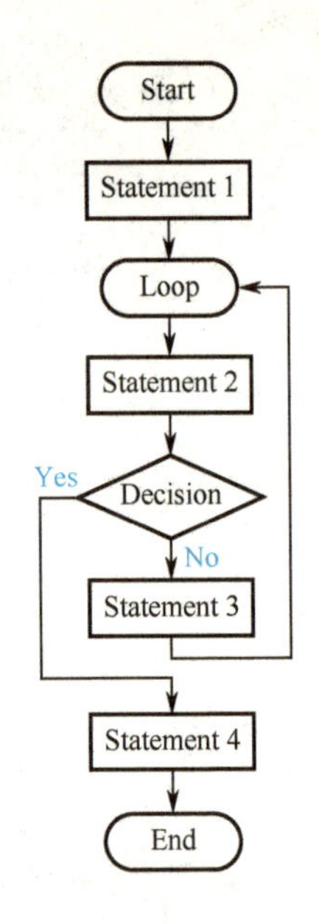

图 3-5　循环控制结构

④ 如果布尔表达式的计算结果为“No”，则流程控制执行 Statemen 3 后回到 Loop 重新开始循环。

⑤ Statement 2 至少保证执行一次，而 Statement 3 可能一次都不执行。

根据问题的需要，如图 3-5 所示的循环控制结构可分为如下 3 种方式。

① 前序方式：缺少 Statement 2，循环体为 Statement 3。

② 后序方式：缺少 Statement 3，循环体为 Statement 2。

③ 中序方式：循环体由 Statement 2 和 Statement 3 共同构成。

第4章

Raptor 数组及使用

前面用到的变量都是单个的独立变量，在解决实际问题时，会使用到大量的变量，这些变量之间有着一定的内在联系，如把这些变量都定义成一个个的单个变量就会存在下面的问题：

① 单个变量独立存放时存取效率低。

② 变量名没有规律，使用不方便。

③ 变量之间数据的内在联系难以体现。

为解决上述问题，我们引入了数组概念。数组是一组连续存放的变量，存取效率高；数组元素（下标变量）容易掌控，只需知道是其顺序是第几个，就可以很方便地存取该变量。

考虑以下3个简单变量：score1、score2 和 score3。

就 Raptor 而言，它们是完全不同的3个变量，每个变量都能够保存一个值。每当我们想让其参与操作，就必须明确指出该变量的名字。

现在，让我们扩展命名约定，重新命名这些变量如下：score[1]、score[2]和 score[3]。

我们所做出的命名改变约定如下：用变量名加上方括号中的数字结尾。每个这样的变量在程序中仍然具有唯一性，如同 score1 和 score2 是不同的变量，持有不同的值，

score[1]和score[2]也一样。括号中的数字被称为这个变量的下标。

这种变量命名方式通常被称为“数组下标表示法”。score称为数组名；方括号中的数字称为下标。在上面的例子中，score数组目前共有3个下标变量（3个数组元素）、score[1]、score[2]和score[3]。

4.1 一维数组的创建

在Raptor中，数组是在输入或赋值语句中通过给数组元素赋值而创建的。就像Raptor的简单变量一样，数组变量是在第一次使用时系统自动创建的，用来存储数据。所创建的数组大小由赋值语句中给定的最大元素下标决定。创建过程也可以通过一个计数循环进行，Raptor中数组可以最初只有1个元素，然后2个，3个，……，随着循环过程的运行，元素个数与下标逐渐增加。

如果程序试图引用的数组元素下标大于之前输入语句或赋值语句产生过的任何数组元素的下标（未赋值的下标变量），则系统会产生一个运行时错误的提示。

然而，数组中的元素可以按任何顺序赋值，这样会留下一些没有赋值的元素。在这种情况下，仍然使用最大的下标定义数组的大小，但未赋值的数组元素将默认为赋值0。例如，下述赋值过程。

第一次给values数组赋值：values[7]←3，结果如图4-1所示。

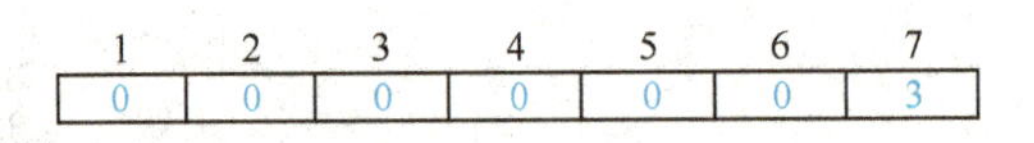

图4-1 第一次给数组values[7]赋值的结果

第二次给values数组赋值：values[9]←6，数组进行动态扩展，结果如图4-2所示。

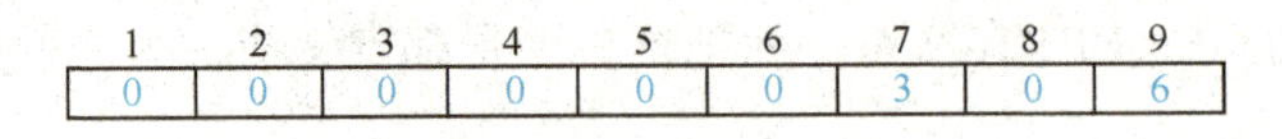

图4-2 第二次给数组values[9]赋值的结果

这种赋值方式非常方便，程序员在初始化数组时，可以用一个赋值语句将数组所有元素均置为0。例如，把100个元素的数组初始化为0，只需要一条语句：

values[100]←0

Raptor数组是动态数组，可以随时扩展，非常方便。

4.2 二维数组的创建

创建二维数组时，数组的两个维度的大小由最大的下标确定。

例如，numbers[3,4]←13，结果如图4-3所示。

Raptor数组非常灵活，不强制同一个数组的不同元素必须具有相同的数据类型，

	1	2	3	4
1	0	0	0	0
2	0	0	0	0
3	0	0	0	13

图 4-3　二维数组的创建和初始化

利用这个特点，程序员可以将二维数组设计成为类似像数据库那样的一种记录式结构。如图 4-4 所示，将二维数组的一行的 3 个元素设计成不同的数据类型。在该程序段中，a 数组第 1 行的 3 个下标变量分别为数值、字符和字符串类型。

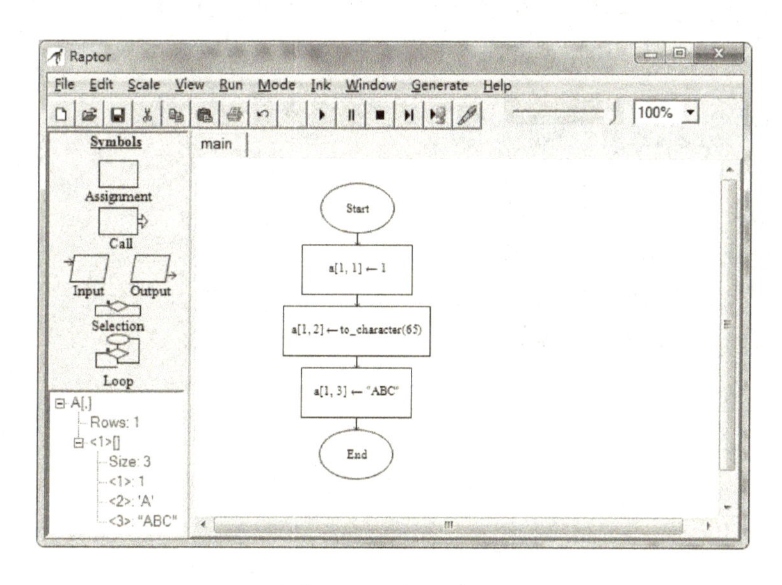

图 4-4　将数组元素设计成为数据库记录

数组是用来处理数据集合的有力工具。Raptor 在定义数组和表示数组元素时采用“数组名［下标］”方式。数组赋初值十分方便，使用方式也非常灵活，为后续程序设计带来了方便。

4.3　数组元素个数的计算

Raptor 是使用下标对数组中的元素进行访问的，只要指定其下标值，就可以访问到数组中相应的元素。

Raptor 提供了 Length_Of（数组名）函数，返回值是该数组中有效元素的个数。示例如下：

如果 values[10]←9，则 Length_Of(values)的计算结果等于 10。

Raptor 中字符串变量等同于字符数组，因此，Length_Of（字符串变量名）的计算结果是字符串长度，也可以将字符串变量名理解成数组名按下标变量的方式来访问字符串中的每一个字符。示例如下：

str←"ABCDEFG"，则 Length_Of(str)的计算结果等于 7。str[1]存储字符'A'，str[2]

存储字符'B'，……，str[7]存储字符'G'。

4.4 数组的使用

数组的使用一般是通过使用其下标变量进行的，数组下标变量的下标是可以进行数学计算的。换句话说，Raptor可以计算数组的下标值。下标值指出了该下标变量在数组中的序号。例如，score[2]、score[1+1]和score[5-3]都代表了下标变量score[2]，下标的位置还可以使用变量组成的表达式，如score[i+2]（这里i是变量）。

Raptor中数组有一些限制，在方括号内的表达式是值为正整数的任何合法的表达式，在涉及数组变量时，Raptor会计算下标表达式的值，从而确定是哪一个下标变量。

4.5 使用数组的注意事项

使用Raptor数组应注意以下两个问题：

①在Raptor中，数组名与普通变量名不可同名。

②Raptor数组可以在算法运行过程中动态增加数组元素，但不可以将一个一维数组在算法运行过程中扩展成二维数组。

第5章

Raptor 子图和过程的定义及调用

当开发一个计算机算法程序时，需要写出在计算机上可以完成的一系列步骤。这些步骤通常是比较简单的语句，而一台计算机能够执行的语句数量有限。这使得完成复杂的任务算法变得很长和难懂，如果发生错误，也很难修改。

实际上，计算机可以这样处理复杂任务，我们可以将一组语句组合在一起做成一个单独的程序，这个单独的程序可以完成某项特定任务并具有自己的名字。然后，当需要执行这种特定任务时，就直接调用这个单独的程序。从逻辑上，它作为算法的一个步骤来执行。用户并不需要考虑这个步骤的具体细节，而关心的是应该做的事情已经做了。其中的细节已被“抽象”掉了，这对一般用户来说很好，因为他们还有其他事情需要操心。我们调用这个“抽象单独程序”，是因为我们定义了一个新程序，其中的细节被抽象到了名字的背后。

过程抽象在处理复杂算法时给算法设计带来了巨大的帮助，我们在设计复杂程序时，把经常需要使用到的、相对独立的功能写成单独的程序，需要使用这些功能就去调用这些单独的程序，这样不但降低了程序设计的复杂度，而且节省了大量时间，更符合自顶向下模块化程序设计的思想。

Raptor 的编程环境提供了两种机制来实施自定义过程抽象：子图（subchart）和过

程（procedure）。一般情况下，初学者可以比较轻松地理解和创建子图。过程则是一种“增强”型的子图，对初学者来说较难理解。过程允许不同的值在每次调用过程中被“传递”和改变。这些被“传递”的值被称为参数（parameters）。相对子图，过程更具通用性，更容易改变调用中的行为，因为每次调用过程可以传递不同的初始值。

5.1 子图的定义和调用

要定义（创建）一个子图，可将鼠标光标定位在主图“main”标签（或其他子图和过程标签）上，如图5-1中圆圈所示，单击右键，将弹出一个快捷菜单。选择快捷菜单中的“add subchart”选项，将出现一个对话框，提示为子图命名。所有子图和过程都必须具有一个唯一的名字。

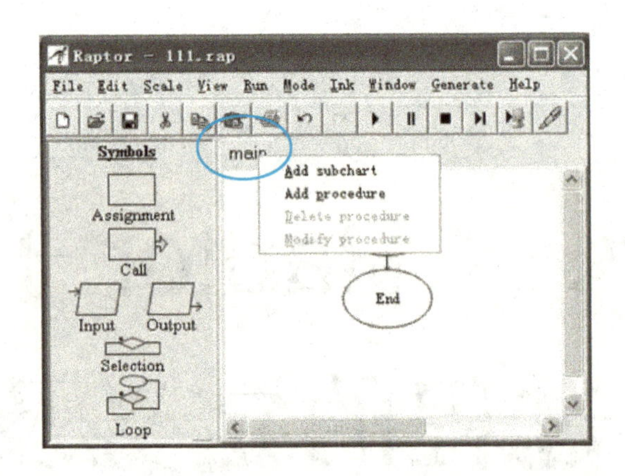

图5-1 子图和子程序添加菜单

> 当Raptor“mode（模式）”设置为“Novice（初学者）”时，只有“add subchart”选项。
> 当Raptor“mode（模式）”设置为“Intermediate（中级）”时，则有“add subchart”和“add procedure”两个选项。

每个新创建的子图将在主图“main”选项卡右侧会出现一个新的“标签”。如图5-2所示的一个设计方案，程序由1个主图和3个子图组成，分别为

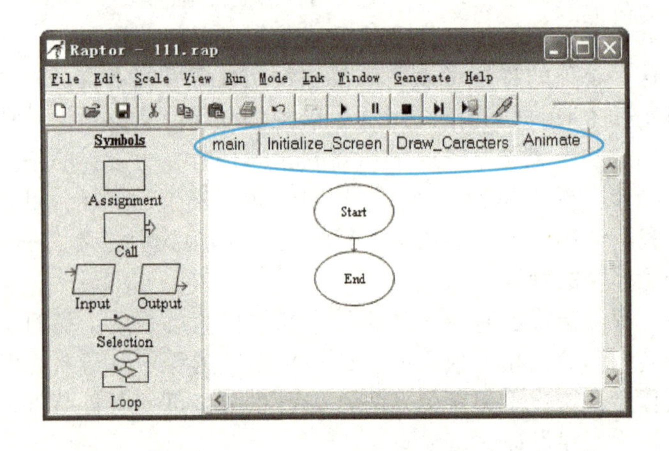

图5-2 具有1个主图和3个子图的程序

“main”、“Initialize_screen”、“Draw_characters”和“Animate”。要编辑这些子图，必须单击与其相关的子图标签。一次只能查看或编辑一个子图。

一个算法程序开始执行时，总是先从主图“main”的“start”语句开始。其他子图都只有被调用到时才被执行。当一个子图被调用到时，流程从调用语句转向被调用的子图，被调用子图中的语句将被执行，一直执行到“end”语句，流程返回到调用该子图的调用语句的下一个语句继续执行。整个算法程序终止于主图“main”中的“end”语句。

子图的主要特点是主图和所有子图共享相同的变量。当一个变量的值在一个子图中被改变，则其他子图都会得到改变以后的值。子图之间不需要进行参数传递。子图之间的调用只要给出被调用子图的名字即可。

总之，子图可以用来将程序划分成不同的功能集合，使得一个复杂的程序划分成为一些更小、更简单的程序模块。子图的另外一个特点就是可以减少程序中的重复代码。更小、更简单的子图代码只写一次，便可以被反复、多次地调用。如果子图划分适当，程序通常会更短、更清晰、更容易开发和调试。

5.2 过程的定义和调用

定义（创建）一个过程的方法和子图类似，如图5-1中圆圈所示，用鼠标右击标签，在弹出的快捷菜单中选择“add procedure”选项，将出现一个创建过程的对话框，此时要完成过程名和参数的设置，如图5-3所示。

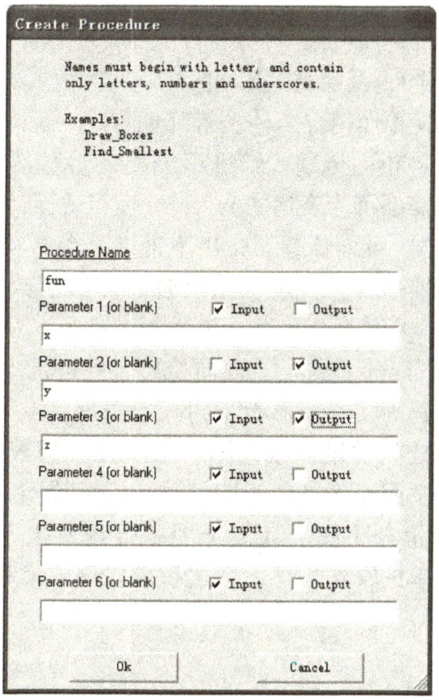

图5-3 过程名和参数的定义

与子图不同，过程相对独立，调用时需要通过参数交换信息。

过程的主要特点是有其各自的一套独立的变量。如果两个过程都包含了一个名为x的变量，则各自变量*x*都会有自己不同的存储位置，一个过程中的*x*值的变化将不会影响其他过程中变量*x*的值，如图5-4所示。图中观察窗口是程序运行到过程fun断点处，主图main和过程fun中变量*x*、*y*的实时数值情况。过程的这个特点给程序设计带来了很大方便，保证了模块之间的独立性，便于模块化程序设计。

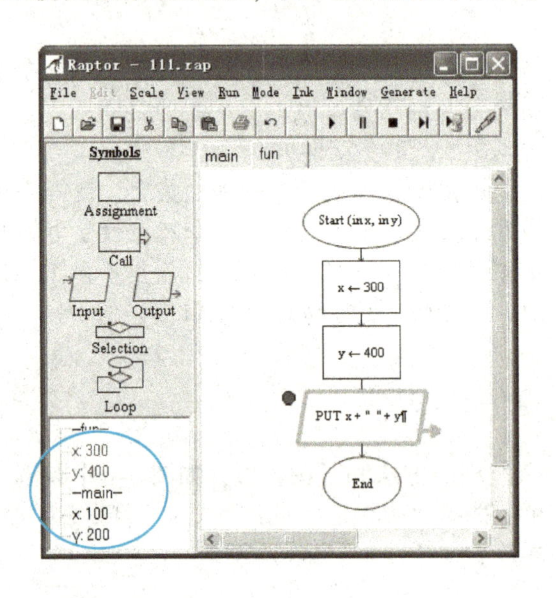

图5-4　过程中独立的变量环境

过程的调用与子图不同，调用格式形如：过程名（参数列表）。

Raptor过程参数的设置和作用有3种，解释如下。

① 输入参数（Input）：正向传递，带进不带出（参数从调用者向被调用过程单向值传递，实参赋给形参，实参可为表达式）。

② 输出参数（Output）：反向传递，带出不带进（参数从被调用过程向调用者单向值传递，实参和形参都必须是变量，过程结束时，形参赋给实参。形参在过程中首次使用前要初始化）。

③ 输入/输出参数（Input/Output）：双向传递，带进带出（参数在调用者和被调用过程之间双向传递，可理解为实参和形参是同一个变量）。

以上介绍了如何将复杂问题设计成主图、子图或过程等多个不同的模块来求解问题的编程方法。如果想与主图或者其他子图共享相同的变量，则使用子图来解决问题。如果想分隔变量，不让变量与主图、其他子图和过程发生干扰，那么必须使用过程。子图可以用来编写较为简单的算法程序，而过程可以用来编写较复杂的算法程序。

第6章

Raptor文件的使用

在Raptor中，系统默认的输入设备是键盘，输入语句输入的数据都是从键盘缓冲区中提取的；系统默认的输出设备是控制台显示器，输出语句输出的数据都是插入到显示缓冲区中的。这对于大量的数据输入/输出是很不方便的，一是容易出错，二是需要重复花费大量的时间。为了解决这类问题，Raptor提供了输入/输出重定向过程，将默认的输入/输出设备重定向为磁盘文件。重定向后，所有的输入/输出都是针对磁盘文件进行的。

6.1　将数据输出到磁盘文件

输出语句可以用来将数据输出到一个磁盘文件中。Raptor程序在执行过程中遇到输出语句时，系统会检查输出是否已经被重定向（Redirected）。如果输出已经被重定向，这意味着已经指定了一个输出文件，此时输出的数据将被写入到指定的磁盘文件中；如果输出没有被重定向，则输出数据显示在主控制台显示器上（Master Console）。

1. 输出重定向

Raptor提供的输出重定向语句（Redirect_ Output）以过程调用的形式出现，将输出内容写入文件。

格式一：Redirect_Output(yes/no or "filename")

格式二：Redirect_Output_Append(yes/no or "filename")

对于格式一，如果参数“filename”只指出文件名，则输出语句输出的结果将按指定的文件保存在当前Raptor程序所在的目录中；如果参数“filename”拥有完整的路径，指出了盘符、路径和文件名，则输出语句输出的结果将保存在指定的文件目录中。如果输出语句中指定的文件已经存在，则将进行无预警的覆盖，文件的所有以前的内容将丢失。

对于格式二，即文件追加方式，如果指定的文件不存在，则产生一个新文件；如果指定的文件已存在，则输出的内容将追加在以前内容的后面。

格式一和格式二中使用参数yes时，文件名的给出被延迟到程序运行期间，即执行到该过程调用的时候。

2. 文件输出

输出到文件中的内容与主控制台上输出的格式和内容完全相同。在输出语句中，程序员可以控制输出的内容和换行的时机。

3. 输出重定向结束

调用Redirect_Output过程，程序将把计算结果输出到指定文件。在文件输出数据工作完成后，需要重新设置Raptor环境，使后续的内容输出到主控制台，这时需要重新调用Redirect_Output过程，格式如下：

Redirect_Output(False/No)

该过程调用执行后，输出文件立即关闭，随后的Raptor程序输出再次出现在主控制台。

输出文件使用示例，如图6-1所示。

要求：产生10个1～100之间的随机整数存放到数组 *a* 中，并将数组 *a* 中的数据输出到磁盘文件Random_data. txt。

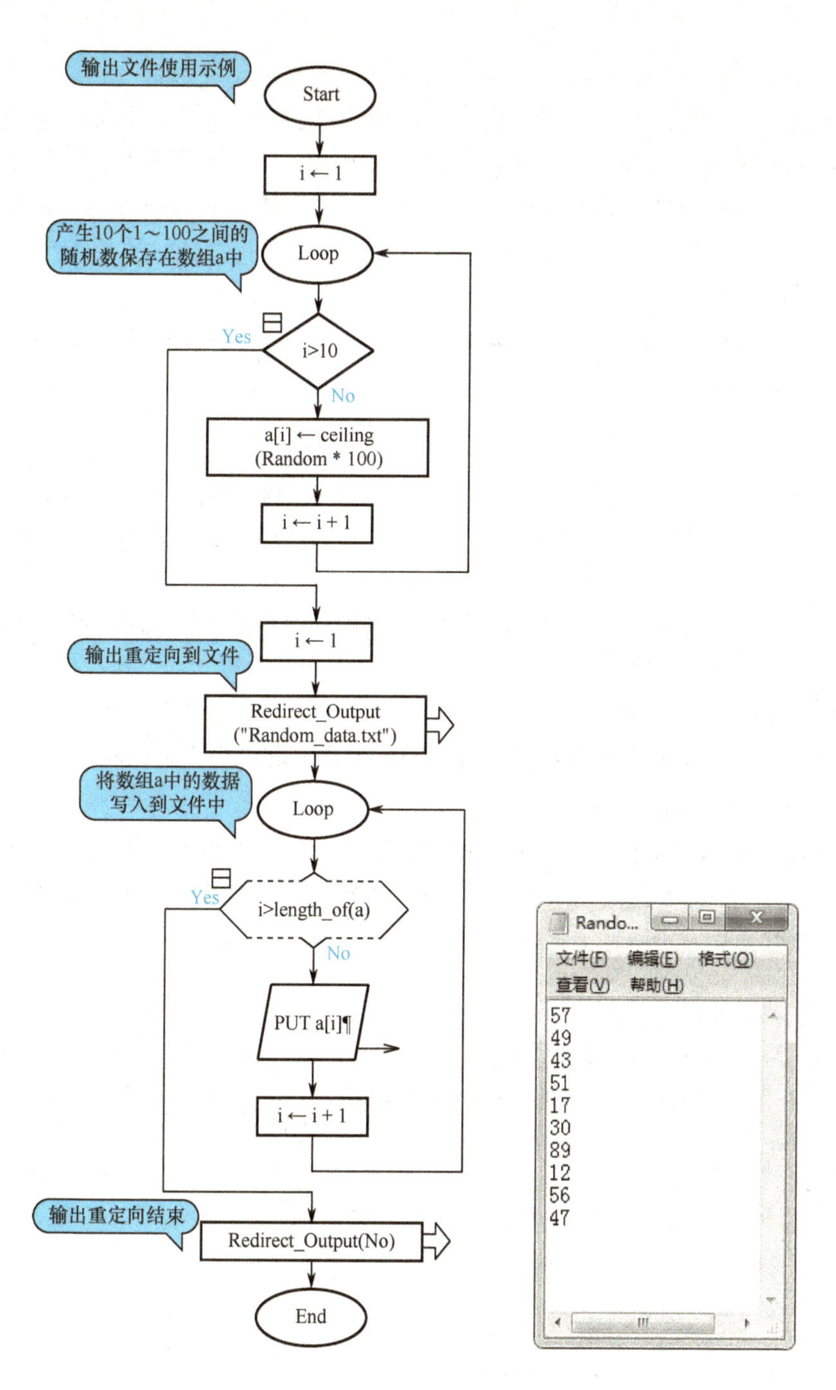

图 6-1 输出文件使用示例

6.2 从磁盘文件输入数据

从文件中读入计算需要的数据，可以减少人机交互，节省时间。Raptor 通过输入语句从一个磁盘文件输入数据。程序在执行过程中遇到一个输入语句时，系统会检查输入是否已经被重定向（Redirected）。如果输入被重定向，这意味着已经指定一个输入文件，此时输入的数据将从指定的文件中提取；如果输入没有被重定向，则输入数据从默认设备键盘提取。

1. 输入重定向

Raptor 提供的输入重定向语句（Redirect_ Input）以过程调用的形式出现，输入的内容从磁盘文件提取。格式为：

Redirect_Input(yes/no or "filename")

格式中，如果参数“filename”只指出文件名，则输入语句将从当前 Raptor 程序所在目录的文件中提取数据；如果参数“filename”拥有完整路径，指出了盘符、路径和文件名，则输入语句将从指定的文件目录的文件中提取数据。指定的文件必须存在，否则将产生错误。

使用参数 yes 时，文件名的给出被延迟到程序运行期间，即执行到该过程调用时，注意此时给出的文件应该已存在。

2. 文件输入

从磁盘文件中提取数据与从键盘上提取数据的格式和内容完全相同。

3. 输入重定向结束

调用 Redirect_ Input 过程，程序将从指定的文件中提取数据。从文件输入数据工作完成后，需要重新设置 Raptor 环境，使后续的输入从键盘提取，这时需要重新调用 Redirect_ Input 过程，格式如下：

Redirect_Input(False/No)

该过程调用执行后，输入文件立即关闭，随后的 Raptor 程序输入再次通过键盘进行。

输入文件使用示例：数据文件 Infile. txt 的组织如图 6-2 所示，程序从文件 Infile. txt 读入数据并显示在主控制台，如图 6-3 所示。

流程图中用到了函数 End_Of_Input 来测试当前的输入文件是否结束。

> Raptor在读取输入文件时，每次读入一行，如果想每次读入一个数据，则输入文件的组织也只能是一行一个数据；如果文件中一行有多个数据，则程序读入一行后应作相应的转换。

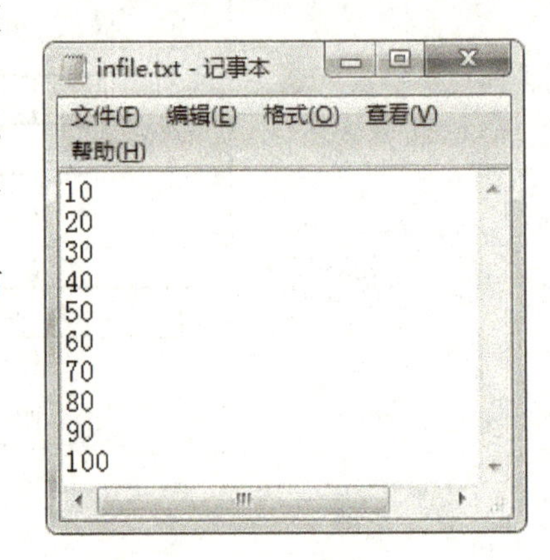

图 6-2 输入文件 Infile. txt 示例

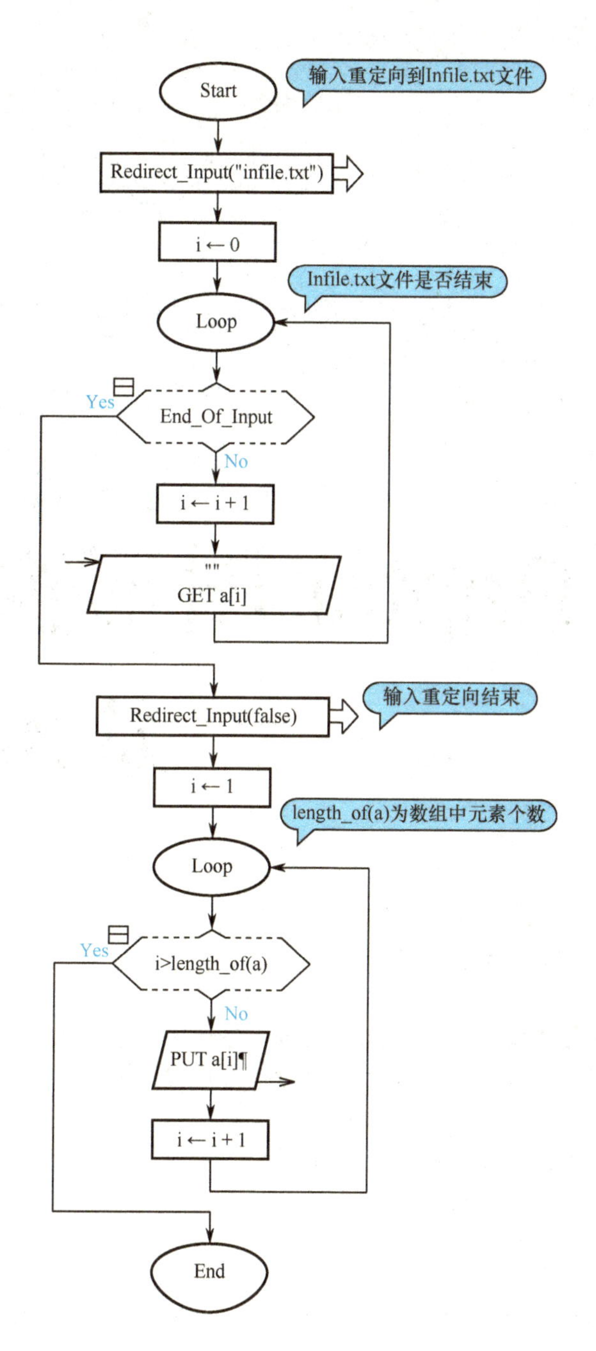

图 6-3 从文件 Infile. txt 读入数据并显示在主控制台

第7章 Raptor图形窗口的基本操作

7.1 Raptor 图形窗口

Raptor 通过调用过程 Open_Graph_Window 打开一个指定大小的 Raptor 图形窗口，打开后的窗口背景为白色，窗口的左下角像素的坐标为(1,1)，它是标准坐标系的原点。

(1) 打开图形窗口(Open_Graph_Window)

语法格式如下：

Open_Graph_Window(X_Size,Y_Size)

> Raptor只能打开一个图形窗口。如果尝试打开第二个，将发生运行时错误。

Open_Graph_Window 是一个过程调用，用于创建指定宽度 X_Size 和高度 Y_Size 的图形窗口，指定宽度 X_Size 和高度 Y_Size 的大小不能超过可用的屏幕尺寸。

打开图形窗口的示例如下：

Open_Graph_Window(400,300)

上面的过程调用打开宽度 400 像素，高度 300 像素的图形窗口。图 7-1 为打开的窗口及坐标布局。

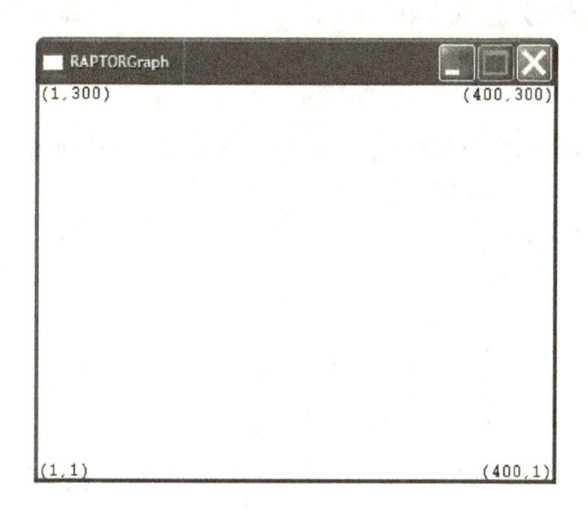

图 7-1　Raptor 图形窗口坐标布局

（2）关闭图形窗口（Close_ Graph_ Window）

语法格式如下：

Close_Graph_Window

Close_Graph_Window 是一个过程调用，用于关闭 Raptor 图形窗口。

关闭窗口示例如下：

Close_Graph_Window

（3）获取窗口最大宽度和高度（Get_ Max_ Width 和 Get_ Max_ Height）

语法格式如下：

Variable_x←Get_Max_Width

Variable_y←Get_Max_Height

Get_Max_Width 和 Get_Max_Height 都是函数，上述语句的功能是返回可以打开 Raptor 窗口的最大宽度或最大高度像素值并保存在变量 Variable_x 或 Variable_y 中。实际上，这两个语句常在 Open_Graph_Window 调用前使用。其值可用来作为打开窗口的参数。

获取窗口最大宽度示例如下：

x←Get_Max_Width

y←Get_Max_Height

（4）获取已打开窗口的宽度和高度（Get_Window_Width 和 Get_Window_Height）

语法格式如下：

Variable_x←Get_Window_Width

Variable_y←Get_Window_Height

Get_Window_Width 和 Get_Window_Height 都是函数，这两个语句的返回是已打开窗口的宽度和高度像素值并保存在变量 Variable_x 和 Variable_y 中。

获得已打开窗口宽度和高度示例如下：

x←Get_Window_Width

y←Get_Window_Height

（5）检测窗口是否打开（Is_Open）

语法格式如下：

Is_Open

Is_Open是一个函数，用于判断窗口是否已经打开，返回值为True（Yes）时为已打开，返回值为False（No）时则未打开。

判断窗口是否打开示例如图7-2所示。

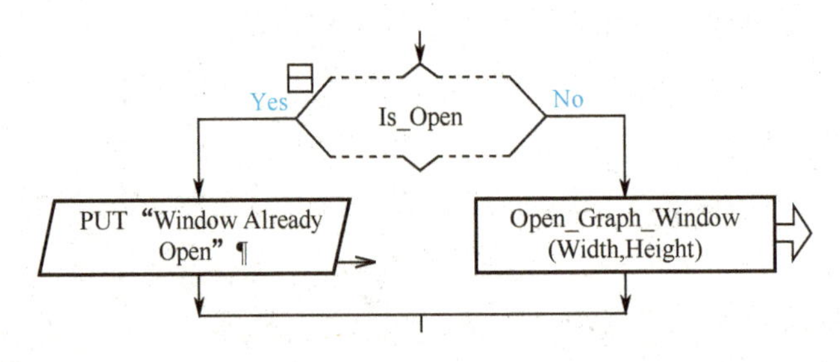

图7-2 Is_Open测试语句的使用

（6）设置窗口标题（Set_Window_Title）

语法格式如下：

Set_Window_Title(Title)

Set_Window_Title是一个过程调用，用于更改或设置Raptor图形窗口中的标题栏。其中Title为字符串。

更改或设置窗口标题栏的示例如下：

Set_Window_Title("Visual Window")

上面的过程调用最终将图形窗口标题更改为了Visual Window。

(7)平滑绘制图形

Freeze_Graph_Window和Update_Graph_Window语句常用于平滑动画显示，使用Freeze_Graph_Window语句后，绘制的图形并不立即在屏幕上显示，而是输出到显示缓冲区中，使用Update_Graph_Window语句使描画迅速可见。

结束动画描画时，可使用Unfreeze_Graph_Window语句，用显示缓冲区数据更新屏幕使动画立即描画。

不用Freeze_ Graph_ Window语句会使每次描画变得明显而导致动画很生硬。

7.2 Colors色彩

Raptor图形功能支持的基本色彩如表7-1所示。

表 7-1 Colors 色彩

值	色 彩	值	色 彩
0	Black 黑色	8	Dark_Gray 深灰色
1	Blue 蓝色	9	Light_Blue 浅蓝色
2	Green 绿色	10	Light_Green 浅绿色
3	Cyan 青色	11	Light_Cyan 浅青色
4	Red 红色	12	Light_Red 浅红色
5	Magenta 紫色	13	Light_Magenta 浅紫色
6	Brown 棕色	14	Yellow 黄色
7	Light_Gray 浅灰色	15	White 白色

（1） 画图时颜色的使用

程序员可以通过数字或颜色名称来使用这些颜色。如果变量 BoxColor 的值为 2，以下 3 条命令等价，将绘制相同颜色的矩形。

```
Draw_Box(X1,Y1,X2,Y2,BoxColor,Filled)
Draw_Box(X1,Y1,X2,Y2,Green,Filled)
Draw_Box(X1,Y1,X2,Y2,2,Filled)
```

色值可达 241，大于 15 则为扩充色。系统中不存在与它们关联的名称。

Filled/Unfilled 值还可为 True/Yes 或 False/No。为 True 则用指定颜色填充，否则无色。

（2）设置颜色(Closest_Color)

语法格式如下：

```
Color←Closest_Color(Red,Green,Blue)
```

Closest_Color 是一个函数，返回值为 0 ~ 241 之间的一个值（RGB 颜色模式中最接近的匹配），Red、Green 和 Blue 的值必须在 0 ~ 255 之间，否则将会出现运行时错误。

例如：Color←Closest_Color(40,50,60)函数的调用结果将获得最接近红色亮度为 40，绿色亮度为 50，蓝色亮度为 60 的色彩。

（3） 生成随机色彩 （Random_Color）

Random_Color 函数可产生随机颜色，返回 0 ~ 15 的一个随机色彩。例如：

```
Display_Text(100,100,"Message",Random_Color)
```

Random_Extended_Color 函数返回 0 ~ 241 之间的随机色。例如：

```
Display_Number(100,100,Score,Random_Extended_Color)
```

7.3 绘制图形

Raptor 可以绘制不同颜色的各种形状的图形，注意在绘制任何图形前应确保图形窗口处于打开状态，否则将出现运行时的错误。

（1） 清理窗口 （Clear_Window）

语法格式如下：

Clear_Window(Color)

Clear_Window 是一个过程调用，即清除整个窗口并用 Color 色彩作为背景颜色。如果已调用 Freeze_Graph_Window 语句，则窗口将暂不清除，直到出现语句 Unfreeze_Graph_Window 或 Update_Graph_Window 调用语句时，才能执行本操作。例如：

Clear_Window(Red)

此语句将清除整个图形窗口并用红色作为背景颜色。

（2）绘制弧（Draw_Arc）

语法格式如下：

Draw_Arc(X1, Y1, X2, Y2, Startx, Starty, Endx, Endy, Color)

Draw_Arc 是一个过程调用，即在指定的(X1,Y1,X2,Y2)矩形中绘制椭圆的一段弧线。(X1,Y1)为矩形左上角坐标，(X2,Y2)为矩形右下角坐标（可以是矩形任意两个对角坐标）。

从坐标点(Startx,Starty)和椭圆中心点的连线与椭圆边上的交点开始，按逆时针方向到坐标点(Endx,Endy)和椭圆中心点的连线与椭圆边上的交点结束的一段弧线。如图 7-3 所示，绘制了两条直线之间的一段弧。

绘制弧线示例如下：

Draw_Arc(1,100,200,1,250,50,2,2,black)

上面的过程调用绘制弧线如图 7-4 所示。

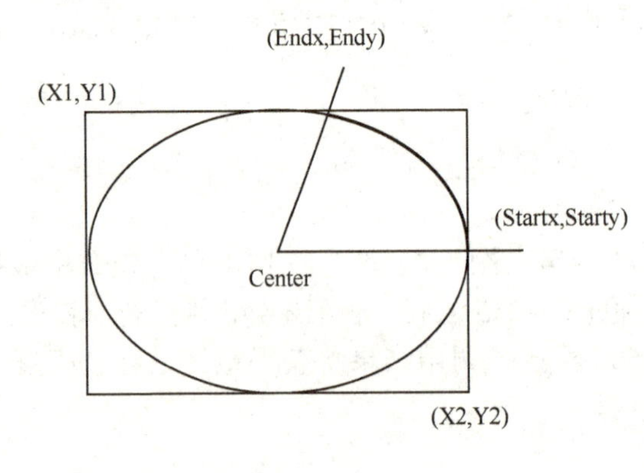

图 7-3 绘制弧线

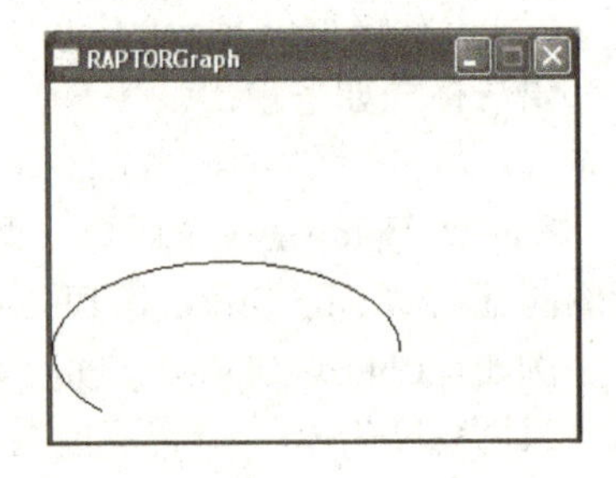

图 7-4 绘制弧线实例

（3）绘制矩形（Draw_Box）

语法格式如下：

Draw_Box(X1,Y1,X2,Y2,Color,Filled)

Draw_Box 是一个过程调用，即以(X1,Y1)和(X2,Y2)为对角坐标绘制一个矩形。Color 用于指定颜色。

Filled 可以为真（Filled/Yes/True）或假（Unfilled/No/False）。如果为真将以给定颜色填充矩形；如果为假则绘制的矩形内部不填充颜色。

绘制矩形示例如下：

Draw_Box(100,500,300,400,Red,True)

上面的过程调用是以(100,500)为左上角,(300,400)为右下角绘制红色实心矩形。

(4)绘制圆(Draw_Circle)

语法格式如下:

```
Draw_Circle(X,Y,Radius,Color,Filled)
```

Draw_Circle 是一个过程调用，即以(X,Y)坐标为圆心，Radius 为半径绘制一个圆。Color 用于指定颜色。

Filled 可以为真（Filled/Yes/True）或假（Unfilled/No/False）。如果为真将以给定颜色填充圆；如果为假则绘制的圆内部不填充颜色。

绘制圆示例如下:

```
Draw_Circle(50,100,25,Red,True)
```

该过程调用以(50,100)为圆心,25 为半径绘制红色实心圆。

```
Draw_Circle(100,100,50,Red,False)
```

该过程调用以（100，100）为圆心，50 为半径绘制红色空心圆。

(5）绘制椭圆（Draw_ Ellipse)

语法格式如下:

```
Draw_Ellipse(X1,Y1,X2,Y2,Color,Filled)
```

Draw_Ellipse 是一个过程调用，即以(X1,Y1)和(X2,Y2)为对角坐标矩形中绘制椭圆，如图 7-5 所示。

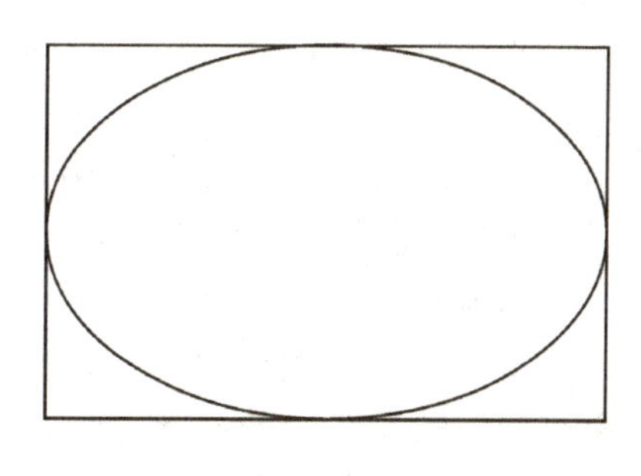

图 7-5 绘制椭圆

Filled 可以为真（Filled/Yes/True）或假（Unfilled/No/False)。如果为真将以给定颜色填充椭圆;如果为假则绘制的椭圆内部不填充颜色。Color 用于指定颜色。

绘制椭圆示例如下:

```
Draw_Ellipse(50,150,250,25,Green,True)
```

该过程调用是在左上角为(50,150)，右下角(250,25)的矩形中绘制绿色实心椭圆。

```
Draw_Ellipse(250,150,50,25,Green,False)
```

该过程调用是在右上角为(250,150)，左下角(50,25)的矩形中绘制绿色空心椭圆。

(6）绘制可以旋转角度的椭圆（Draw_Ellipse_Rotate)

语法格式如下:

```
Draw_Ellipse_Rotate(X1,Y1,X2,Y2,Angle,Color,Filled)
```

Draw_Ellipse_Rotate 是一个过程调用，与 Draw_Ellipse 类似，但却是绘制一个按逆时针旋转指定角度 Angle 的椭圆，Angle 用数值指定（如 45 度以 pi/4 给出)。

绘制旋转角度的椭圆示例如下:

```
Draw_Ellipse_Rotate(50,150,250,25,pi/4,Green,True)
```

该过程调用是在左上角(50,150)，右下角(250,25)的矩形区域内绘制按逆时针旋转 45 度的绿色实心椭圆。

(7) 绘制直线（Draw_Line）

语法格式如下：

Draw_Line(X1,Y1,X2,Y2,Color)

Draw_ Line 是一个过程调用，即在点(X1,Y1)与点(X2,Y2)之间以颜色 Color 绘制一条直线。

绘制直线示例如下：

Draw_Line(50,50,200,100,Green)

该过程调用是在点(50,50)与点(200,100)之间绘制一条绿色直线。

(8) 指定区域填充颜色（Flood_Fill）

语法格式如下：

Flood_Fill(X,Y,Color)

Flood_Fill 是一个过程调用，即在点(X,Y)所属的闭合区域内以 Color 颜色填充。

指定区域填充颜色示例如下：

Flood_Fill(X1 +1,Y1 -1,Red)

该过程调用示例操作如图 7-6 所示，即在点(X1+1,Y1 -1)所属的区域内以红色填充。

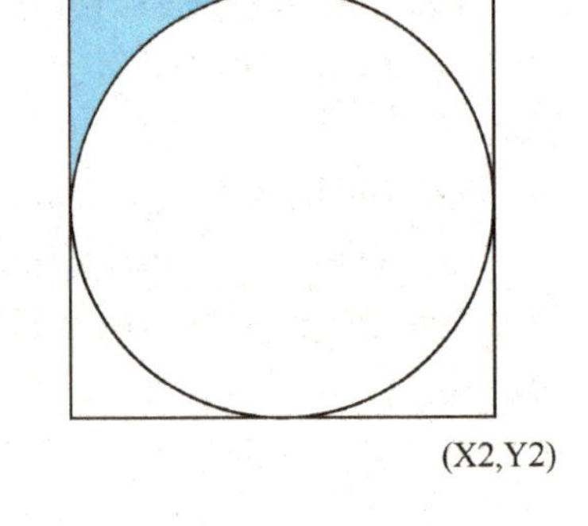

图 7-6　填充指定色彩示例

(9) 获取像素点颜色（Get_Pixel）

语法格式如下：

Get_Pixel(X,Y)

Get_Pixel 是一个函数，用于返回指定坐标位置的颜色值，若点(X,Y)位于图形窗口之外，将显示运行时错误并停止程序运行。

Get_Pixel 常用于赋值，也可用于判断，如使循环退出的判断 Get_Pixel(X,Y) = Red。

获取像素点颜色示例如下：

Color←Get_Pixel(50,50)

该函数是获取点(50,50)处的颜色值存放在变量 Color 中。

(10) 设置像素点颜色（Put_Pixel）

语法格式如下：

Put_Pixel(X,Y,Color)

Put_Pixel 是一个过程调用，即以颜色 Color 改变指定像素点(X,Y)位置的颜色。

设置像素点颜色示例如下：

Put_Pixel(50,50,Red)

该过程调用是以红色改变指定像素点(50,50)位置的颜色。

(11) 装载位图（Load_ Bitmap）

语法格式如下：

Load_Bitmap(Filename)

Load_Bitmap 是一个函数，返回值是文件 Filename 中的图像，用于 Draw_Bitmap 过程调用。

装载位图示例如下：

Bitmap←Load_Bitmap("mypicture. JPG")

图像文件格式必须是BMP、PNG、JPEG（JPG）或GIF。

上面的函数是将Load_Bitmap的返回值存在变量Bitmap中。

（12）绘制位图（Draw_ Bitmap）

语法格式如下：

Draw_Bitmap(Bitmap,X,Y,Width,Height)

Draw_Bitmap是一个过程调用，用于在图窗口中绘制图像，具体参数的含义如下：

① Bitmap为函数Load_ Bitmap的返回值。

②（X，Y）为绘制图像的左上角坐标。

③ Width，Height以像素表示的图像绘制的最大宽度和高度。

Raptor本身不自动缩放图像，一旦图像尺寸大于指定宽、高度，将自动截去图像的右侧和底部，否则将正常显示。

绘制位图示例如下：

Draw_Bitmap(Bitmap,100,450,300,200)

Draw_Bitmap(Load_Bitmap("mypicture. JPG"),100,450,300,200)

对于上面的两次过程调用，如果Bitmap是函数Load_Bitmap("mypicture. JPG")的返回值，则过程调用等价，即在左上角坐标(100,450)位置处绘制具有300像素宽、200像素高的图像。

7.4 键盘操作

在可视化程序设计环境中，如果想与图形窗口程序交互，就需要调用输入函数或过程。输入有两种类型，分为阻塞型输入和非阻塞型输入。

① 阻塞型输入会暂停程序的运行，直到用户输入为止。

② 非阻塞型输入可以得到鼠标或键盘的当前信息，但不暂停执行中的程序。

键盘输入如表7-2所示。

（1）等待击键（Wait_For_Key）

语法格式如下：

Wait_for_Key

Wait_for_Key是一个函数调用，它将暂停程序的运行，直到在Raptor窗口中按下某个键。

等待击键示例如下：

Wait_For_Key

上面的函数调用是等待击键直到键盘有键被按下。

（2）取键值（Get_Key）

语法格式如下：

variable←Get_Key

Get_Key 是一个函数，等待直到一个键被按下，将返回用户所按键的 ASCII 代码后程序继续执行。

表 7-2　键盘输入

类　型	操　作	过程、函数调用和说明
阻塞型输入	等待击键	Wait_For_Key 等待直到一个键被按下，程序继续执行
	取得用户输入的字符	Character_variable←Get_Key 等待直到一个键被按下，并返回用户输入的字符
	取得用户输入的字符串	String_variable←Get_Key_String 等待直到输入一个字符串，并返回用户输入的字符串，若输入为特殊键，则返回键名字符串
非阻塞型输入	判断某个键是否处于按下状态	Key_Down("key") 如果指定键在调用函数 Key_Down 的时刻处于按下的状态，则返回 true
	检查用户是否击键	Key_Hit 自上次调用 Get_Key 后，如果有键按下，则函数返回值 true；没有键按下，则函数返回值 false

除了返回基本 ASCII 码，Get_Key 还将返回扩展 ASCII 码的特殊键值，如表 7-3 所示。使用示例如图 7-7 所示。

表 7-3　几个重要的特殊键值

键	键　值	键	键　值
Left Arrow	165	Up Arrow	166
Right Arrow	167	Down Arrow	168

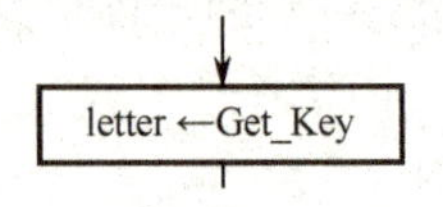

图 7-7　取键值并赋值给变量

（3）取键字符串（Get_Key_String）

语法格式如下：

String_variable←Get_Key_String

Get_Key_String 是一个函数，将等待用户按键，直到返回用户所按键的字符串表示形式。

对于大部分键，Get_Key_String 将返回一个字符串内仅包含表示字母或符号的单个字符。表 7-4 给出了这种常见的输入和一些特殊的功能键。

表 7-4　Get_Key_String 返回的字符串

按　　键	返回值字符串	按　　键	返回值字符串
a	"a"	UpArrow	"Up"
Shift-a	"A"	LeftArrow	"Left"
PageDown	"PageDn"	RightArrow	"Right"
F1	"F1"	Insert	"Insert"
Enter	"Enter"	Delete	"Delete"
Esc	"Esc"	\	""
Tab	"Tab"	SpaceBar	" "
Backspace	"Backspace"	Control-A	"Ctrl-A"
DownArrow	"Down"		

取键字符串示例如图 7-8 所示。

（4）判断某个键是否处于按下状态（Key_Down）

语法格式如下：

Key_Down("key")

Key_Down 是一个函数，如果指定键在调用函数 Key_Down 的时刻处于按下的状态，则返回 true。

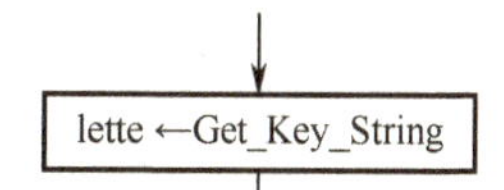

图 7-8　取键字符串示例

例如：Key_Down("C")，C 键处于按下时为 true；Key_Down(" ")，空格键处于按下时为 true；Key_Down("Ctrl")，Ctrl 键处于按下时为 true；Key_Down("Ctrl") and Key_Down("A")，Ctrl 和 A 键处于按下时为 true。

表 7-5 给出了 Key_Down 中可以应用的“Key”参数值。

表 7-5　Key_Down 中的“Key”参数值和按键动作对照

按　　键	返回值字符串	按　　键	返回值字符串
a	"a"	UpArrow	"Up"
Shift	"Shift"	LeftArrow	"Left"
PageDown	"PageDn"	RightArrow	"Right"
F1	"F1"	Insert	"Insert"
Enter	"Enter"	Delete	"Delete"
Esc	"Esc"	\	""
Tab	"Tab"	SpaceBar	" "
Backspace	"Backspace"	Control	"Ctrl"
DownArrow	"Down"		

（5）判断某个击键动作是否已经发生过（Key_Hit）

语法格式如下：

Key_Hit

Key_Hit 是一个函数，常用于测试上次调用函数 Get_key 之后或窗口打开后尚未调用函数 Get_Key 时，是否有某个键被按下，如果是则返回 true。

Key_Hit 函数常用于决定是否进行 Get_Key 调用。

判断某个击键动作是否已经发生过的示例如图7-9所示。

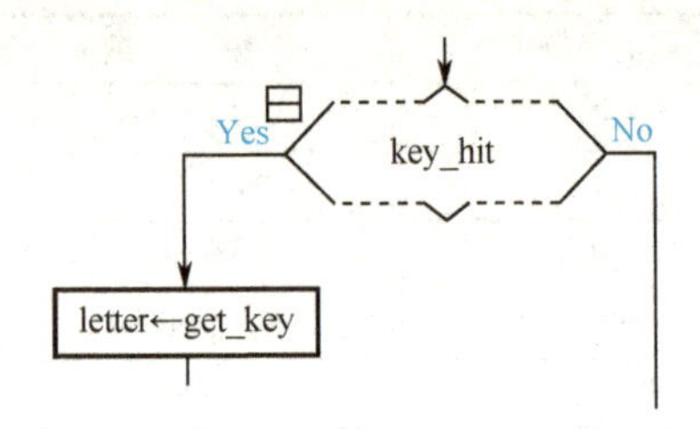

图7-9 Key_Hit函数应用示例

7.5 鼠标操作

鼠标操作包括确定鼠标指针的当前位置或最近一次鼠标单击时的指针位置，据此可以决定下一步的动作。鼠标函数如表7-6所示。

表7-6 鼠标函数

类型	操作	过程、函数调用和说明
阻塞型输入	等待按下鼠标按钮	Wait_For_Mouse_Button(Which_Button) 等待直到指定的鼠标按钮(Left_Button或Right_Button)按下
	等待按下鼠标按钮并返回鼠标的坐标	Get_Mouse_Button(Which_Button,X,Y) 等待直到指定的鼠标按钮(Left_Button或Right_Button)按下，并返回鼠标的位置坐标
非阻塞型输入	获得鼠标光标位置的X坐标值	X←Get_Mouse_X 返回当前鼠标位置的X坐标的一个函数
	获得鼠标光标位置的Y坐标值	y←Get_Mouse_Y 返回当前鼠标位置的Y坐标的一个函数
	是否有一个鼠标按钮处于按下状态	Mouse_Button_Down(Which_Button) 如果鼠标按钮处于按下状态，则函数返回true
	是否有一个鼠标按钮按下过	Mouse_Button_Pressed(Which_Button) 如果鼠标按钮自上次调用Get_Mouse_Button或Wait_For_Mouse_Button后按下过，则函数返回true
	是否有一个鼠标按钮被释放	Mouse_Button_Release(Which_Button) 如果鼠标按钮自上次调用Get_Mouse_Button或Wait_For_Mouse_Button后被释放，则函数返回true

(1)等待鼠标某个按键动作(Wait_For_Mouse_Button)

语法格式如下：

Wait_For_Mouse_Button(Which_Button)

Wait_For_Mouse_Button是一个过程调用，即暂停现行运行的程序，直到指定的鼠标按键被按下，注意，如果该程序正在等待鼠标左击，则鼠标右击会被忽略。

Which_Button必须是Left_Button或Right_Button之一。

等待鼠标某个按键动作示例如下：

Wait_For_Mouse_Button(Left_Button)

该过程调用是等待鼠标左键的按键动作。

(2) 取得鼠标按钮与指针位置（Get_Mouse_Button）

语法格式如下：

Get_Mouse_Button(Which_Button, X, Y)

Get_Mouse_Button是一个过程调用，即等待鼠标单击，并返回鼠标单击处的X，Y坐标值，如果程序正在“等待鼠标左键单击”，则鼠标右键单击的动作将被忽略。

由于一次单击同时包括按下和释放鼠标按键两个动作，因此返回的X和Y的位置为释放鼠标按钮时的鼠标指针位置。

Which_Button必须是Left_Button或Right_Button之一。

取得鼠标按键与指针位置示例如下：

Get_Mouse_Button(Left_Button, Mouse_X, Mouse_Y)

该过程调用是取得鼠标的指针位置存放在变量Mouse_X和Mouse_Y中。

(3) 取得鼠标指针的X值（Get_Mouse_X）

语法格式如下：

X_coord←Get_Mouse_X

Get_Mouse_X是一个函数，即返回鼠标指针当前所处图形窗口位置的X值。

取得鼠标指针X值示例如图7-10所示。

(4) 取得鼠标指针的Y值（Get_Mouse_Y）

语法格式如下：

Y_coord←Get_Mouse_Y

Get_Mouse_Y是一个函数，即返回鼠标指针当前所处图形窗口位置的Y值。

取得鼠标指针Y值示例如图7-11所示。

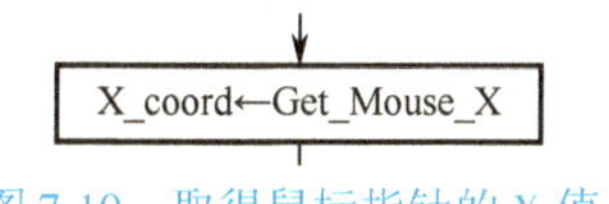

图7-10 取得鼠标指针的X值

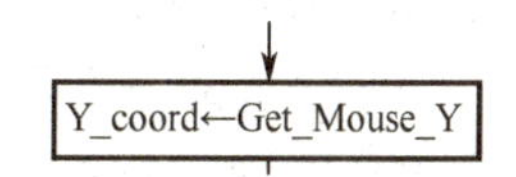

图7-11 取得鼠标指针的Y值

(5) 判断鼠标键是否处于按下状态（Mouse_Button_Down）

语法格式如下：

Mouse_Button_Down(Which_Button)

Mouse_Button_Down是一个函数，当鼠标左或右键在调用Mouse_Button_Down函数时处于按下状态，则返回true。

判断鼠标按键是否处于按下状态示例如图7-12所示。

(6) 判断鼠标键是否被按下过（Mouse_Button_Pressed）

语法格式如下：

Mouse_Button_Pressed(Which_Button)

Mouse_Button_Pressed是一个函数，用于判断自最近一次调用Get_mouse_Button、

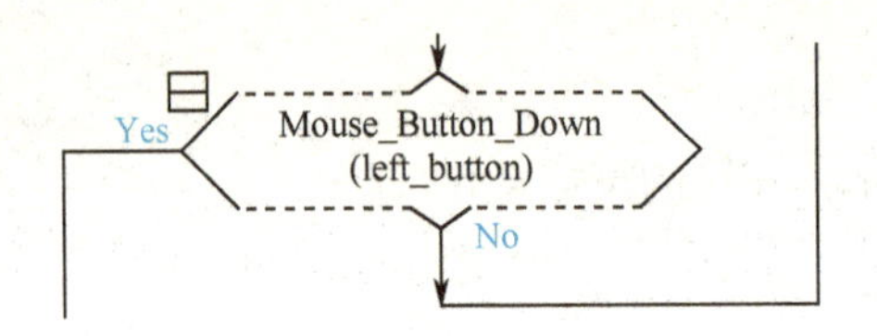

图 7-12 判断鼠标左键是否处于按下状态

Wait_For_Mouse 或 Open_Graph_Window 之后，鼠标键是否被按下过。如果有鼠标键被按下，则返回 true。Mouse_ Button_ Pressed 函数通常用于测试 Get_Mouse_Button 调用语句的结果。

如果没有 Get_mouse_Button 或 Wait_For_Mouse_Button 的干预，且 Mouse_Button_Pressed 已经返回 true，则对 Mouse_Button_Pressed 的后续调用将也返回 true。

判断鼠标按键是否处于被按下过的示例如图 7-13 所示。

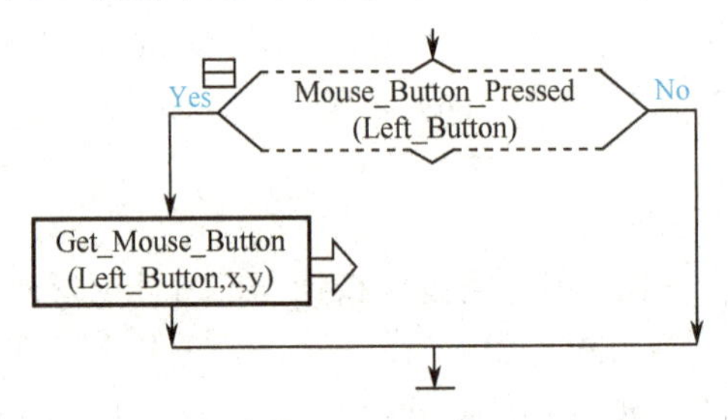

图 7-13 判断鼠标左键是否被按下过

（7）判断鼠标键是否已经释放（Mouse_Button_Released）

语法格式如下：

Mouse_Button_Released(Which_Button)

Mouse_Button_Released 是一个函数，如果从最近一次调用 Get_mouse_Button、Wait_For_Mouse 或 Open_Graph_Window 之后，鼠标键已被释放，则返回 true。

Which_Button 必须是 Left_Button 或 Right_Button 之一。

如果没有 Get_mouse_Button 或 Wait_For_Mouse_Button 的干预，且 Mouse_Button_Released 已经返回 true，则对 Mouse_Button_Released 的后续调用将也返回 true。

判断鼠标按键是否已经释放的示例如图 7-14 所示。

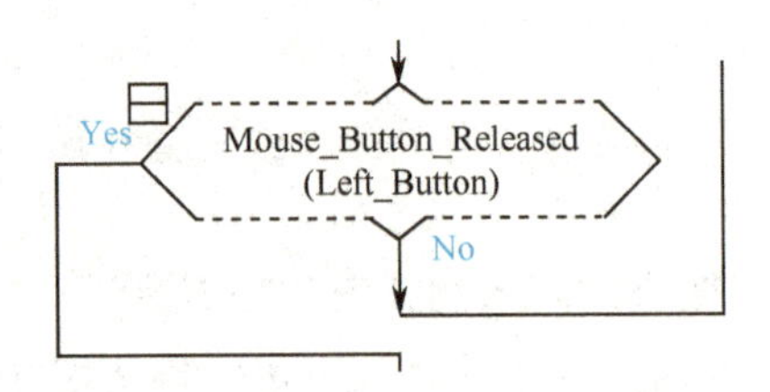

图 7-14 判断鼠标左键是否已经释放

7.6 文本操作

文本操作提供了在 Raptor 图形窗口中进行文本和数字显示的相关功能。

(1) 显示数字 (Display_Number)

语法格式如下：

Display_Number(X,Y,Number,Color)

Display_Number 是一个过程调用，可以在 Raptor 图形窗口中显示数字，其作用是在左上角指定位置(X,Y)按指定颜色 Color 显示数字 Number。

显示数字示例如下：

Display_Number(5,10,x,Red)

该过程调用是在位置(5,10)位置上使用红色显示变量 x 的值。

(2)显示文本(Display_Text)

语法格式如下：

Display_Text(X,Y,Text,Color)

Display_Text 是一个过程调用，可以在 Raptor 图形窗口中显示文本，其作用是在左上角指定位置(X,Y)按指定颜色 Color 显示文本 Text。

显示文本示例如下：

Display_Text(50,50,"Hello!",Red)

该过程调用是在左上角指定位置(50,50)按指定颜色 Red 显示文本"Hello!"。

Display_Text(50,50,"Score:" + score,Red)

该过程调用是在左上角指定位置(50,50)按指定颜色 Red 显示文本"Score:"后跟变量 Score 的值。

Display_Text(50,50,StringVar,Red)

该过程调用是在左上角指定位置(50,50)按指定颜色 Red 显示字符串变量 StringVar 的内容。

(3) 取得字模的高度 (Get_Font_Height)

语法格式如下：

variable←Get_Font_Height

Get_Font_Height 是一个函数，返回由 Display_Number 或 Display_Text 所显示字体字模高度的像素值。

取得字模高度像素值示例如图 7-15 所示。

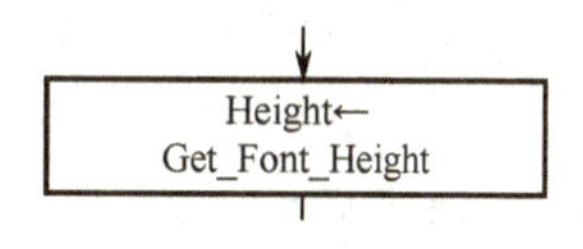

图 7-15 取得字模的高度

(4) 取得字模的宽度 (Get_Font_Width)

语法格式如下：

variable←Get_Font_Width

Get_Font_Width 是一个函数，返回由 Display_Number 或 Display_Text 所显示字体字模宽度的像素值。

取得字模宽度像素值示例如图 7-16 所示。

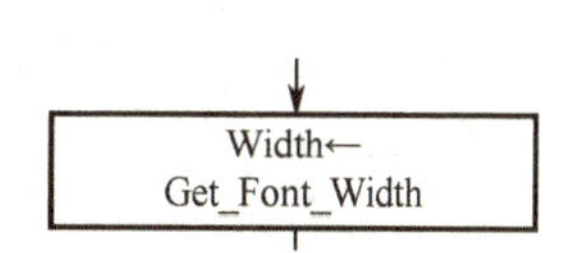

图 7-16 取得字模的宽度

（5）设置字号（Set_Font_Size）

语法格式如下：

Set_Font_Size(Size)

Set_Font_Size是一个过程调用，用于重新设置Raptor图形窗口文字的字号。

Size指定文字字号大小，范围在0～100，Size为0时将设置为默认字号（10磅）。

设置字模字号大小示例如下：Set_Font_Size(20)，该过程调用是将字号设置为20；Set_Font_Size(x)，该过程调用是按变量x的值设置字号。

7.7 声音操作

Raptor程序能够播放波形（.wav）声音文件，声音文件的播放方式有3种，每一种播放方式具有不同的播放效果，因为调用了不同的过程。

（1）播放方式一（Play_Sound）

语法格式如下：

Play_Sound(filename)

Play_Sound是一个过程调用，即从开始到结束播放声音文件（filename）一次，声音播放时将暂停程序的执行，直到声音文件播放结束。

播放声音示例如下：

Play_Sound("c:\windows\media\Windows XP Startup")

播放路径"C:\windows\media"下的文件"Windows XP Startup"一次，播放期间程序暂停执行。

（2）播放方式二（Play_Sound_Background）

语法格式如下：

Play_Sound_Background(filename)

Play_Sound_Background是一个过程调用，即从开始到结束播放声音文件（filename）一次，声音播放时程序不暂停而继续执行，直到声音文件播放结束或被新的声音播放所取代。

播放声音示例如下：

Play_Sound_Background("C:\windows\media\tada.wav")

播放路径"C:\windows\media"下的文件"tada.wav一次"，播放期间程序不暂停继续执行直到声音文件播放结束或被新的声音播放所取代。

（3）播放方式三（Play_Sound_Background_Loop）

语法格式如下：

Play_Sound_Background_Loop(filename)

Play_Sound_Background_Loop是一个过程调用，即声音文件（filename）重复播放，直到被新的声音播放所取代。声音播放时程序不暂停而继续执行。

播放声音示例如下：

Play_Sound_Background_Loop("sound.wav")

重复播放文件"sound.wav"，这里没有指定路径，此时要求播放的文件"sound.wav"应与程序放在同一个文件夹中。

第8章

基本算法和算法策略

人们在解决现实世界的问题时通常都会使用一些方法和遵循一些策略，在长期社会实践的过程中，人们获得了解决问题的基本方法和基本策略。同样，人们使用计算机进行问题求解时，也会使用一些基本算法和普遍遵循的一些基本算法策略。这些基本算法都是人们在使用计算机解决现实问题的长期实践中抽象、沉淀下来的最基本的算法模式，能够有效指导人们利用计算机解决现实问题。本章讲述使用计算机进行问题求解的基本算法，算法思想简单，易于初学者入门。而算法策略，如本章所介绍的贪心策略、回溯策略等，在许多文献中也被称为“算法”，但是，这些“算法”体现得更多是对算法问题处理的一般化原则。

8.1 基本算法

本节所列举和归类的算法都是计算机科学中最为直接和浅显的算法，但它们却又是常用的基本算法，例如穷举法、递推、递归等。每个算法都通过实例加以阐释，并运用通俗易懂的 Raptor 程序流程图表达算法思想。

8.1.1 穷举法

穷举法也称枚举法，是一种简单而直接的问题求解方法，即通过把需要解决问题的所有可能的情况逐一验证来找到符合条件的解的方法。对于许多难以找到规律的问题而言，穷举法用时间上的牺牲换来了全面性保证。通常穷举算法会面临搜索空间的异常庞大，许多问题通常成指数级增长，这就使得在时间复杂度上变得不可控制。但是，随着计算机运算速度的飞速发展，穷举算法有时也不失为一个解决问题的途径。

穷举法的基本思路如下：

① 确定穷举对象、对象所应该满足的约束条件和确定对象是否满足解的判定条件；

② 一一穷举每一种可能的解，验证是否是满足问题的解。

用穷举法解决问题时，就是按照某种方式列举问题答案的过程，常用的列举方法有如下3种。

① 顺序列举：指问题的可行解的各种情况很容易与自然数对应甚至就是自然数本身，因此可以按照自然数的变化规律来列举。

② 排列列举：有时问题可行解的数据形式是一组数的排列，列举出所有解所在范围的排列，称为排列列举。

③ 组合列举：当问题可行解的数据形式为一些元素的组合时，往往需要用组合列举。组合是无序的。

例8-1 穷举法应用的一个经典例子就是“百鸡问题”的求解。“百鸡问题”在公元五世纪由我国数学家张丘建在其《算经》一书中提出，“鸡翁一，值钱5；鸡母一，值钱3；鸡雏三，值钱1。百钱买百鸡，问鸡翁、鸡母、鸡雏各几何?”

解：此题可以用穷举法来解，以3种鸡的个数为穷举对象（分别设为 x，y，z），以3种鸡的总数（$x+y+z$）和买鸡用去的钱的总数（$x*5+y*3+z/3$）为判定条件，穷举各种鸡的个数。由于3种鸡的和是固定的，所以只要穷举两种鸡（x，y），第三种鸡就可以根据约束条件求得（$z=100-x-y$），这样就缩小了穷举范围，该算法的结果和流程如图8-1所示。

8.1.2 分段函数

自变量的不同取值范围有着不同的对应法则，这样的函数通常称为分段函数。值得我们注意的是分段函数的临界点。

在我们日常生活中，水费问题、电费问题、话费问题等，这些收费问题往往根据不同的用量，采用不同的收费方式，收费为题材的数学问题多以分段函数的形式。

例8-2 某移动分公司采用分段计费的方法来计算用户的话费，月通话时间 x（分钟）与相应话费 y（元）的函数如下：

$$y=\begin{cases}0.4x, & (0\leqslant x<100)\\ 0.2x+20, & (x\geqslant 100)\end{cases}$$

算法的流程图和运算结果示例如图8-2所示。

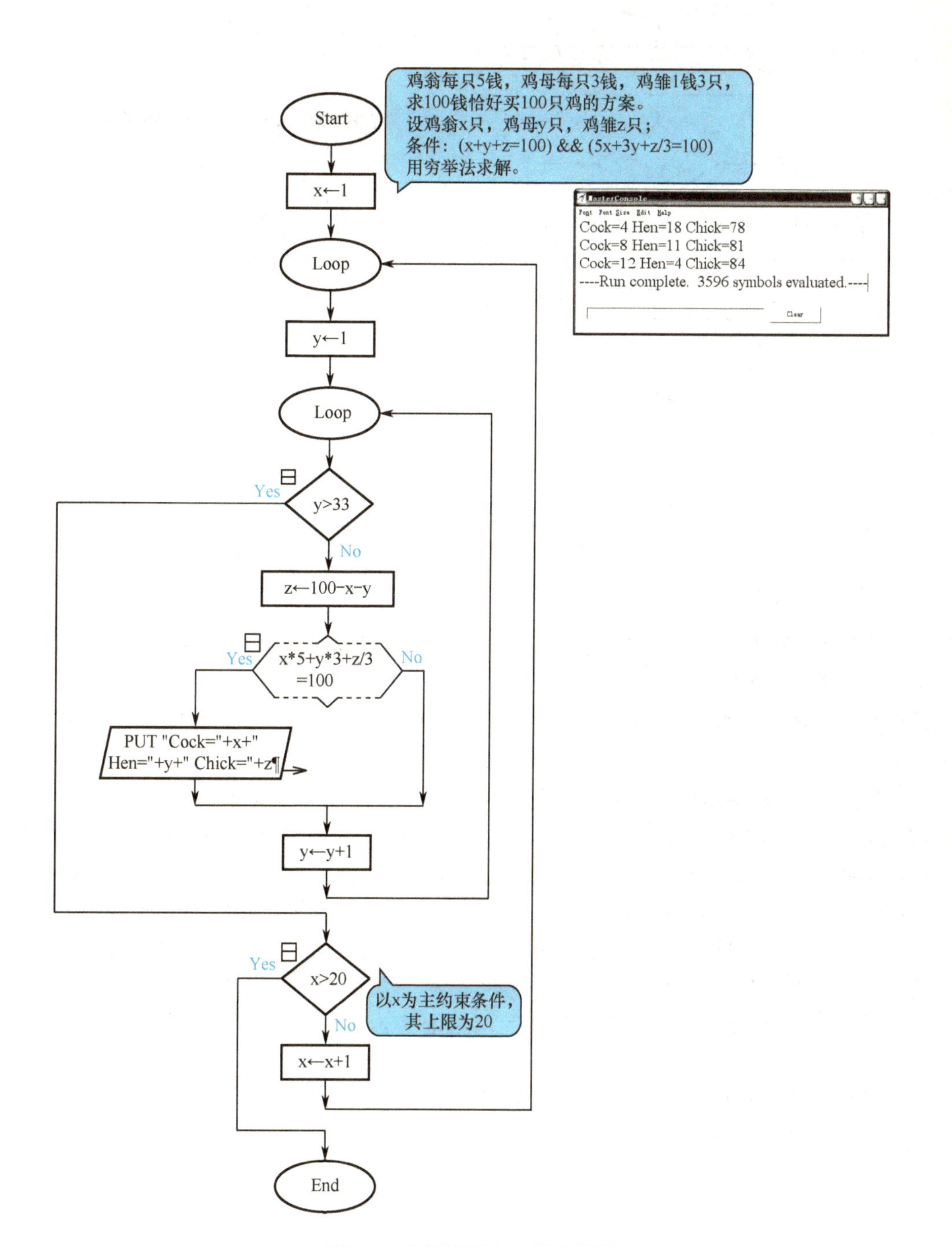

图 8-1　穷举法算法示例流程图

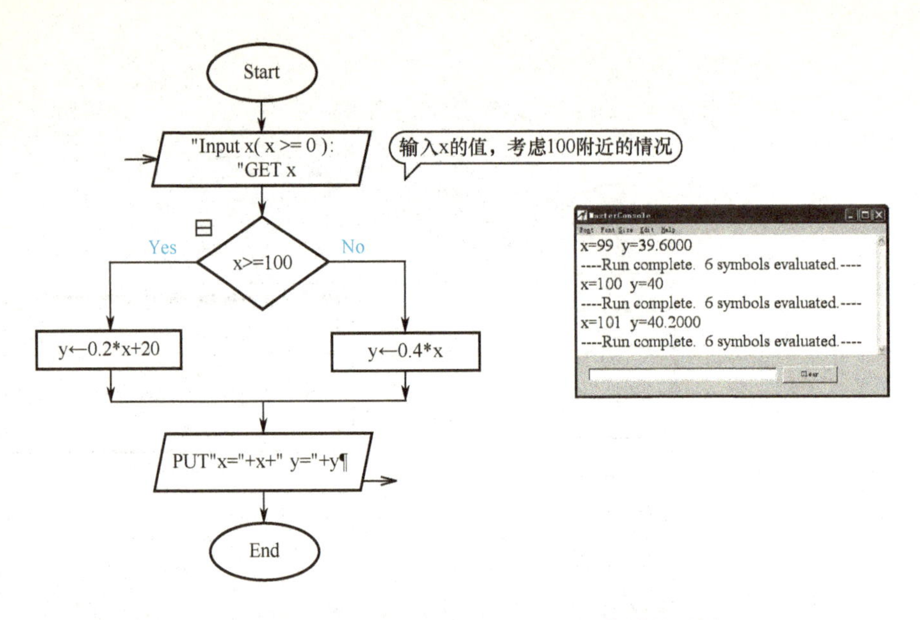

图 8-2 分段函数算法示例流程图和运算结果示例

8.1.3 递推法

客观世界中的各个事物之间或者一个事物的内部各元素之间，往往存在（隐藏）着很多本质上的关联。我们用计算机编写程序解决具体问题时，就是要尽可能归纳总结出其内在规律，然后再把这种规律性的东西抽象成数学模型，再编写程序实现来解决实际问题。

递推方法是一种简便高效的常见数学方法，比如 Fibonacci 数列问题，$F(1)=1$，$F(2)=1$，在 $n>2$ 时，有：$F(n)=F(n-1)+F(n-2)$。在这种类型的问题中，每个数据项都和它前面的若干个数据项（或后面的若干个数据项）有一定的关联，这种关联一般是通过一个递推关系式来表示的。求解问题时我们就从初始的一个或若干个数据项出发，通过“递推关系式”逐步推进，从而得到最终结果。这种求解问题的方法称为“递推法”。其中，初始的若干个数据项称为“边界”。

例 8-3 阶乘计算，编写算法程序，对给定的 $n(n\leqslant 100)$，计算并输出 k 的阶乘 $k!$ $(k=1, 2, \cdots, n)$。

计算 k 的阶乘 $k!$，可采用对已求得的阶乘 $(k-1)!$ 乘以 k 得到，即由 $(k-1)!$ 推出 $k!$，如图 8-3 所示。

8.1.4 递归

程序调用自身的编程技巧称为递归（recursion）。递归经常被用于解决计算机科学的问题，它的引入能使程序变得简洁和清晰。

递归是一个过程或函数在其定义或说明中又直接或间接调用自身的一种方法，它通常把一个大型复杂的问题层层转化为一个与原问题相似的规模较小的问题来求解，

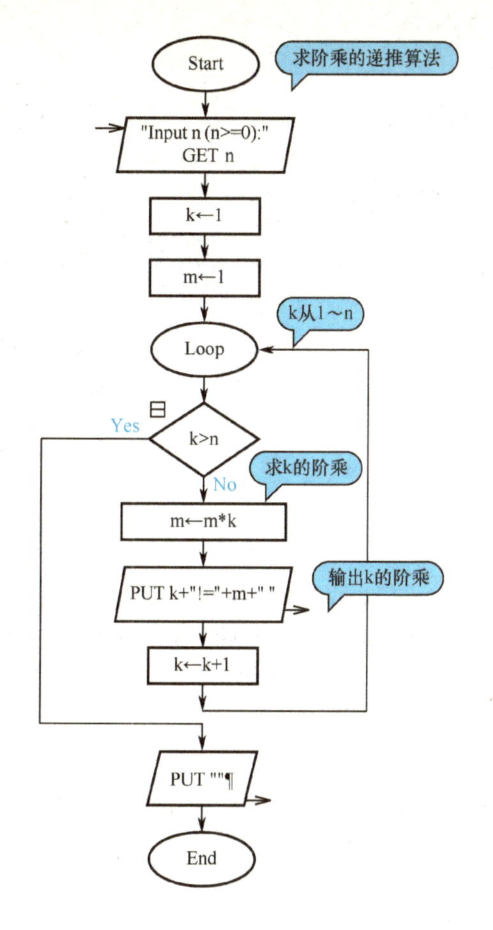

图 8-3　递推法算法示例流程图

递归策略只需少量的程序就可描述出解题过程所需要的多次重复计算，大大地减少了程序的代码量。

> 递归就是在过程或函数里调用自身。
> 在使用递归算法时，必须有一个明确的递归结束条件，称为递归出口。

递归的作用在于用有限的语句来定义对象的无限集合。一般来说，递归需要有边界条件、递归前进段和递归返回段。当边界条件不满足时，递归前进；当边界条件满足时，递归返回。

在现实世界中有的问题的结构或所处理的数据本身是递归定义的，这样的问题非常适合用递归算法来求解，对于这类问题，可以把它分解为具有相同性质的若干个子问题，如果子问题解决了，原问题也就解决了。

递归算法不仅是用于求解递归描述的问题，在其他很多问题中，如回溯法、分治法、动态规划法等算法中都可以使用递归思想来实现，这使编写的算法流程更加简洁。

例 8-4　用递归算法实现正向输出正整数 n 的每一位数字。算法流程图主图如图8-4

所示，递归过程如图8-5所示。

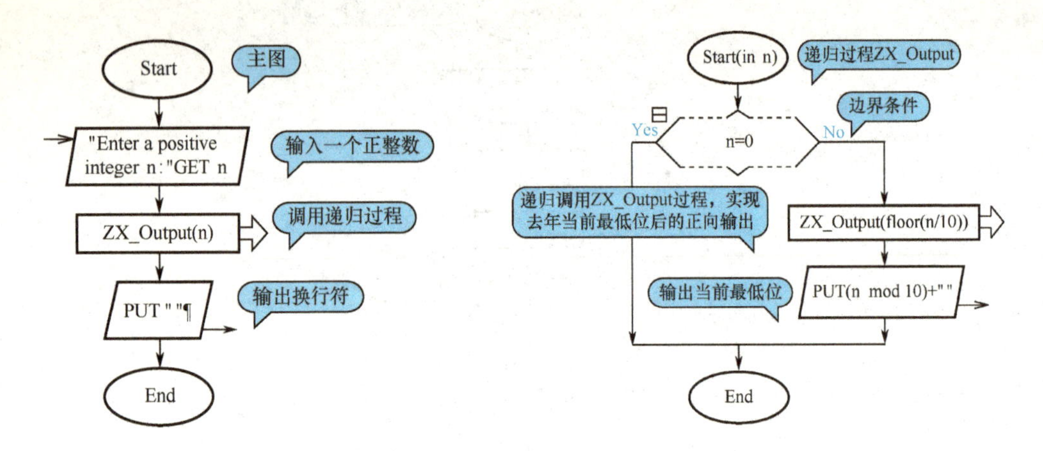

图8-4　递归算法示例流程图主图 main　　图8-5　递归算法示例流程图 ZX_ output 过程

例8-5　求斐波那契（Fibonacci）数列第 n 项。斐波那契数列为：1，1，2，3，…，即第1项和第2项都是1，从第3项开始数列中的每一项是前两项之和。

① fib(1) = 1；

② fib(2) = 1；

③ fib(n) = fib($n-1$) + fib($n-2$)　($n>2$)。

用递归算法求 Fibonacci 数列第 n 项的主图 main 如图8-6所示，过程如图8-7所示。

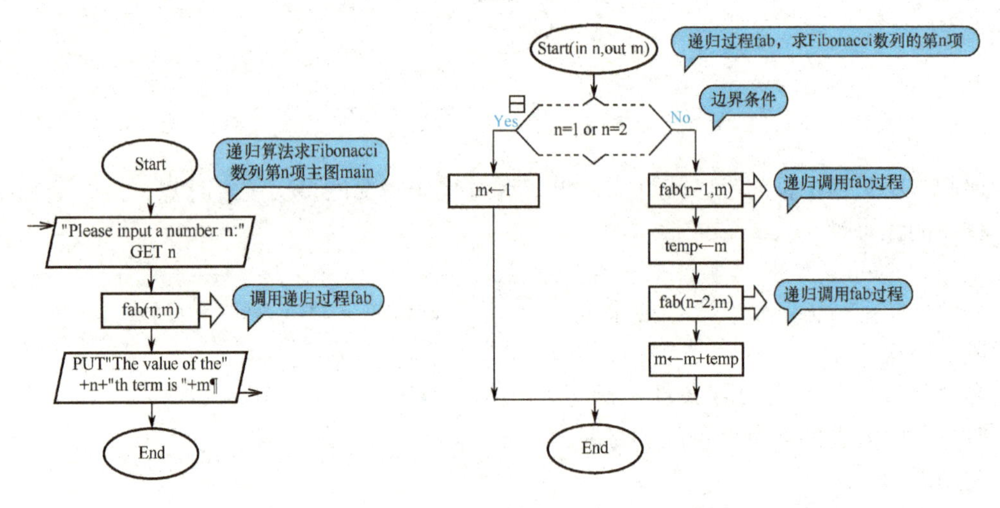

图8-6　递归算法求 Fibonacci 数列第 n 项的主图 main　　图8-7　递归算法求 Fibonacci 数列第 n 项的过程 fab

递归算法的执行过程分递推和回归两个阶段。在递推阶段，把较复杂的问题（规模为 n）的求解递推到比原问题简单一些的问题（规模小于 n）的求解。例如在上例中，为求解 fib(n)，而把它推到求解 fib($n-1$) 和 fib($n-2$)。也就是说，为计算 fib

(n)，必须先计算 fib$(n-1)$ 和 fib$(n-2)$，而计算 fib$(n-1)$ 和 fib$(n-2)$，又必须先计算 fib$(n-3)$ 和 fib$(n-4)$。依此类推，直至计算 fib(2) 和 fib(1)，分别能立即得到结果 1。在递推阶段，必须要有终止递归的情况。例如在函数 fib 中，当 n 为 2 和 1 的情况。

在回归阶段，当获得最简单情况的解（也就是到达基线条件）后，逐级返回，依次得到稍复杂问题的解，例如得到 fib(2) 和 fib(1) 后，返回得到 fib(3) 的结果……在得到了 fib$(n-1)$ 和 fib$(n-2)$ 的结果后，返回得到 fib(n) 的结果。

8.1.5　迭代法

在计算数学中，迭代是通过从一个初始估计出发寻找一系列近似解来解决问题（一般是解方程或者方程组）的数学过程，为实现这一过程所使用的方法统称为迭代法。

迭代法是用于求方程或方程组近似解的一种常用的算法设计方法。设方程为 $f(x)=0$，用某种数学方法导出等价的形式 $x=g(x)$，然后按以下步骤执行：

① 选一个方程的近似解，赋给变量 x0；

② 将 x0 的值保存于变量 x1，然后计算 $g(x1)$，并将结果存于变量 x0。

③ 当 x0 与 x1 的差的绝对值未达到指定的精度要求时，重复步骤②的计算。若方程有解，且用上述方法计算出来的近似解序列收敛，则按上述方法求得的 x0 就认为是方程的解。

例 8-6　用简单迭代法求方程 $x^3-x^2-x-1=0$ 在区间[1,2]的近似解。

将方程 $x^3-x^2-x^1=0$ 转化为 $x=1+1/x+1/(x*x)$，然后用迭代法求方程的近似解。算法描述如图 8-8 所示。

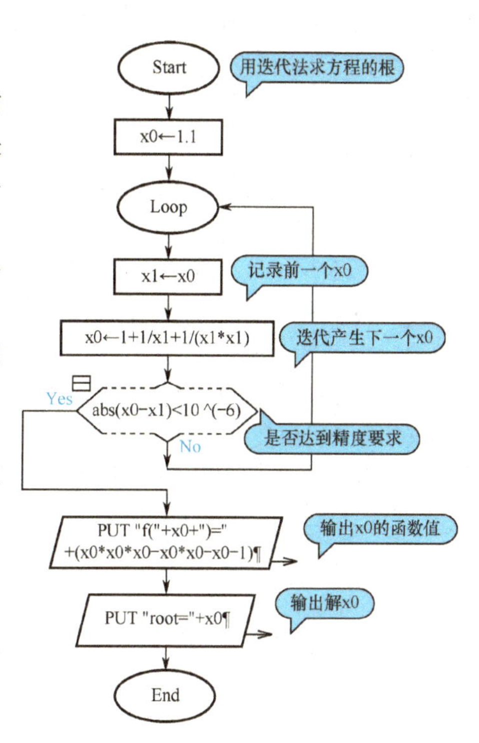

图 8-8　简单迭代法求方程近似解流程图

8.2　算法基本策略

8.2.1　贪心策略

贪心算法（Greedy algorithm）是一种对某些求最优解问题的更简单、更迅速的设计技术。用贪心法设计算法的特点是一步一步地进行，常以当前情况为基础，再根据某个优化测度作最优选择，而不考虑各种可能的整体情况。它省去了为找最优解要穷尽所有可能而必须耗费的大量时间，采用自顶向下，以迭代的方法做出相继的贪心选择，每做一次贪心选择就将所求问题简化为一个规模更小的子问题，通过每一步贪心选择，可得到问题的一个局部最优解，虽然每一步上都要保证能获得局部最优解，但由此产生的全局解有时不一定是最优的。

对于一个给定的问题，往往可能有好几种量度标准。初看起来，这些量度标准似乎都是可取的，但实际上，用其中的大多数度量标准作贪心处理所得到该度量意义下的最优解并不是问题的最优解，而是次优解。因此，选择能产生问题最优解的最优度量标准是使用贪心算法的核心。

一般情况下，要选出最优度量标准并不是一件容易的事，选择最优度量标准，用贪心算法求解则比较有效。最优解可以通过一系列局部最优的选择即贪心选择来达到。根据当前状态做出在当前看来是最好的选择，即局部最优解选择，然后再去做出这个选择后产生的相应的子问题。每做一次贪心选择就将所求问题简化为一个规模更小的子问题。

例 8-7　数字三角形求解。任给一个数字三角形如图 8-9 所示，自第一层向下行走，只能走下接的相邻的两个节点（如第 3 层的 4 只能走第 4 层的 4 或 3），问能否找到一条路径，使得路径上的权值之和最大（图中最大权值路径应为 1→2→3→6→60（72））。

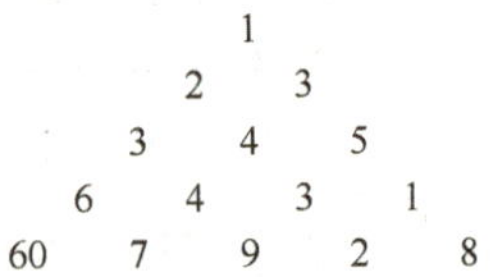

1
2 3
3 4 5
6 4 3 1
60 7 9 2 8

图 8-9　数字三角形案例

使用贪心算法可以得到的最大权值路径为 1→3→5→3→9（21），实现贪心算法的主图如图 8-11 所示，n 阶二维数组的输入子图如图 8-10 所示。

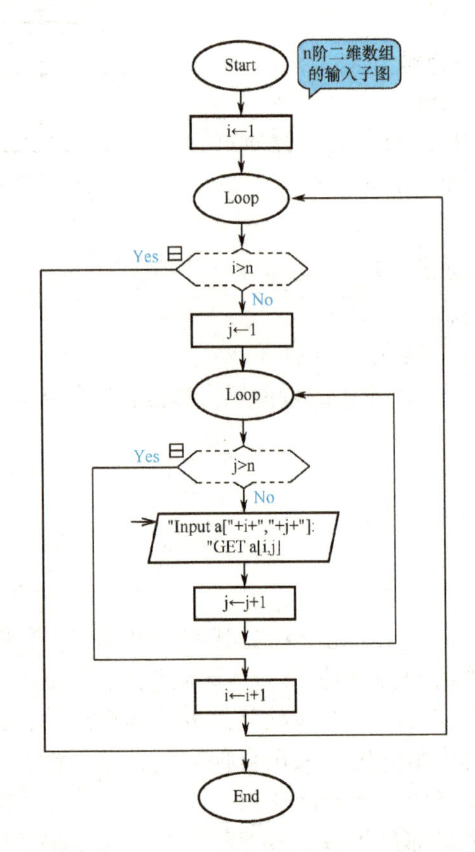

图 8-10　n 阶二维数组输入子图 In_2D_array

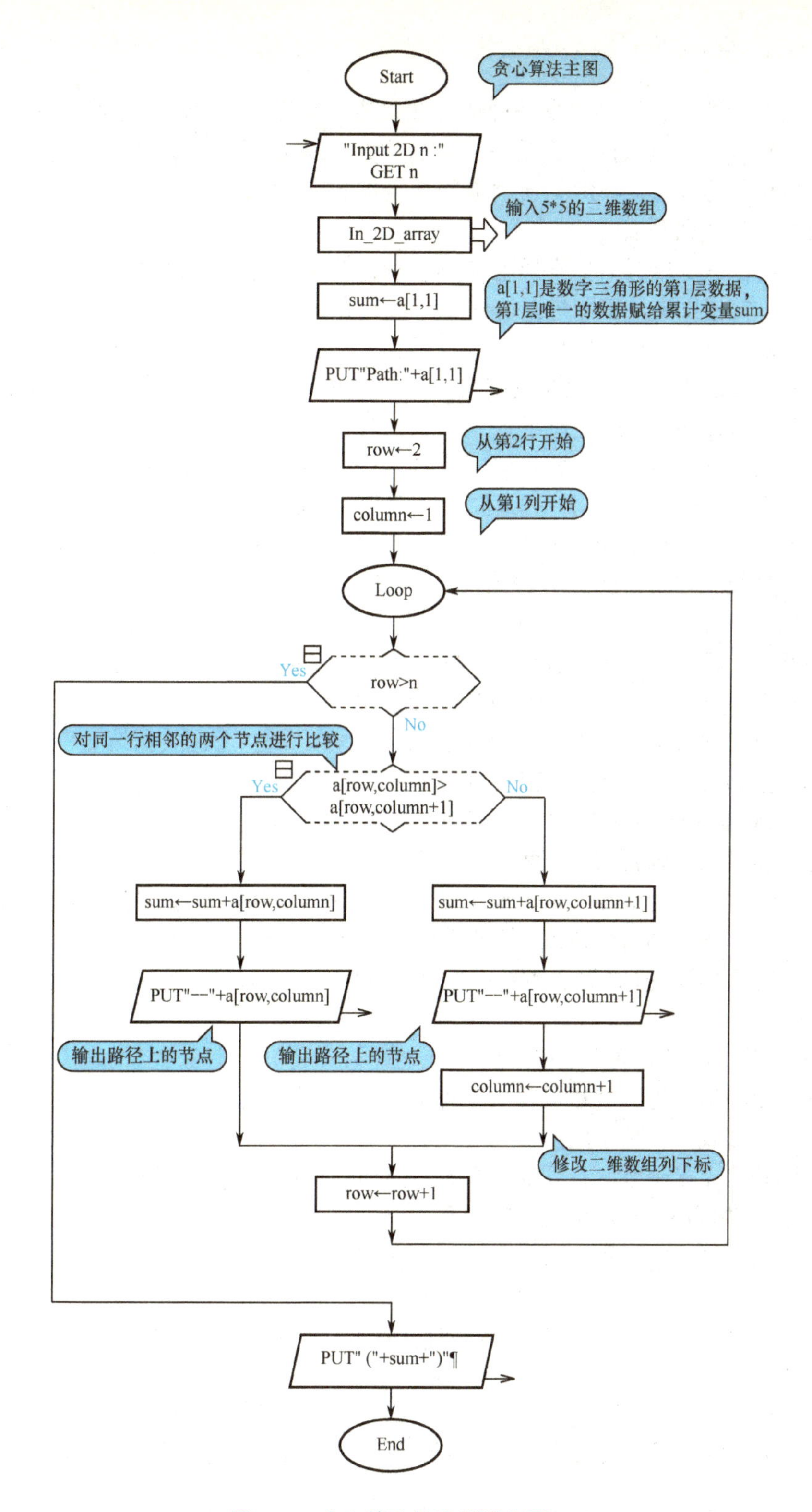

图8-11　贪心算法的流程图主图 main

8.2.2 回溯策略

回溯法（探索与回溯法）是一种选优搜索法，又称为试探法，即按选优条件向前搜索，以达到目标。但当探索到某一步时，发现原先选择并不是最优或达不到目标，就退回一步重新选择，这种走不通就退回再走的技术为回溯法，而满足回溯条件的某个状态的点称为“回溯点”。

回溯算法的基本思想是：本质上它是一种一步一步逼近问题解的搜索策略，从一条路往前走，能进则进，不能进则退回来，换一条路再试。八皇后问题就是回溯算法的典型，算法的第一步按照顺序放一个皇后，然后第二步符合要求放第2个皇后，如果没有位置符合要求，那么就要改变第一个皇后的位置，重新放第2个皇后的位置，直到找到符合条件的位置就可以了。

例8-8　在 $n \times n$ 的国际象棋棋盘上安放 n 个皇后，使得任意两个皇后都不相互攻击，两个皇后处在同一行、同一列或同一对角线上称她们相互攻击。

首先定义一个数组 $a[n]$，其中的每一个元素 $a[i](i=1,2,\cdots,n)$ 记录了第 i 行上的皇后所在的列数。容易验证，第 i 行的皇后和第 j 行的皇后正好在某一对角线上的充要条件为：$|a[i]-a[j]|-|i-j|=0$。

在初始时，将每一行的皇后均放在第一列，即置 $a[i]=1(i=1,2,\cdots,n)$。

然后从第一行（即 $i=1$）开始进行下述过程：

设前 $i-1$ 行的皇后已布局好，即它们互不攻击。现在考虑安排第 i 行的皇后的位置，使其与前 $i-1$ 行的皇后也互不攻击。

方法是从第 i 行皇后的当前位置 $a[i]$ 开始向右进行搜索：

① 若 $a[i]>n$，则将第 i 行皇后放在第一列，且回退一行，考虑第 $i-1$ 行皇后与前 $i-2$ 行皇后均互不攻击的下一个位置。此时如果已退到第0行，则过程结束。

② 若 $a[i]\leq n$，则需检查第 i 行皇后与前 $i-1$ 行的皇后是否互不攻击。若有攻击，则将第 i 行皇后右移一个位置，重新进行这个过程；若无攻击，则考虑安排下一行皇后的位置。

③ 若当前安排好的皇后是在最后一行（即第 n 行），则说明已找到了 n 个皇后互不攻击的一个布局，将这个布局输出。然后将第 n 行的皇后右移一个位置，重新进行这个过程，以便找另一种布局。

用回溯算法求 n 个皇后布局的程序流程图如图8-12、图8-13和图8-14所示。

主图 main 如图8-12所示，功能如下：

① 输入皇后个数 n，即棋盘阶数，初始化棋盘，将 n 个皇后放在棋盘每行的第1列上。

② flag 是状态标志变量，当 flag=1 时，表示安排工作可以继续；当 flag=0 时，安排工作结束。

③ 每一行皇后的安排（$i=1\sim n$），从第1列到第 n 列调用子图 Arrange_queen_i 找首个互不攻击的位置安排皇后，如果本行不能安排（$i>n$），则调用子图 Recall 进行回溯。

子图 Arrange_queen_i 如图8-13所示，以完成第 i 行上的皇后安排。

子图 Recall 如图 8-14 所示，以完成回溯工作。

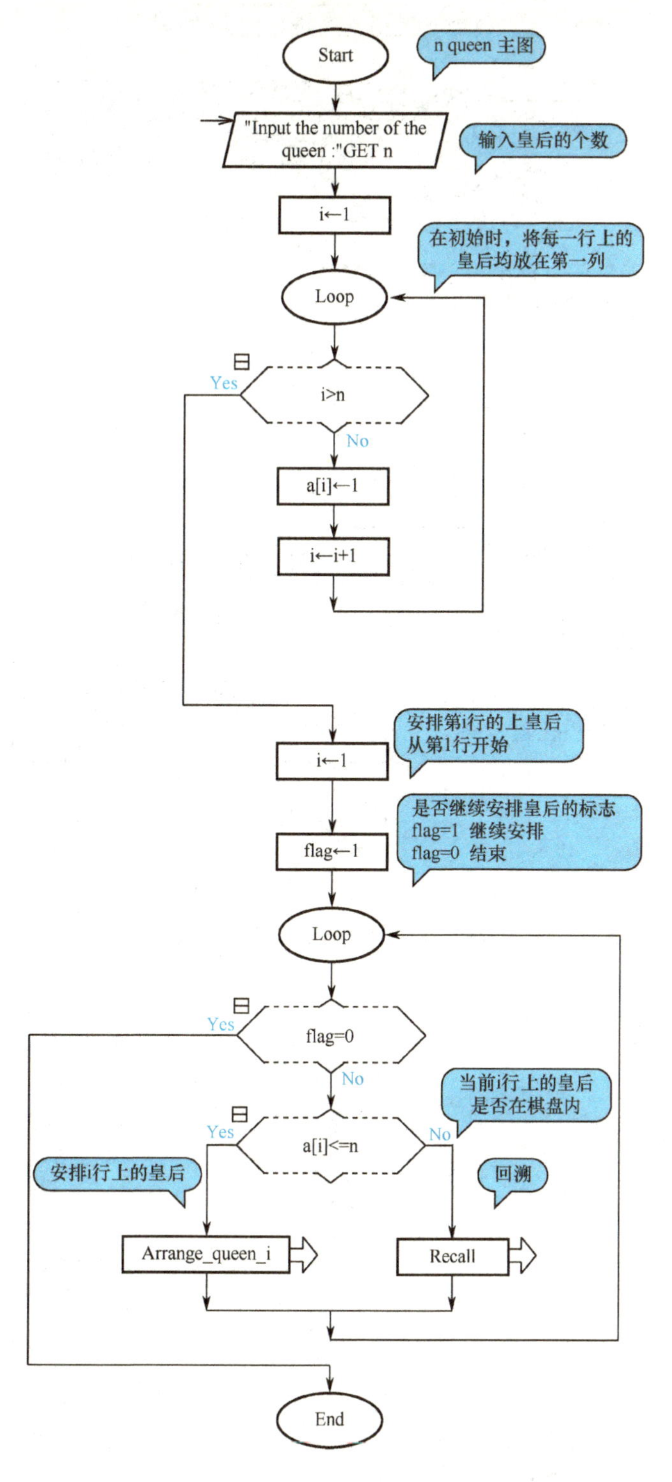

图 8-12　n 皇后问题流程图主图 main

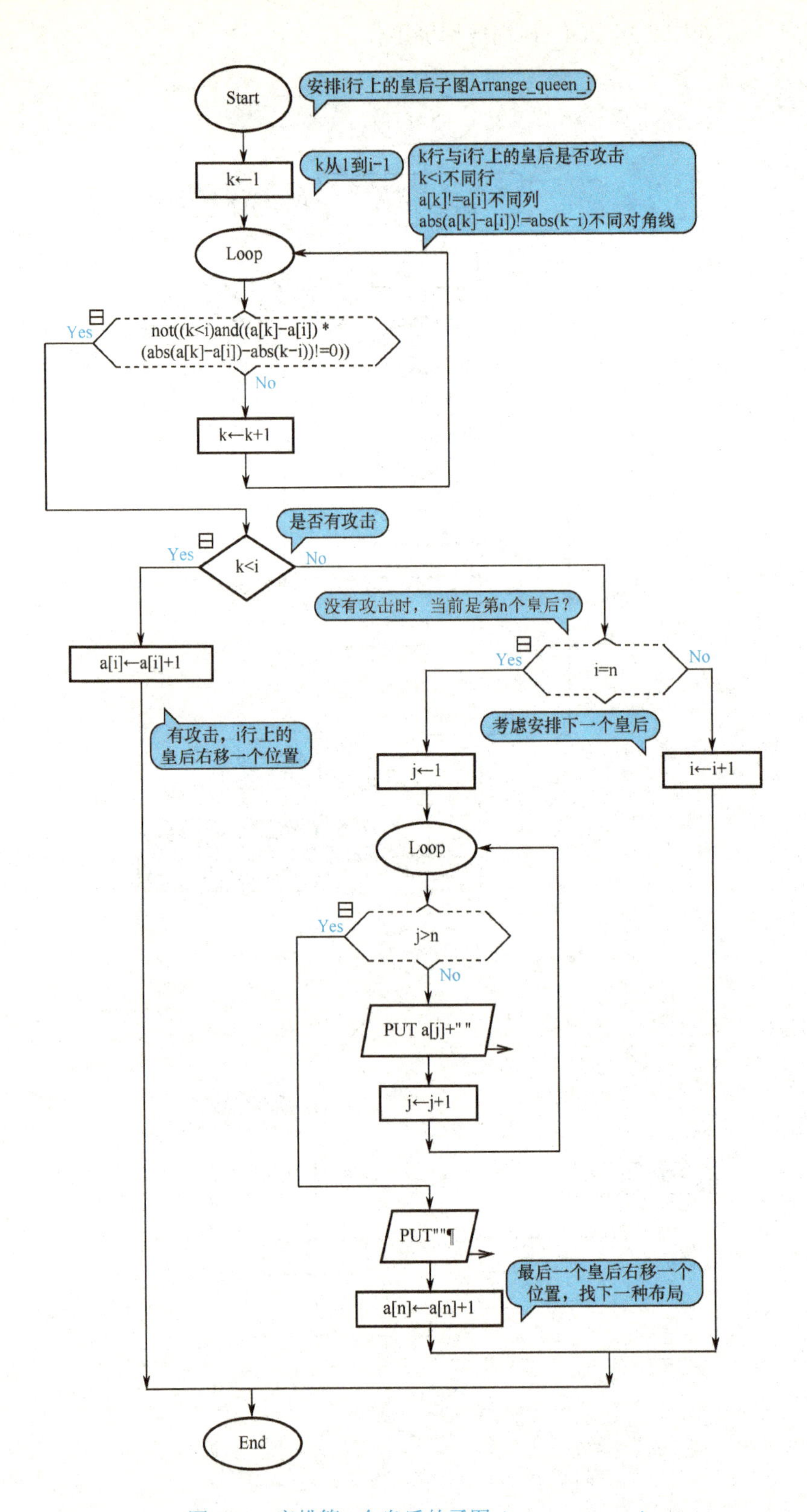

图 8-13　安排第 i 个皇后的子图 Arrange_queen_i

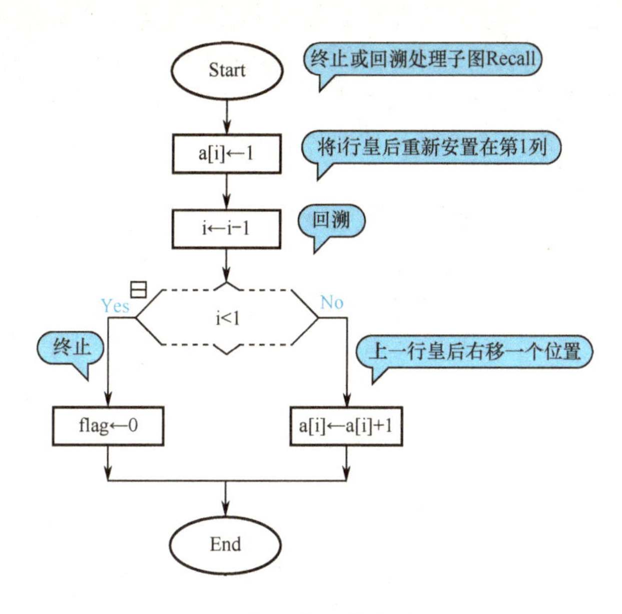

图 8-14　终止或回溯子图 Recall

8.2.3　分治策略

当我们求解某些问题时，由于这些问题要处理的数据相当多，或求解过程相当复杂，使得用直接求解法花费时间相当长，或者根本无法直接求出。对于这类问题，我们往往先把它分解成几个子问题，找到求出这几个子问题的解法后，再找到合适的方法，把它们组合成求整个问题的解法。如果这些子问题还较大，难以解决，可以再把它们分成几个更小的子问题，以此类推，直至可以直接求出解为止。这就是分治策略的基本思想。

分治法的设计思想是：将一个难以直接解决的大问题，分割成一些规模较小的问题集合，以便各个击破，分而治之。

分治策略是：对于一个规模为 n 的问题，若该问题可以很容易地解决（如规模 n 较小）则直接解决，否则将其分解为 k 个规模较小的子问题，并且这些子问题互相独立且与原问题形式相同，再递归地解这些子问题，然后将各子问题的解合并得到原问题的解。这种算法设计策略叫做分治法。如果原问题可分割成 k 个子问题，$1<k\leq n$，且这些子问题都可解并可利用这些子问题的解求出原问题的解，那么这种分治法就是可行的。由分治法产生的子问题往往是原问题的较小模式，这就为使用递归技术提供了方便。在这种情况下，反复应用分治手段，可以使子问题与原问题类型一致而其规模却不断缩小，最终使子问题缩小到很容易直接求出其解。这也就自然而然地导致递归过程的产生。分治与递归像一对孪生兄弟，经常同时应用在算法设计之中，并由此产生许多高效算法。

例 8-9　用分治策略联合递归算法求一维数组的最大值和最小值。

当数组规模很小时，通常很容易解决，比如当数组只含一个元素时那么这个数组的最大值和最小值都为这个元素；再如当数组仅含两个元素时，仅需要比较这两个元素，较小者为数组的最小元素，较大者为数组的最大元素。当数组的规模大于3时，我们就可以采用分而治之的方法。在这个例子中可采用二分法来分解问题，下一层各组的最小值中的最小者为上一层的最小者，最大值中的最大者为上一层中的最大值。算法流程图如图8-15、图8-16和图8-17所示。

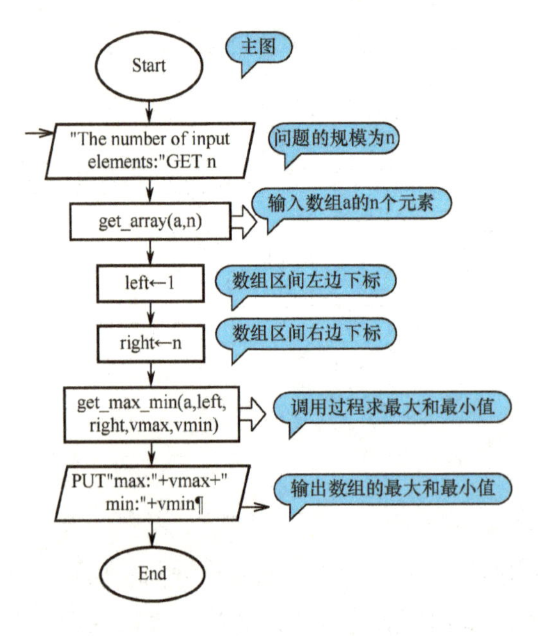

图8-15　分治策略示例主图 main

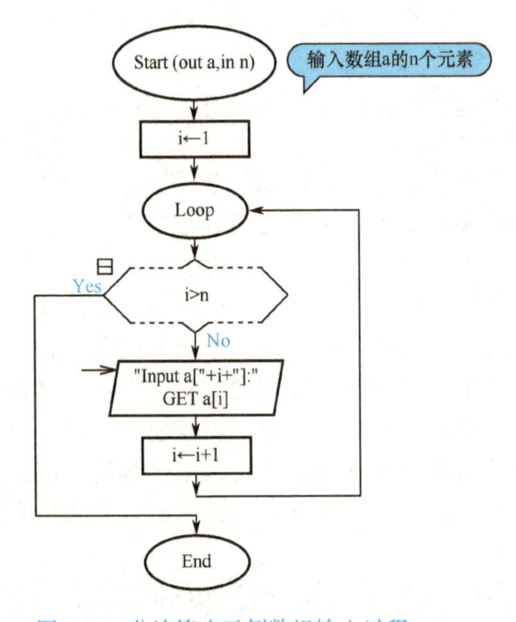

图8-16　分治策略示例数组输入过程 get_array

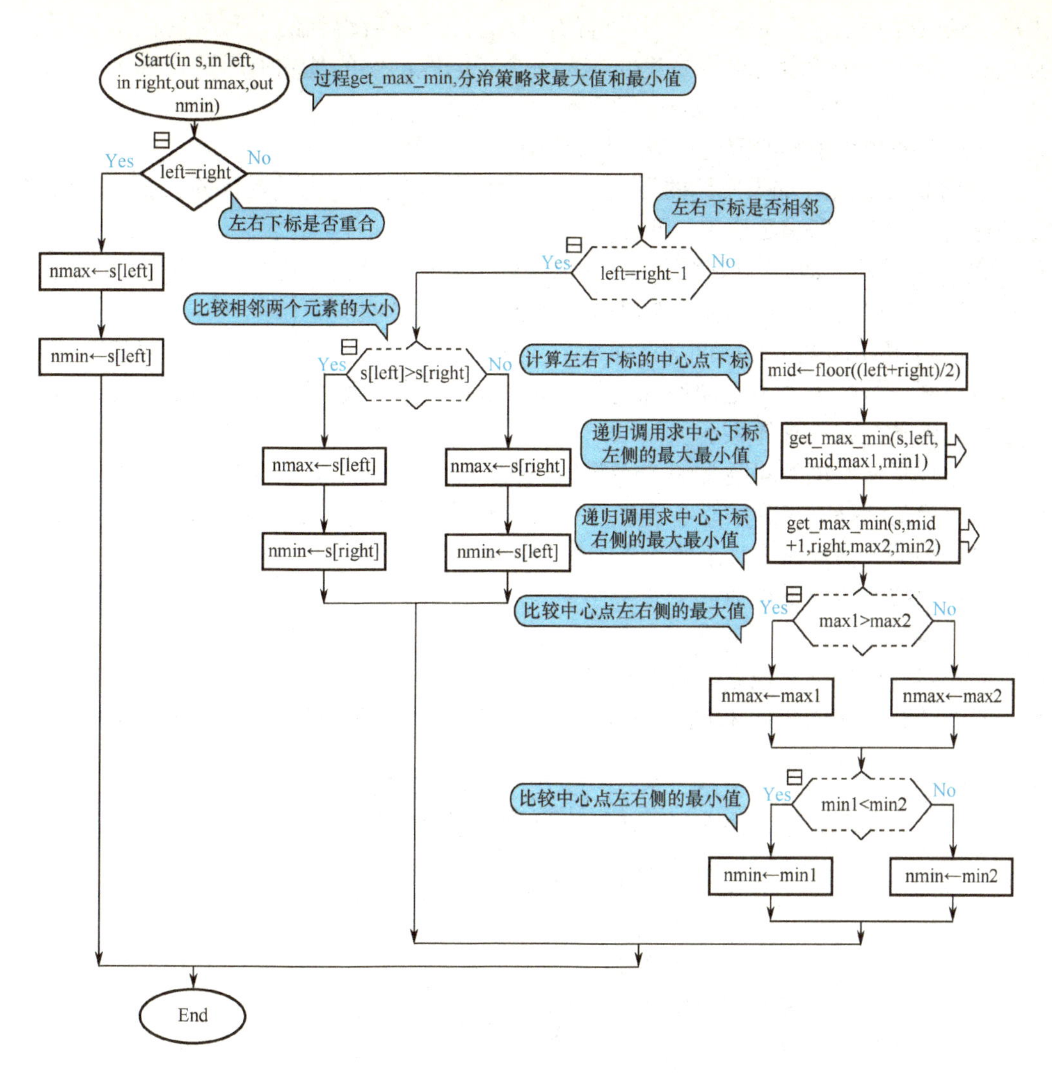

图 8-17　分治策略示例求最大值和最小值过程 get_max_min

8.2.4　动态规划策略

将一个问题分解成多个阶段来解决，每一个阶段的决策都依赖于当前的状态，决策过后状态又发生了转移，这种多阶段来解决最优化问题的过程就是动态规划。

基本思想与策略：基本思想与分治法类似，也是将待求解的问题分解为若干子问题（动态规划称之为阶段），再按顺序求解子问题（子阶段），前一个子问题的解为后一个子问题的求解提供了信息。在求解任何一个子问题时，列出各种可能的局部解，通过决策保留那些有可能达到最优的局部解（保留的这些局部解一般通过数组进行存储），而丢弃其他局部解。依次解决各个子问题，最后一个子问题就是初始问题的解。由于动态规划解决的问题多数有重叠子问题这个特点，为减少重复计算，对每一个子问题只解一次，同时，将其不同阶段的不同状态保存到一个二维数组中。与分治法最大的区别就是：适合于用动态规划求解的问题，经分解后得到的子问题往往不是互相独立的（即下一个阶段的求解是建立在上一个子问题的解的基础上而进行的进一步求解）。

能用动态规划求解的问题一般要具有以下 3 个性质。

① 最优化原理：如果问题的最优解所包含的子问题的解也是最优的，就称为该问题的最优子结构，即满足最优化原理。

② 无后效性：即某阶段状态一旦确定，就不受这个状态的以后的决策影响，也就是说，某状态以后的过程不会影响以前的状态，只与当前状态有关。

③ 有重叠子问题：即子问题之间是不独立的，一个子问题在一阶段的决策中可能多次被用到（该性质并不是动态规划所必需的条件，但是如果没有该性质，动态规划算法较其他算法就没有优势了）。

动态规划所处理的问题是一个多阶段决策问题，一般由初始状态开始，通过对中间阶段决策的选择，达到结束状态。这些决策形成了一个决策序列，同时确定了完成整个过程的一条活动路线（通常是求最优的活动路线）。动态规划的设计都有着一定的模式，一般要经历以下步骤：

初始状态→｜决策 1｜→｜决策 2｜→…→｜决策 *n*｜→结束状态

例 8-10　使用动态规划策略思想实现求 Fibonacci 数列的第 *n* 项。

算法流程图如图 8-18 和图 8-19 所示。该算法过程中传递的 3 个参数的作用如下。

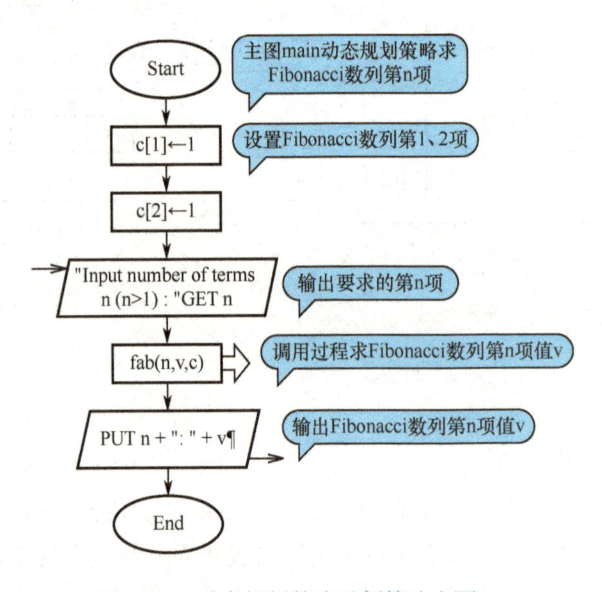

图 8-18　动态规划策略示例算法主图 main

n：第 n 项的输入参数。

v：第 n 项的输出结果。

c：计算过程中的中间结果保存数组。

在计算过程中，每次计算的结果都保存在数组 c 中，出现重叠子问题时，直接到数组 c 中调取结果。

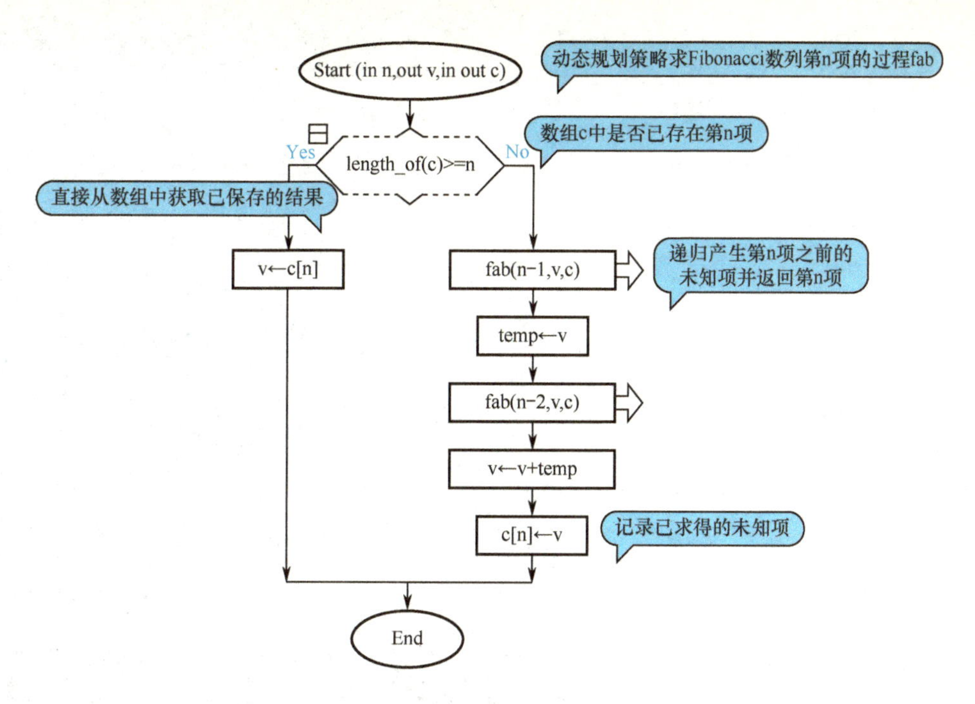

图 8-19　动态规划策略示例算法过程 fab

第 9 章 问题求解实例

学习了 Raptor 程序设计工具以及问题求解基本算法和策略以后，本章将通过实例对实际问题进行求解，给出求解问题的一般过程，并且按照程序设计的知识点来进行实例介绍。

9.1 基本语句

要点：

① 常量、变量、运算符、函数、表达式和基本语句的使用。

② Raptor 程序的构成，一般有 3 个部分：数据的准备、算法实现和结果的输出。

实例一：数学问题。

目的：掌握程序的结构和基本语句的使用。

题目：用辗转相除法求两个正整数的最大公约数和最小公倍数。

解：按照题意，作流程图如图 9-1 所示。

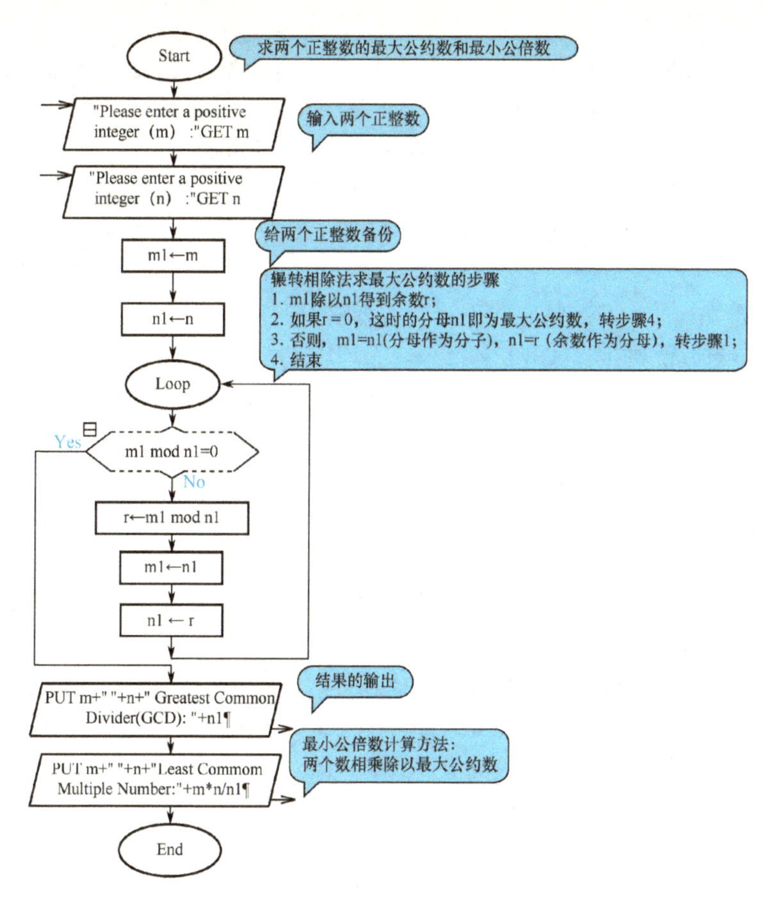

图 9-1　求两个正整数的最大公约数和最小公倍数

9.2　数组的使用

要点：

(1) 一维数组和二维数组的使用。

(2) 数组无须提前定义，首次使用时由系统自动定义，并可以随时扩展，属动态数组。

例如：首次赋值 a[10] =1

含义：自动定义具有 10 个下标变量的数组 a，其中 a[1] ~a[9]为 0,a[10] =1

　　　继续赋值 a[15] =2

含义：a[1] ~a[10]不变，动态扩展 5 个元素，a[11] ~a[14]为 0,a[15] =2

(3) 同一个数组的不同下标变量可以具有不同的数据类型；

例如：a[1] =123,a[2] = ' A',a[3] =" ABC "

(4) 字符串变量可以像一维字符数组一样使用；

例如：*s* = "ABCDEFG"

含义：a[1] ='A',a[2] ='B',a[3] ='C',a[4] ='D',a[5] ='E',a[6] ='F',a[7]

='G'

（5）字符串拼接，运算符号“+”可以实现算术运算，也可以实现字符串的拼接运算，具体拼接操作有如下3种情况。

① 字符串与字符串拼接:"ABC"+"DEFG"→"ABCDEFG"

② 字符串与字符拼接："ABC"+'D'→"ABCD"
'D'+"ABC"→"DABC"
""+'A'+'B'+'C'→"ABC"，这里""为空字符串
'A'+'B'+'C'运算错误，字符不能与字符拼接

③ 字符串与数值拼接:"ABC"+123="ABC123"
"ABC"+123+456="ABC123456"
123+456+"ABC"="579ABC"
123+""+456+"ABC"="123456ABC"

（6）字符串拼接操作主要用途如下：

① 用于输入语句实现输入信息的准确表达。

例如：表达输入数组元素 a[*i*]的提示信息：“Input array variables a[”+i+“]:”

② 用于字符串处理的算法。

例如：数制转换、图形界面字符串的输入等。

③ 用于输出语句实现多个表达式信息的输出。

例如：输出变量 *a* 和 *b* 的值：“a=” +a+ “b=” +b

（7）求字符串长度或求一维数组元素个数。

① 求字符串长度

s=""+'A'+'B'+'C',Length_of(s) = 3,Length_of("abc"+'D')=4

② 求一维数组元素个数

例如：首次赋值 a[10]=0，则 Length_of(a)=10

（8）ASCII 码与字符的相互转换；

① ASCII 码转换成字符

To_Character(ASCII 码)

例如：To_Character(65)='A'

② 字符转换成 ASCII 码

To_ASCII(字符)

例如：To_ASCII('A') = 65

实例二：字符串变量的使用。

目的： 掌握字符串变量按字符数组引用的方式
掌握 ASCII 码字符的使用
多条件选择结构
布尔表达式
变量初始化技巧
变量输出的技巧

题目： 输入一个字符串，统计字符串中英文字母、数字、空格和其他字符的个数。

解：按照题意，作流程图如图 9-2 所示。

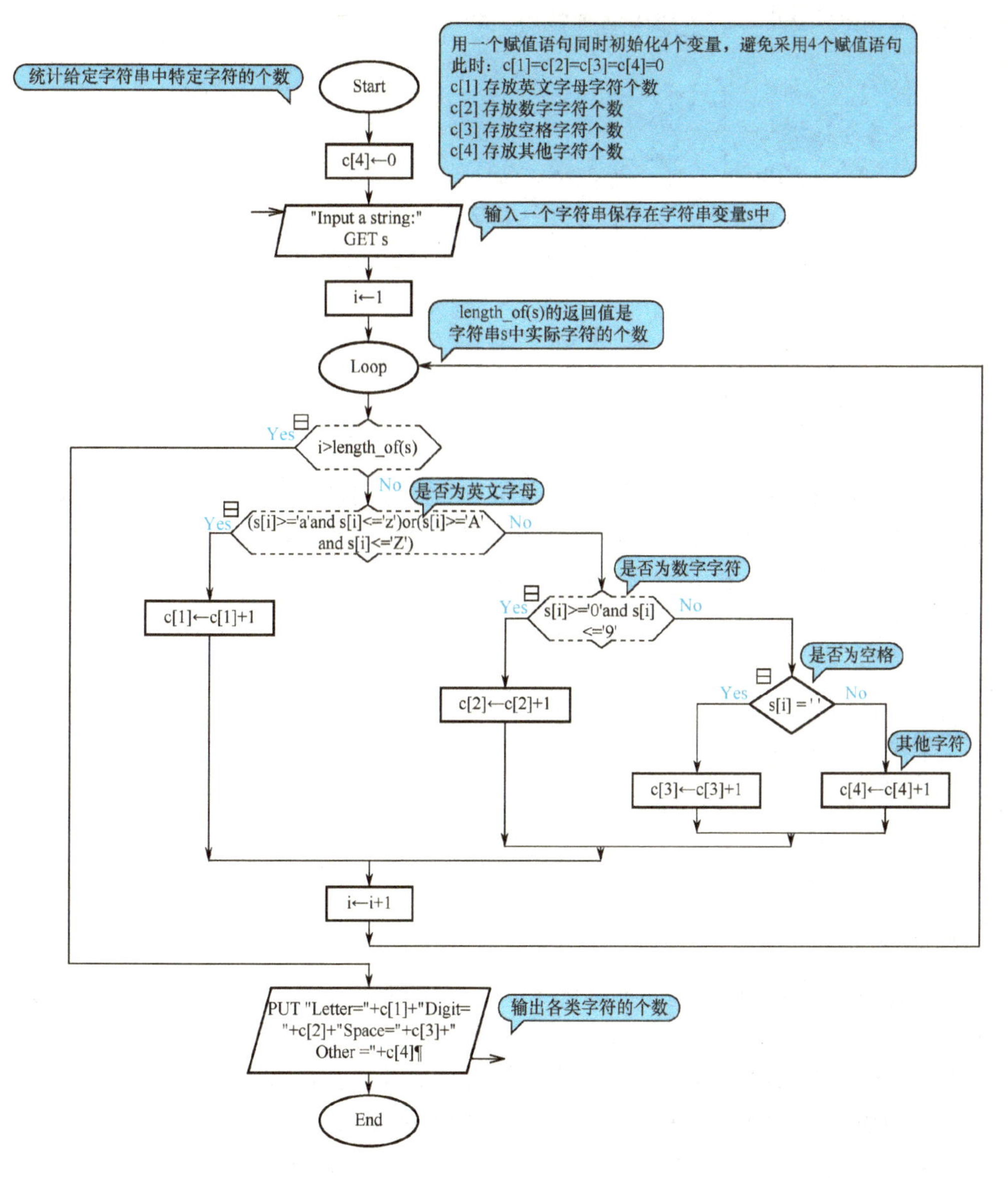

图 9-2　统计字符串中特定字符个数

实例三：数组排序。

目的：掌握随机函数的使用、一维数组的使用和冒泡排序算法。

题目：产生一批随机整数（0～99）存放在一维数组中，采用冒泡排序法对数组进行升序排序。

解：按照题意，本例采用冒泡排序法，基本思想如下：

如图 9-3 所示，对要排序的 5 个数进行第 1 趟扫描，扫描总是从第一个元素开始，然后比较相邻的两个元素，如果前面的数大，就把这两个数交换（本例要求升序）。一直比较到最后两个数，本趟扫描结束。最大数9沉到了水底（已排序好的数），较小的数向上浮了一层。因此，形象地比喻成冒泡。

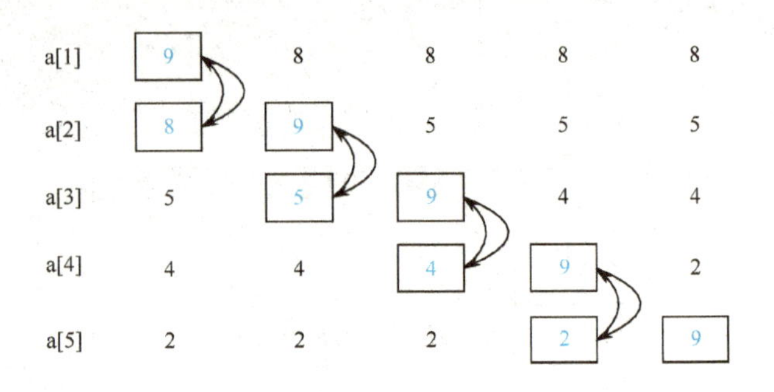

图9-3 冒泡排序法第一趟扫描的算法示意

排除已排序好的数9，对剩下的4个数进行第二趟扫描，如图9-4所示，可以将当前的最大数8沉底……重复这样的步骤直到所有的数都排好序为止。

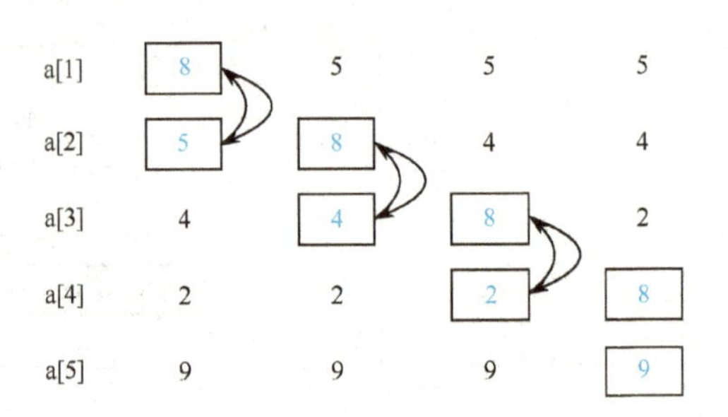

图9-4 冒泡排序法第二趟扫描的算法示意

可以看到，进行一趟扫描，就确定了一个数的排列顺序。因此，假定有 N 个数，只要进行 $N-1$ 趟扫描就可以将这 N 个数排好序。

另外，每趟扫描还要进行相邻两个数的比较次数的计算，如对 $N(N=5)$ 个数排序。

第 i 趟扫描	剩余数的个数	相邻两个数比较的次数
$i=1$	5	$4=5-1 \rightarrow N-1 \rightarrow N-i$
$i=2$	4	$3=5-2 \rightarrow N-2 \rightarrow N-i$
$i=3$	3	$2=5-3 \rightarrow N-3 \rightarrow N-i$
$i=4$	2	$1=5-1 \rightarrow N-4 \rightarrow N-i$

可以看到，进行第 i 趟扫描时，相邻两个数的比较次数为 $N-i$ 次。

冒泡排序法程序有3个部分组成，流程图如图9-5所示。

第一部分：产生 N 个0~99之间的随机整数，保存到数组a中并输出。

第二部分：利用冒泡法对数组a中的 N 个元素进行升序排序。

第三部分：输出排序以后的数组a中的 N 个元素。

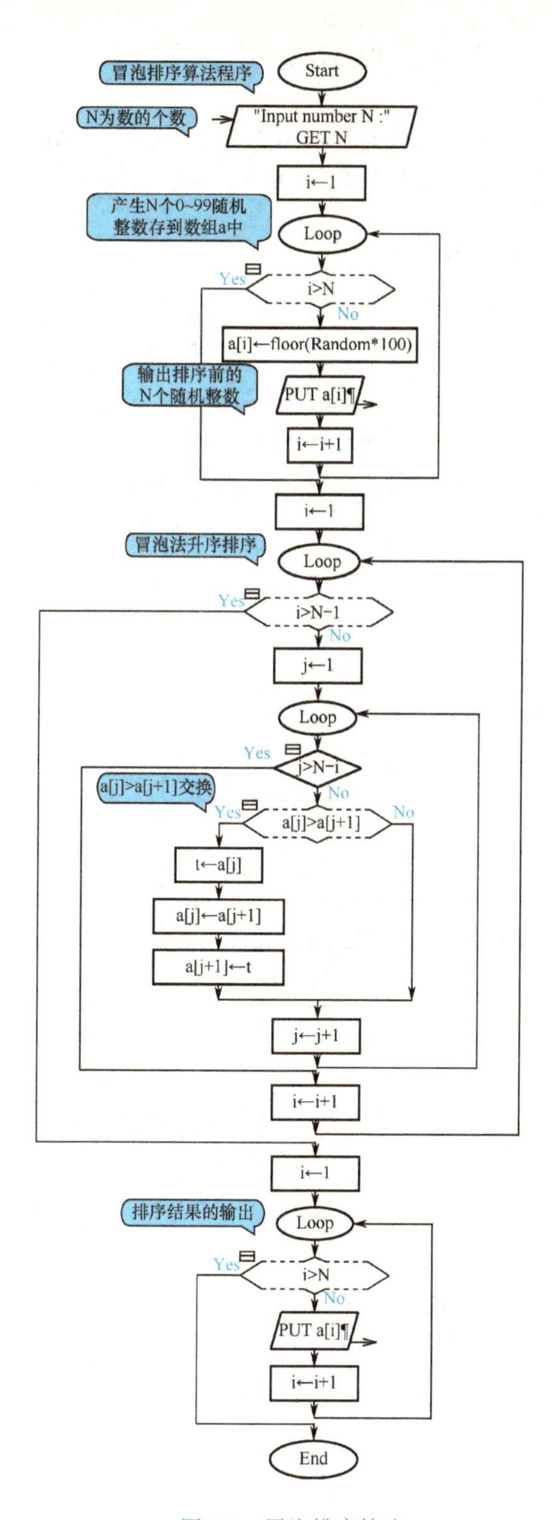
冒泡排序算法程序
Start
N为数的个数
"Input number N :"
GET N
i←1
产生N个0~99随机整数存到数组a中
Loop
Yes
i>N
No
a[i]←floor(Random*100)
输出排序前的N个随机整数
PUT a[i]¶
i←i+1
i←1
冒泡法升序排序
Loop
Yes
i>N-1
No
j←1
Loop
Yes
j>N-i
a[j]>a[j+1]交换
No
Yes
a[j]>a[j+1]
No
t←a[j]
a[j]←a[j+1]
a[j+1]←t
j←j+1
i←i+1
i←1
排序结果的输出
Loop
Yes
i>N
No
PUT a[i]¶
i←i+1
End

图 9-5　冒泡排序算法

实例四：数组存放不同数据类型的数据。

目的：同一个数组中存放不同数据类型数据的使用；

二维数组的使用。

题目：输入 *n* 个学生的数据并保存到二维数组，将二维数组中的数据输出到主控制台。假定每个学生包括 4 个数据：学号（xh—字符串）、姓名（xm—字符串）、性别（xb—字符）和分数（fs—数值）。

解：按照题意，作流程图如图 9-6 所示。

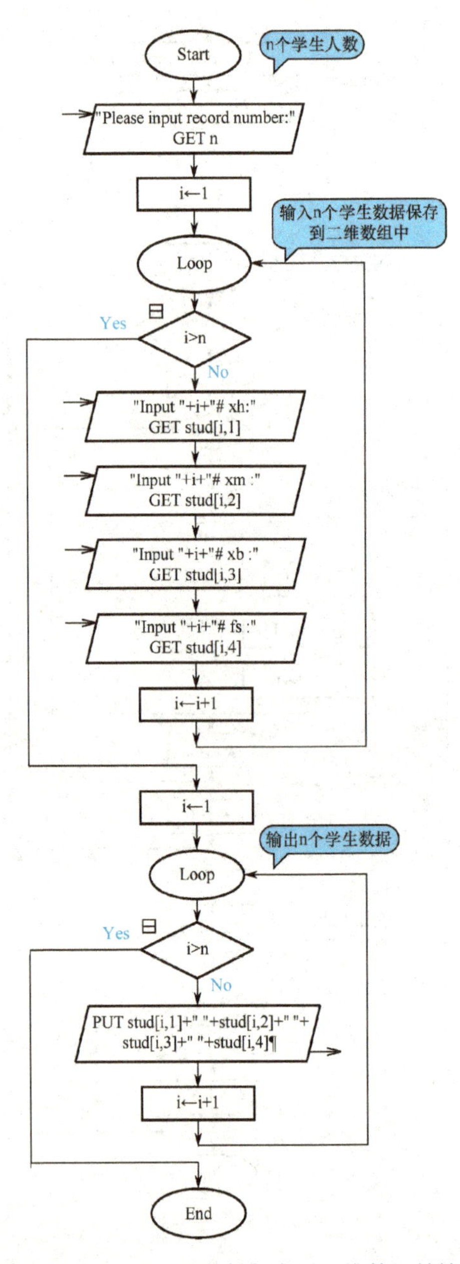

图 9-6　输入 n 个学生数据保存到二维数组并输出

9.3　子图

要点：

① 子图可用来将程序划分成不同功能的模块。使得一个复杂的功能程序划分成为一些更小、更简单的功能程序（称为子图或过程），通过对子图调用可以消除程序中的重复代码，程序通常会更短、更清晰、更容易开发和调试。

② 当 Raptor 中菜单“mode”设置为“Novice（初学者）”时，只有“add subchart”选项；当 Raptor 中菜单“mode”设置为“Intermediate（中级）”时，则有“add subchart”和“add procedure”两个选项。

③ 主图调用子图以及子图调用子图只要给出被调用子图的名字。

④ 图与图之间共享所有的变量。也就是说一旦某个图使用了某个变量，其他的图都可以使用这个变量。

实例五：主图与子图共享所有的变量。

目的：掌握多子图的程序设计，包括子图的创建、调用。充分理解图共享所有的变量。

题目：采用子图程序设计方法，求出并输出 100～200 之间所有的素数。

解：按照题意，程序可设计成一个主图和一个子图。

主图 main ——流程控制，如图 9-7 所示。取得 $m \in [100,200]$ 中的每一个奇数，调用 prime 子图实现对 m 的判断，如果 m 是素数则 state = 1 并输出 m，否则 m 不是素数有 state = 0 且不输出。在主图 main 中共享了子图 prime 中的变量 state。

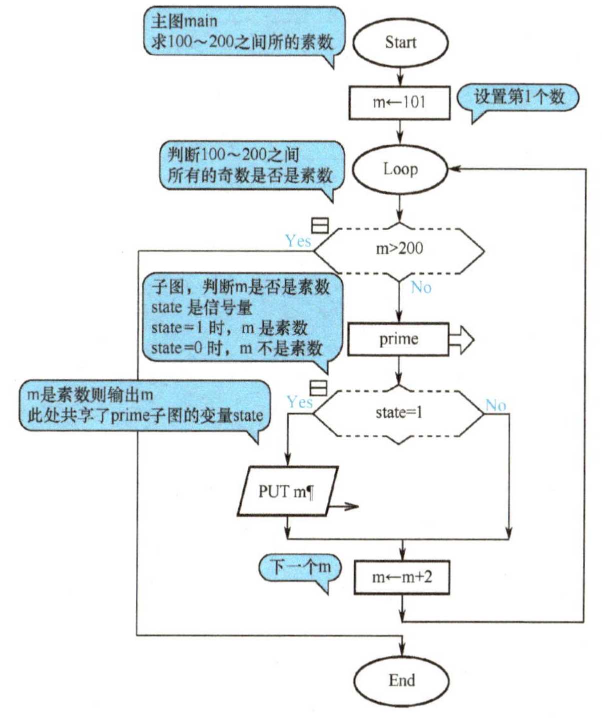

图 9-7　求 100～200 之间所有素数的算法主图 main

子图 prime ——判断 m 是否是素数，如图 9-8 所示。m 是素数时 state = 1，否则 state = 0。

子图 prime 中共享了主图 main 中的变量 m。

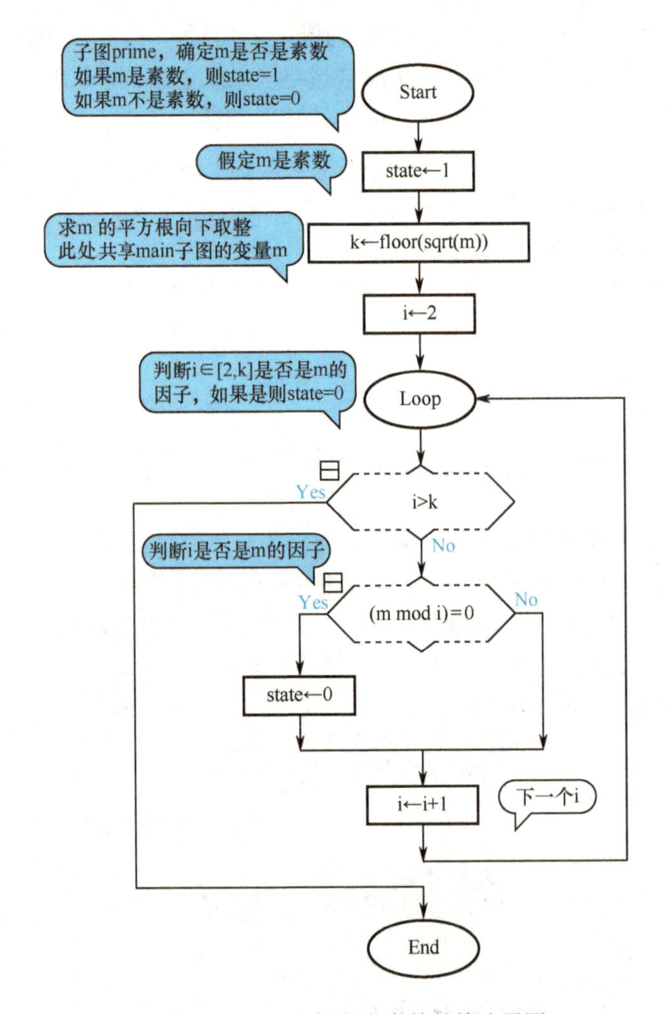

图 9-8 求 100～200 之间所有素数的算法子图 prime

实例六：主图与子图共享所有的变量。

目的：掌握多子图的设计，主图与子图共享所有的变量。复杂功能程序模块可划分成多个子图共同完成。

题目：采用多子图程序设计方法，输入 N 个数存放在一维数组中，求 N 个数的最大值和最小值，并输出 N 个数以及最大值和最小值。要求分别用子图实现 N 个数据的输入、求 N 个数的最大值和最小值、结果数据的输出，在主图中分别调用上述 3 个子图完成程序的功能。

解：按照题意，程序设计由主图和 3 个子图组成。

主图 main ——主控程序，如图 9-9 所示。分别调用输入子图、求最大值和最小值子图、输出子图实现程序的功能。

子图 Input ——输入 N 个数据存放在数组 a 中，如图 9-10 所示。

在 Input 子图中共享了子图 main 中的数据个数变量 N。

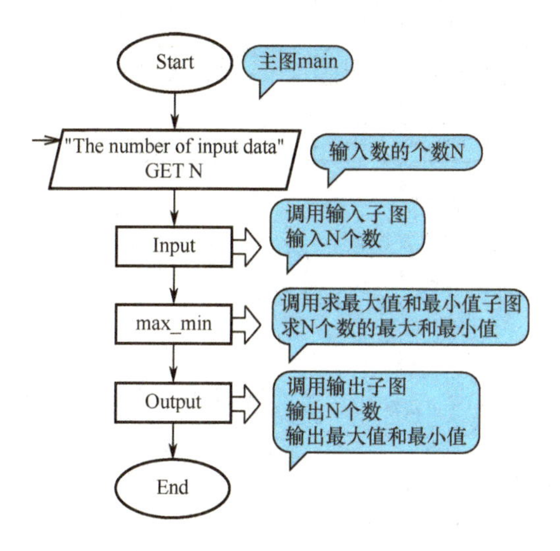

图 9-9　求 *N* 个数的最大值和最小值的主图 main

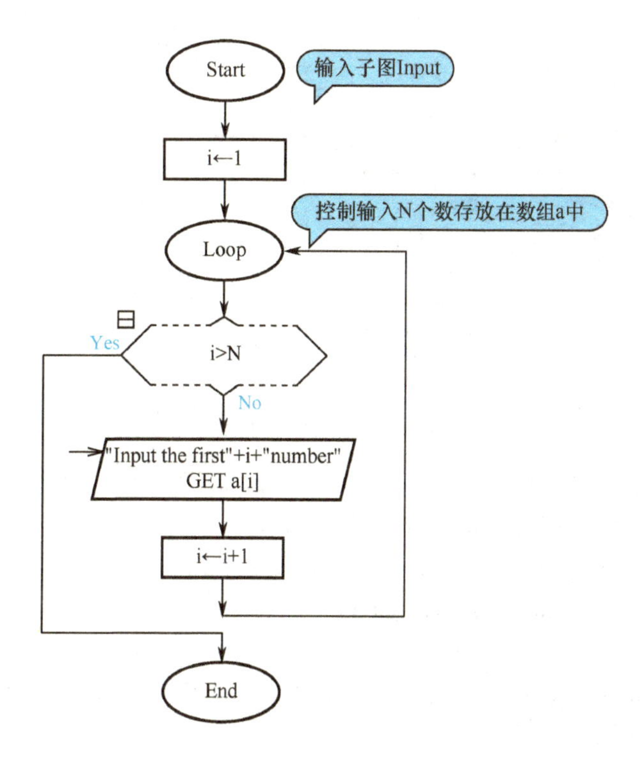

图 9-10　求 N 个数的最大值和最小值的子图 Input

子图 max_min ——求数组 a 中 N 元素的最大值和最小值并存放在变量 max_value 和 min_value 中，如图 9-11 所示。具体算法如下：

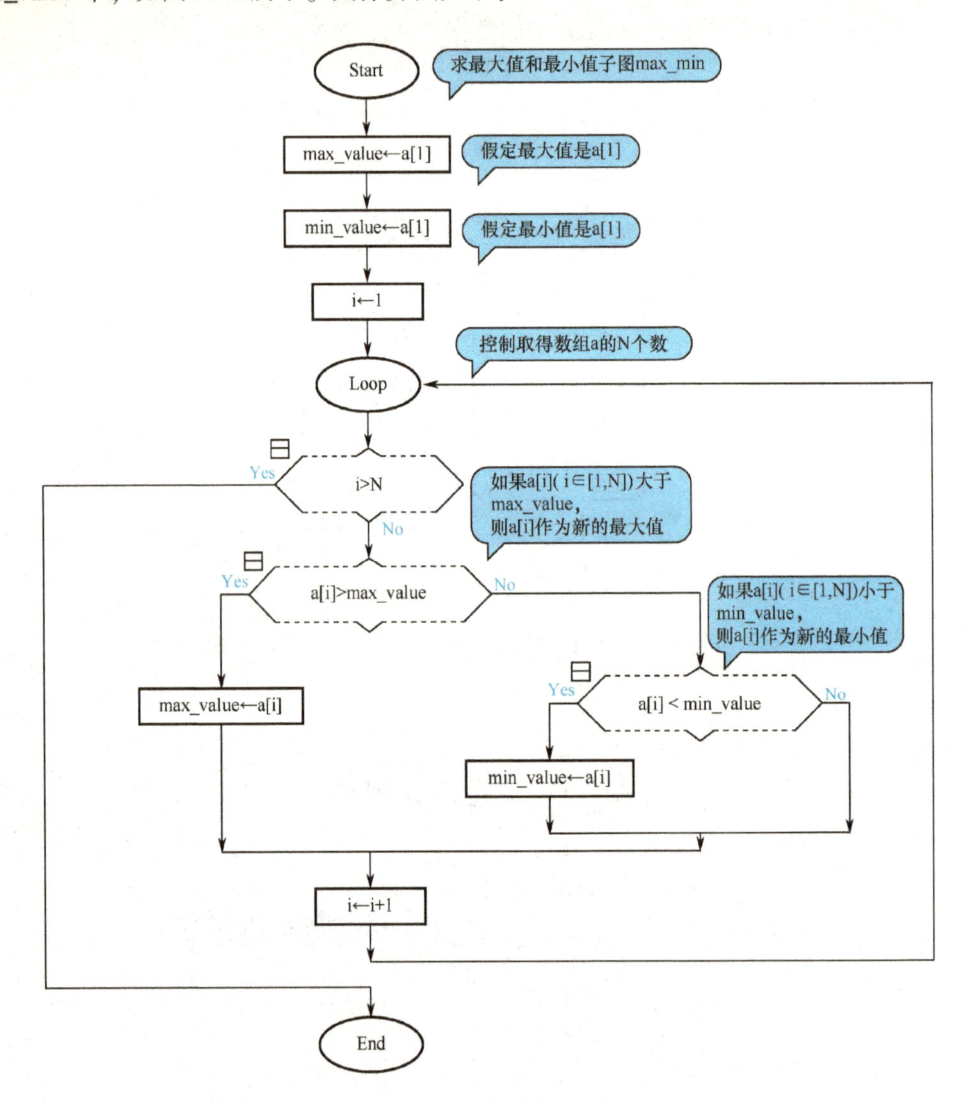

图 9-11　求 N 个数的最大值和最小值的子图 max_ min

① 在输入的数组 a 的 N 个数据中随便选择一个数既作为最大值，又作为最小值，假定选择 a[1]，分别存放在 max_value 和 min_value 变量中。

② 将 N 个数 a[i]（i 从 1 到 N）依次与 max_value 和 min_value 进行比较：

如果 a[i] > max_value，则 max_value = a[i]；

如果 a[i] < min_value，则 min_value = a[i]。

③ 最终的 max_ value 和 min_ value 就是 a 数组中 N 个数的最大值和最小值。

④ 共享的变量：

主图 main 中的数据个数变量 N；

子图 Input 中数组 a 的 N 个元素 a[1]～a[N]。

子图 Output ——输出数组 a 中 N 个元素以及最大值和最小值，如图 9-12 所示。

在 Output 子图中共享的变量如下：

①主图 main 中的数据个数变量 N。

②子图 Input 中数组 a 的 N 个元素 a[1]～a[N]。

③子图 max_min 中最大值和最小值变量 max_value 和 min_value。

注意输出语句的用法：①输出了最大值和最小值的提示信息；②一个输出语句同时输出多个变量的方法。

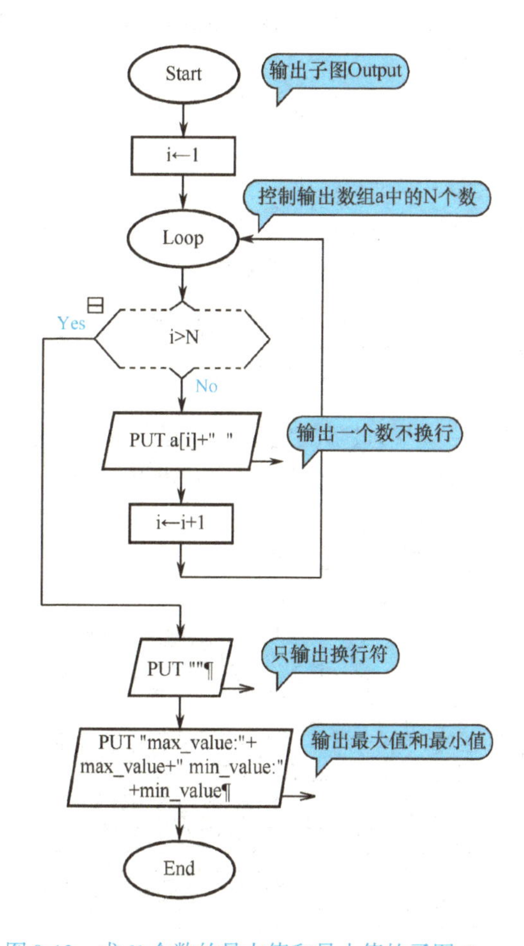

图 9-12 求 N 个数的最大值和最小值的子图 Output

9.4 过程

要点：

① 过程和子图的区别。初学者掌握子图的使用非常容易，对于过程使用的掌握要经过一系列的实践。

② 过程和子图的相同点都是实现一个独立功能的程序模块，都具有定义和调用两

个环节。

③ 过程和子图的不同点：

⊙ 每个过程具有独立的变量体系，每个过程中的变量仅局限于本过程。其他过程或子图不能使用，而主图和子图共享所有的变量；

⊙ 一个过程或子图与其他过程需要通过参数交换信息，参数有3种传递方式：正向传递、反向传递和双向传递，而子图没有参数；

⊙ 过程中的变量相对独立，不会与其他部分相互影响，而主图或子图之间的变量是共享的，相互牵制，容易无意中被修改。

④ 定义过程需要说明3项：过程名、形式参数以及每个形式参数的传递方向（正向、反向和双向）。

⑤ 过程调用要给出过程名和实际参数，实际参数要求如下：

⊙ 正向传递的实际参数可以是常量、变量、函数和表达式。

⊙ 反向传递的实际参数一定是变量。

⊙ 双向传递的实际参数一定是变量。

⑥ 理解递归及递归算法，递归程序的编写特点。

⑦ 当Raptor的菜单“mode”设置为“Intermediate（中级）”时，则有“add sub-chart”和“add procedure”两个选项。

实例七：过程调用时的参数传递。

目的：掌握过程的使用，包括过程的定义、过程调用，过程调用时参数传递。

题目：数制转换，将十进制数转换成二进制字符串、八进制字符串或十六进制字符串。

解1：非递归算法。程序有主图main和过程trans组成。主图main如图9-13所示。

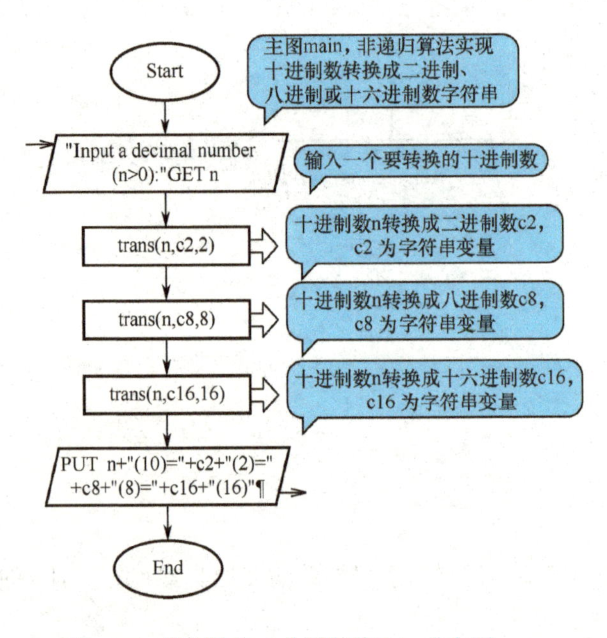

图9-13 数制转换（非递归算法）的主图main

过程 trans——完成数制转换（非递归算法）主要算法，如图 9-14 所示。说明如下：

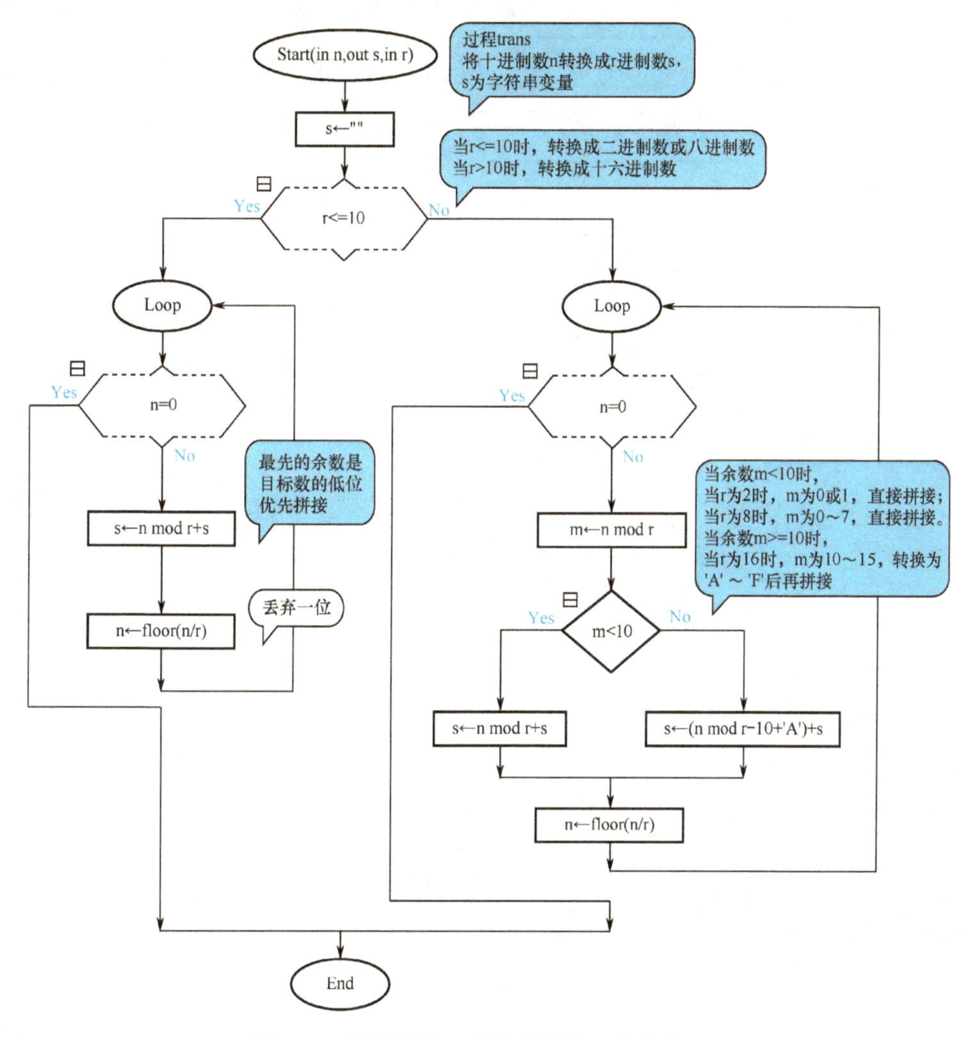

图 9-14　数制转换（非递归算法）的过程 trans

① 数值型变量只能保存十进制数，二进制、八进制和十六进制数采用字符串形式；

② 过程 trans 有 3 个参数；

⊙ n（正向传递）——要转换的十进制数。

⊙ s（反向传递）——转换后的二进制、八进制或十六进制字符串。

⊙ r（正向传递）——要转换的进制。

③ 当 r＝2 或 r＝8 时，余数直接拼接；当 r＝16 时，余数－10＋'A'产生'A'～'F'再拼接。

④ 拼接 r 进制一位后，丢弃 r 进制一位。

解 2：递归算法。程序由主图 main 和递归过程 trans 组成。主图 main 如图 9-15 所示。

递归过程 trans——如图 9-16 所示。

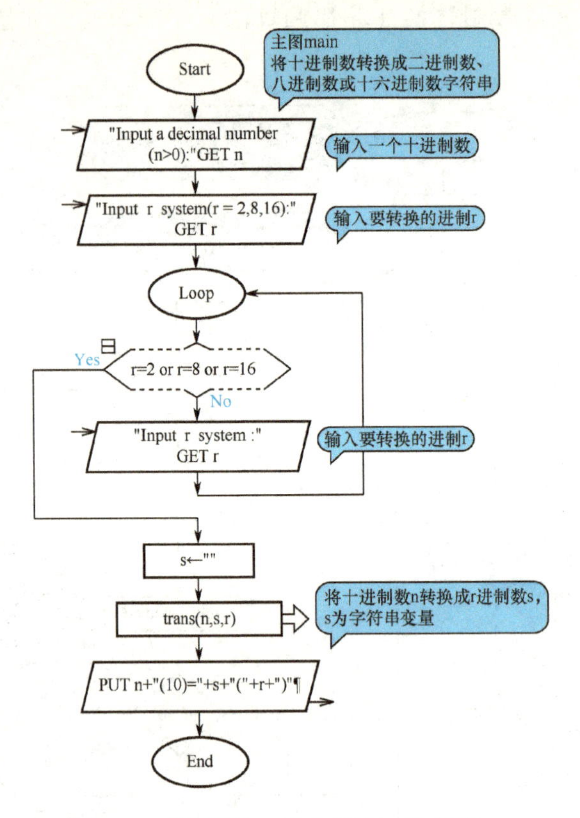

图 9-15 数制转换（递归算法）的主图 main

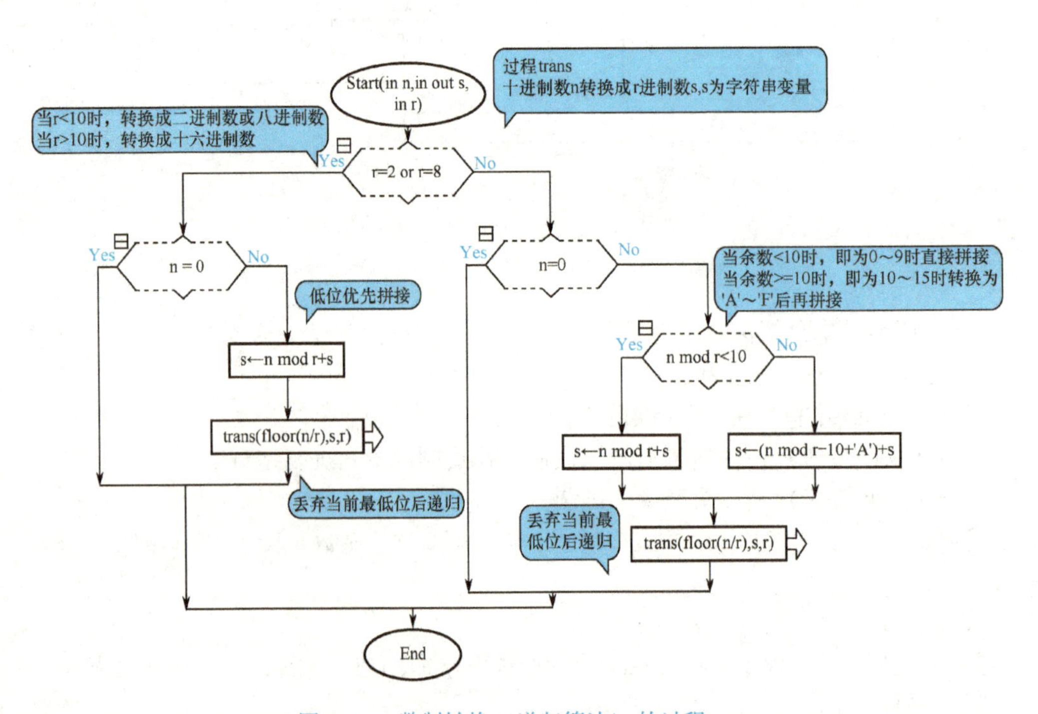

图 9-16 数制转换（递归算法）的过程 trans

9.5 文件的使用

要点：

① 文件的概念。

② 系统默认的输入设备是键盘；默认的输出设备是显示器。

③ 当输入/输出都来自磁盘文件，这时需要进行输入/输出重定向。

④ 由过程调用 Redirect_Input("文件名")进行输入重定向，所有输入将来自于文件。

由过程调用 Redirect_Input（Yes）进行输入重定向，文件名的输入推迟到程序执行到该重定向语句时，之后所有输入将来自于文件。类似情况可实现输出重定向。

⑤ 由过程调用 Redirect_Input（No）使输入重定向结束。之后所有输入来自键盘。类似情况可实现输出重定向的结束。

⑥ Raptor 对磁盘输入文件的读取特点如下：

<1> 面向行的输入，输入重定向到文件以后，每次读取一行；

⊙ 如果读取的行只有一个数值型数据，则读取的结果为数值型。

⊙ 如果读取的行不是一个数值型数据，而含有其他非数字字符，则读取的结果为字符串。

⊙ 当用户将多个数据放在一行上时，读取的字符串就需要分解。

<2>对于未知大小文件的输入控制，Raptor 提供了一个 End_Of_Input 函数用来判断读取的文件是否结束，返回值为 True 时文件结束，返回值为 False 时文件未结束。

实例八：一般格式文件（一行放置一个数据）的读取。

目的： 掌握输入/输出重定向的使用，未知大小文件的读取控制。

题目： 一般文件的读取和显示。

解： 文件 source1.txt 的格式如图 9-17 所示。

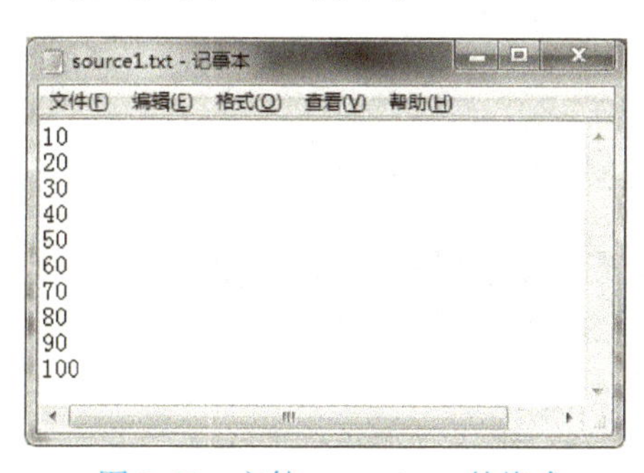

图 9-17 文件 source1.txt 的格式

主图 main ——读取并显示文件 source1.txt 中的数据，如图 9-18 所示。

实例九：文件面向行的读取。

目的： 面向行的读取控制。

题目： 从文件读取由若干数值型数据构成的字符串，将其转换成数值存放到一维数组并显示。

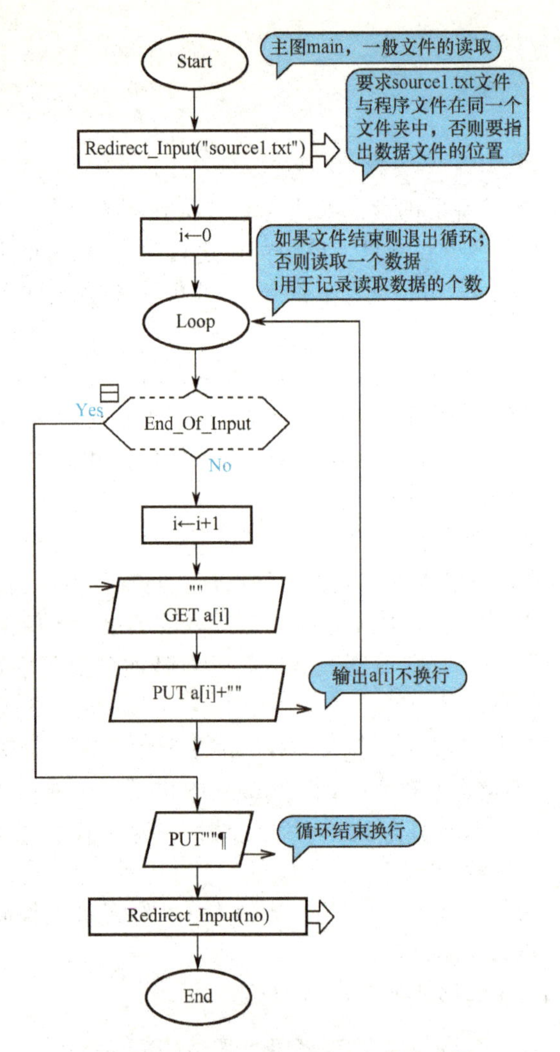

图9-18　读取并显示 source1. txt 文件的主图 main

解：文件 source2. txt 的格式如图 9-19 所示。

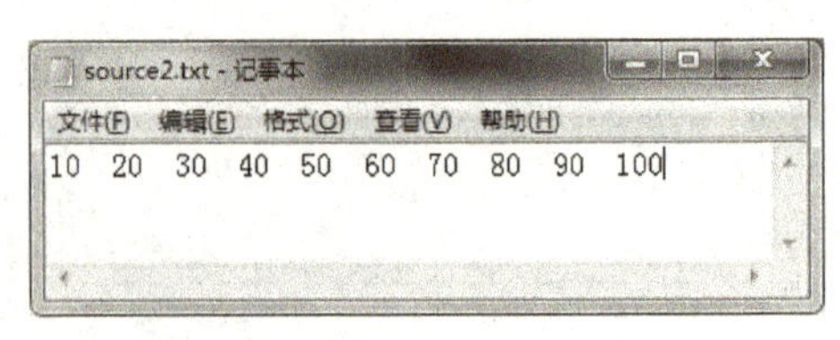

图 9-19　文件 source2. txt 的格式

本例由主图 main 和过程 file_ in 构成。

主图 main ——如图 9-20 所示。主要功能如下：

① 初始化目标数组 b，b[1]～b[100]都为 0，用于存放转换后的数据。

② 调用过程 file_in(b,m)，完成从 source2. txt 读入一个字符串，并将其转换成 m

个数据存放到数组 b[1]~b[m]中的操作。

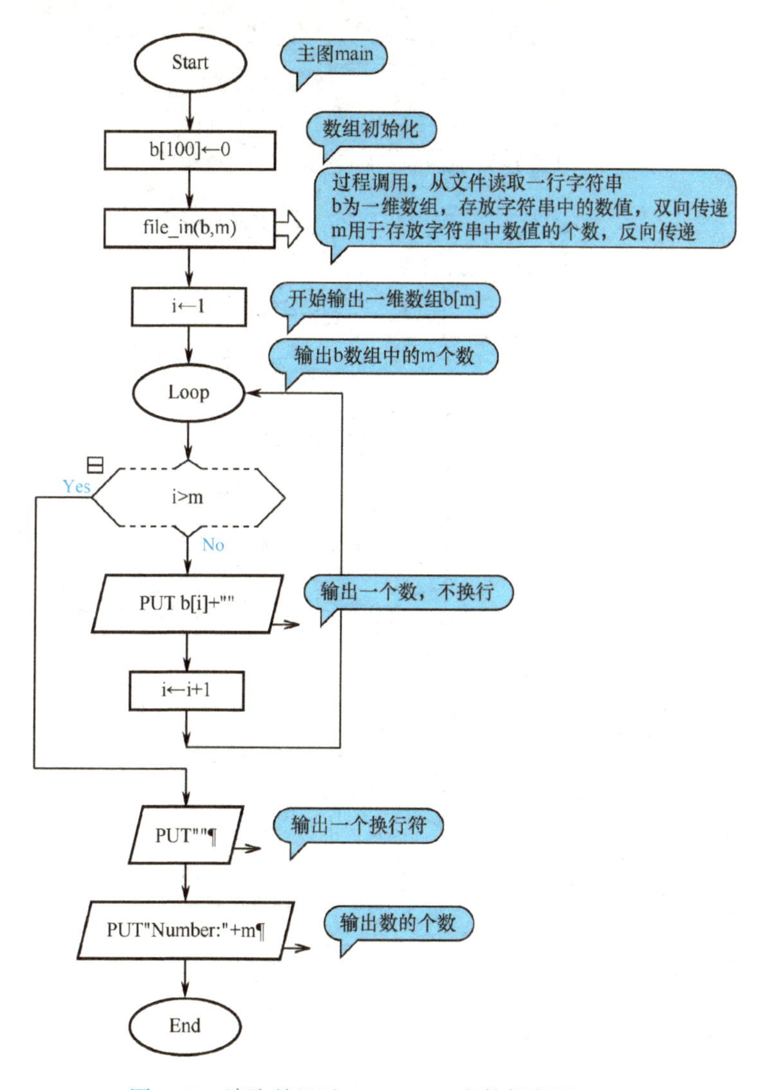

图 9-20 读取并显示 source2. txt 文件的主图 main

③ 输出转换后数组 b 中的数据 b[1]~b[m]。

过程 file_in ——如图 9-21 所示，主要功能如下：

(1) 重定向文件 source2. txt 作为输入，读取字符串后，输入重定向结束；

(2) 用变量 state 记录状态，state = 0 表示空格，state = 1 表示为数字字符；

(3) 如果字符串最后有空格，则数据个数减 1。

实例十：面向多行读取的文件。

目的：面向多行的读取控制和文件结束控制。

题目：如图 9-22 所示，文件 source3. txt 由若干行数值型数据构成，将其转换成 m 行 × n 列个数值型数据存放到二维数组并显示。

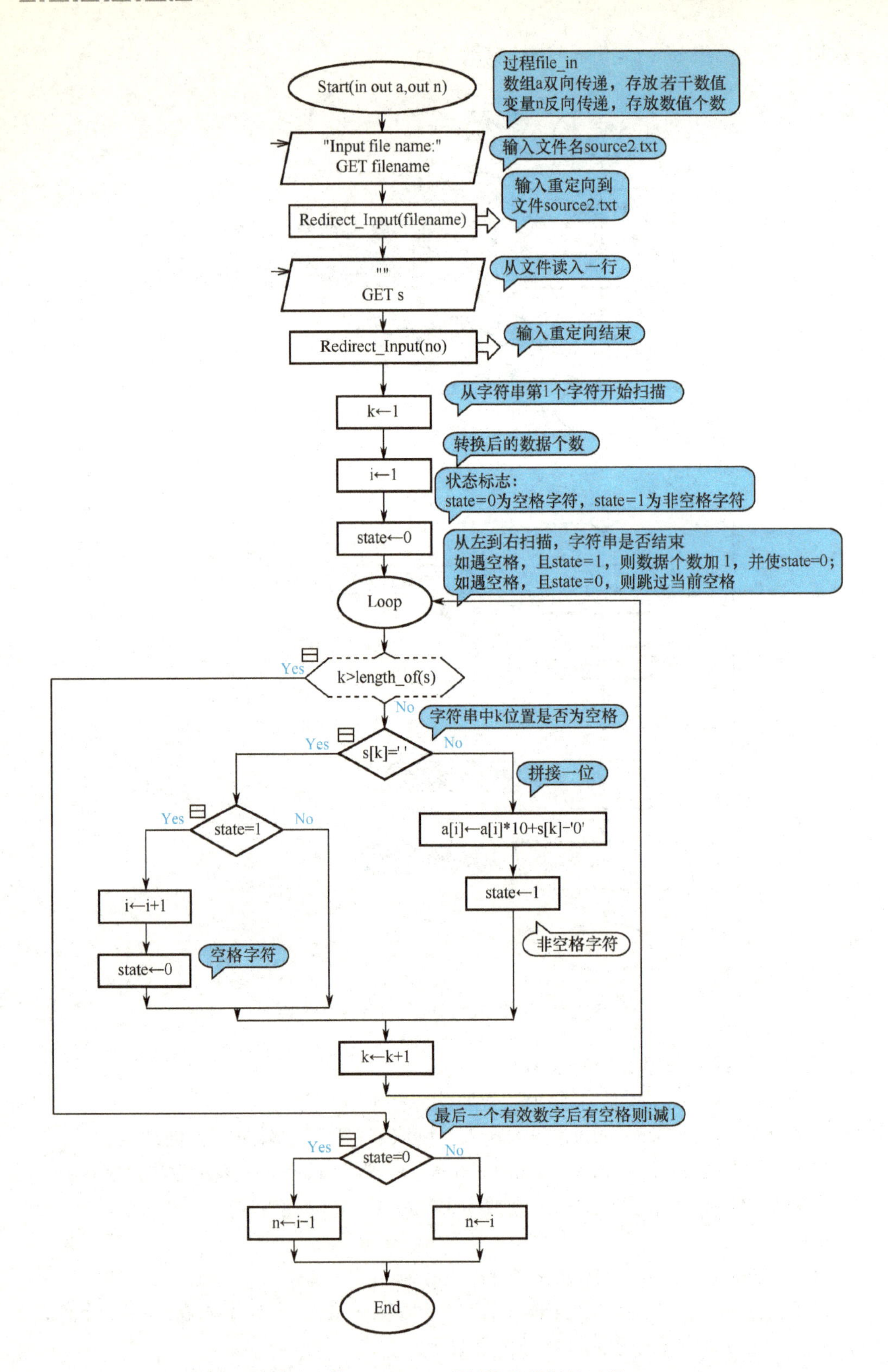

图 9-21 读取文件 source2. txt 并转换成数据的过程 file_ in

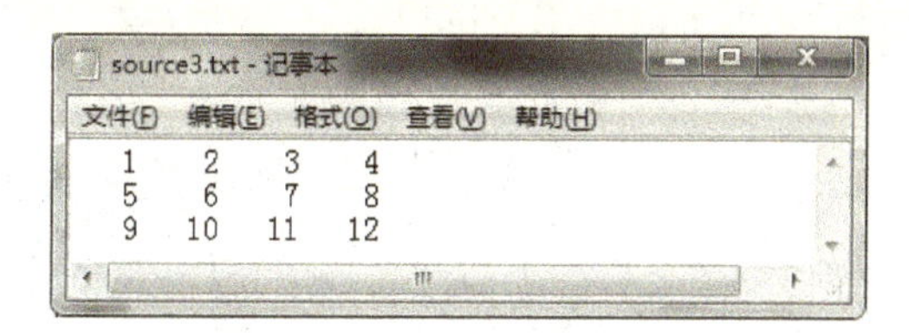

图 9-22 文件 source3. txt 的格式

解：文件 source3. txt 的格式如图 9-22 所示。

本例由主图 main 和过程 file_in 构成。

主图 main ——如图 9-23 所示，读取并显示 source3. txt 文件中的数据。

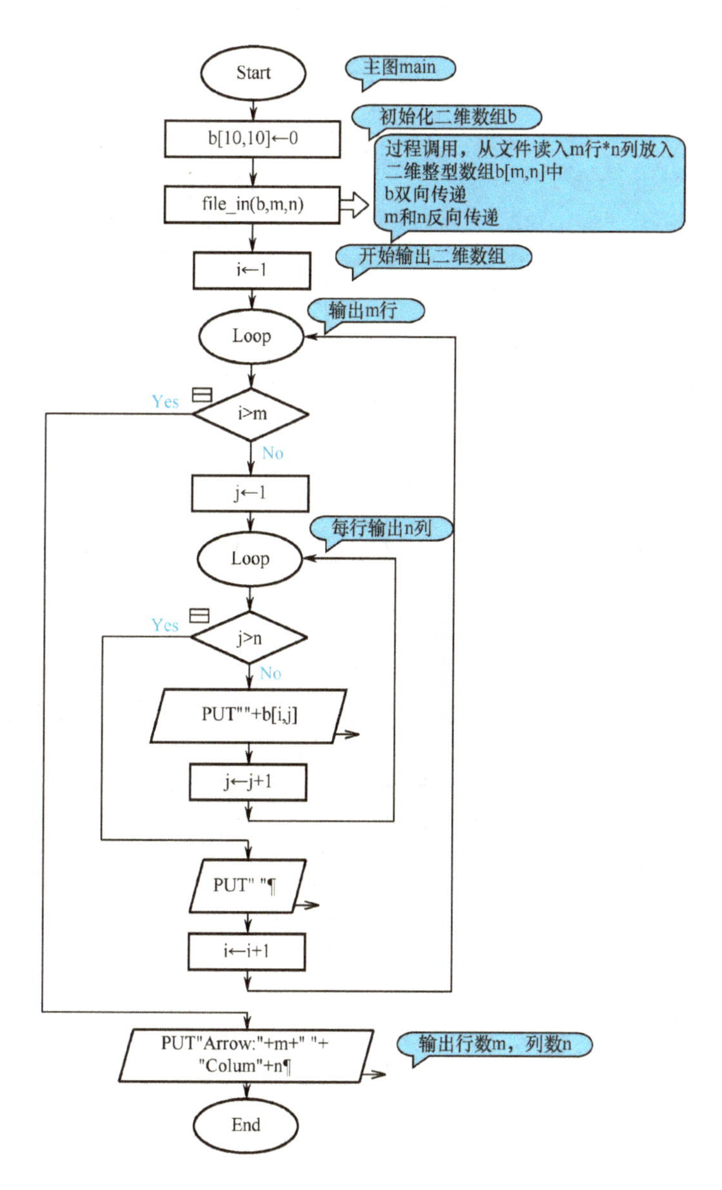

图 9-23 读取并显示 source3. txt 文件的主图 main

过程 file_in ——如图 9-24 所示，用于读取 source3. txt 文件中的数据。

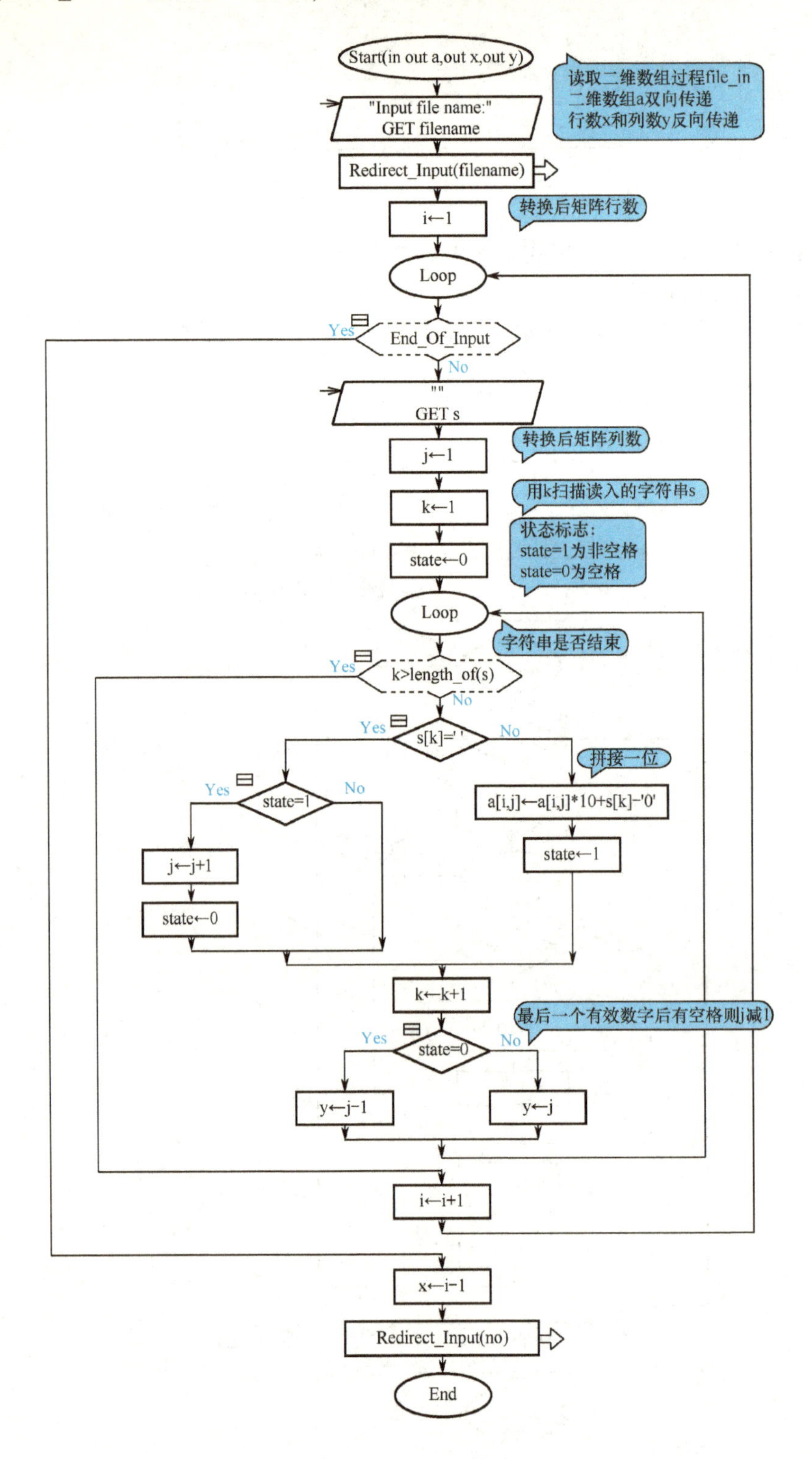

图 9-24　读取 source3. txt 的过程 file_in

实例十一：记录式文件。

目的：对记录式文件的读取控制和文件结束控制。

题目：如图 9-25 所示，文件由若干行字符串构成，读取每一个整行字符串分解成 m 行 × n 列个字符串存放在二维数组中并显示。

解：文件 source4. txt 的格式如图 9-25 所示。

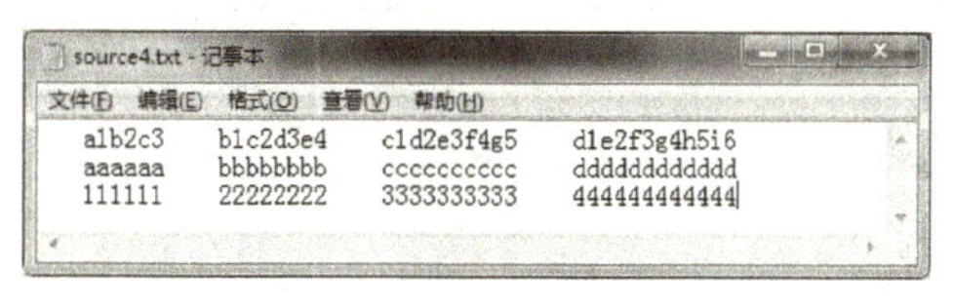

图 9-25　文件 source4. txt 的格式

本例由主图 main 和过程 file_in 构成，将每行分解成 4 个字符串存放在二维数组中。

主图 main ——如图 9-26 所示，读取并显示输入文件 source4. txt 中的内容。

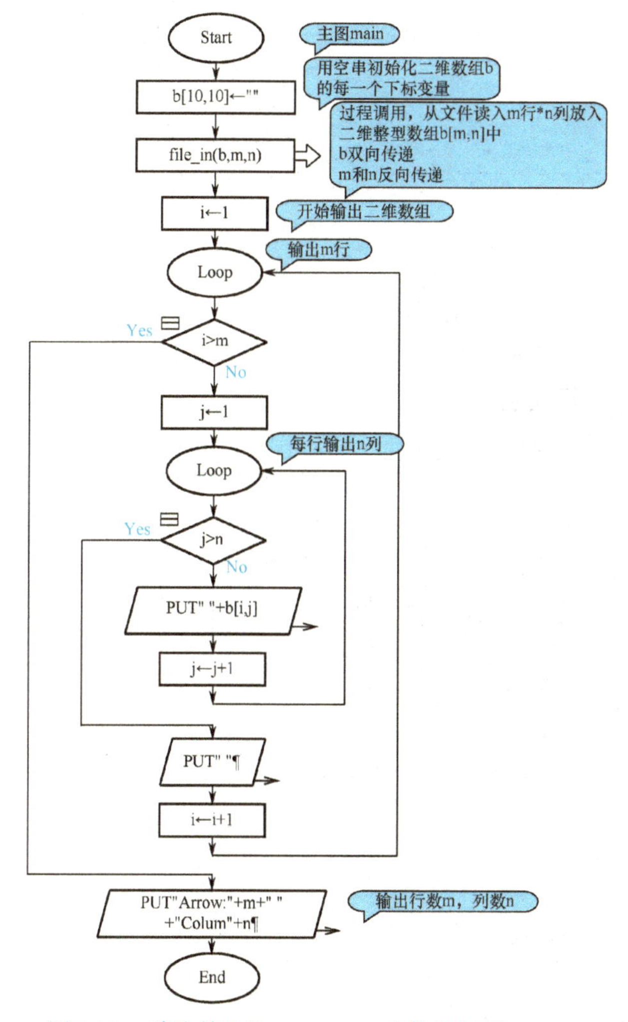

图 9-26　读取并显示 source4. txt 文件的主图 main

过程 file_ in ——如图 9-27 所示，用于读取 source4. txt 文件中的内容。

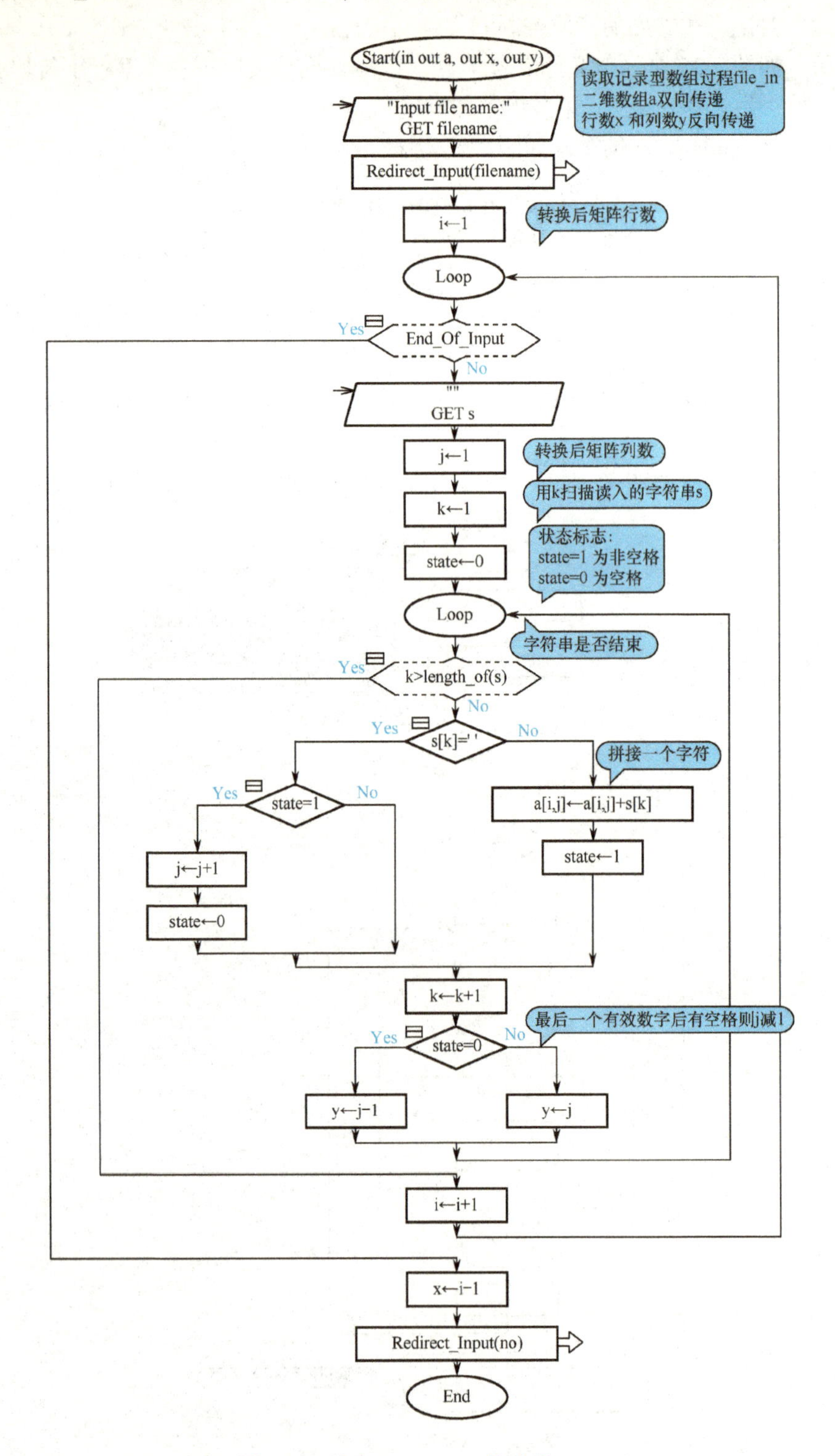

图 9-27 读取 source4. txt 的过程 file_in

9.6 图形窗口的使用

要点：

① 图形窗口。

② 图形窗口坐标体系、标准函数、标准过程的使用。

③ 基本图形的绘制。

④ 键盘和鼠标与图形窗口界面的交互。

⑤ 简单动画的制作。

实例十二：图形窗口与键盘的交互。

目的：掌握在图形窗口环境下等待键盘按键、测试是否有键按过、获得键盘输入的方法；

掌握延时的使用；

掌握声音的播放；

掌握窗口的使用(打开、关闭、设置窗口标题、获取窗口高度和宽度、清除窗口等)；

掌握简单动画的设计思想。

题目：通过简单动画设计掌握窗口环境下与键盘的交互。如图 9-28 所示，图形窗口中间有一个小球，键盘按任意键小球按规定的步长开始向上运动（伴有声音），在运行的过程中，小球每运动一步就测试操作者是否按下过上、下、左和右键，如有，则按操作者的操作设定小球的运动方向；如没有，则小球保持原运动方向，当小球运动到窗口的边界时，将会反方向弹回（伴有声音），操作者按“Esc”键时动画结束（伴有声音），最后关闭窗口。

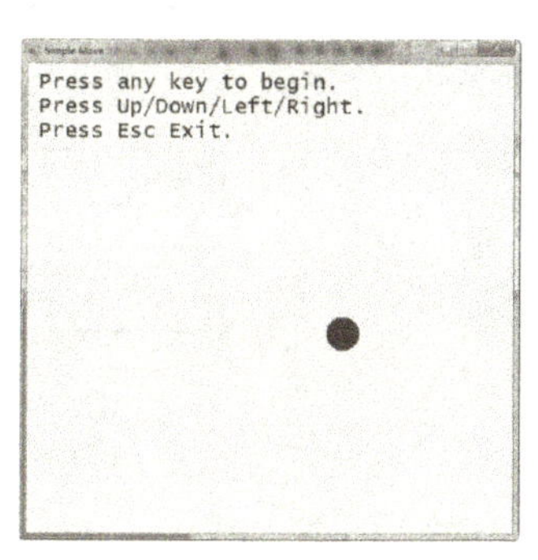

图 9-28 简单动画设计（与键盘的交互）的初始窗口

解：本例由主图和 4 个子图共同完成，主图、子图的名字和调用关系如图 9-29 所示。

主图 main ——如图 9-30 所示，此为程序流程的控制，功能如下：

① 图形窗口的打开和关闭。

② 窗口的初始化，包括窗口标题、单步运动距离。

③ 调用 field 子图，完成小球起始位置设定、提示信息和播放声音等。

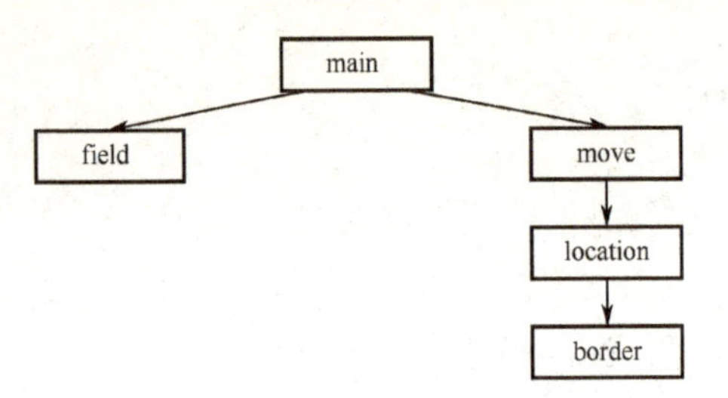

图 9-29　简单动画设计（与键盘的交互）中主图与子图之间的调用关系

④ 调用 move 子图。

子图 field ——如图 9-31 所示，功能如下：

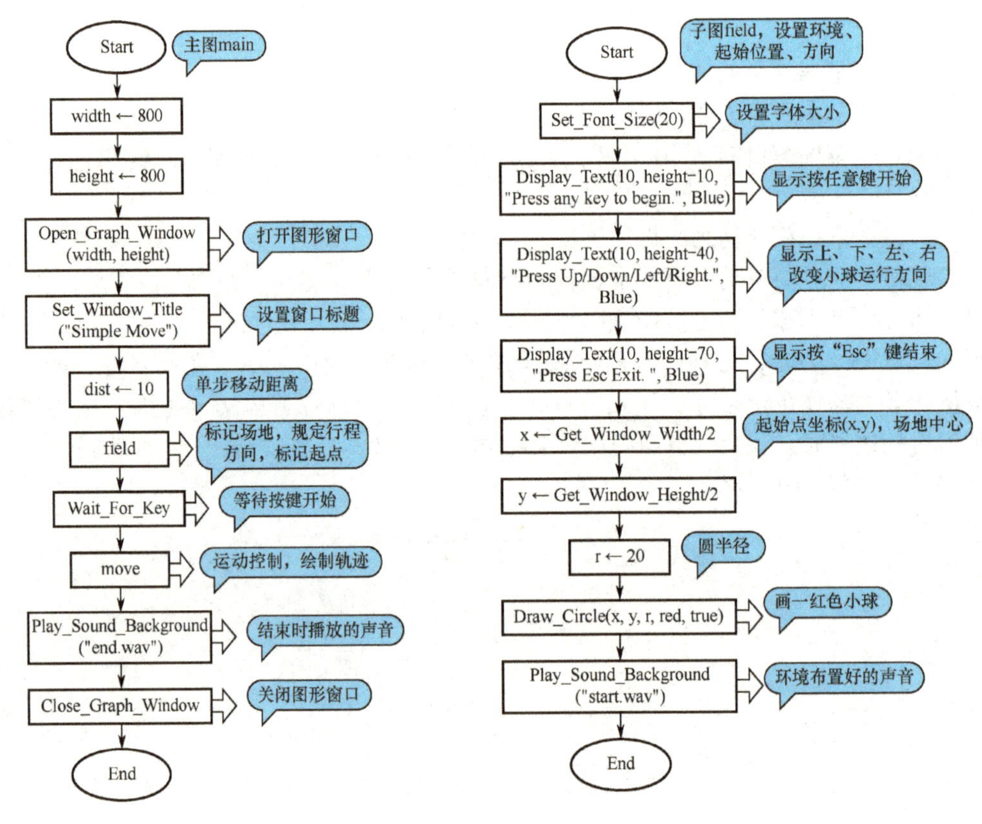

图 9-30　简单动画设计（与键盘的交互）主图 main

图 9-31　简单动画设计（与键盘的交互）子图 field

① 设置字体显示提示信息，提示开始、按键改变小球运动轨迹和结束时退出。

② 在窗口中心位置标记小球。

③ 在窗口初始化后播放声音。

子图 move ——如图 9-32 所示，作用是以动画演示小球的运动，具体功能如下：

① 初始时小球向上运动。

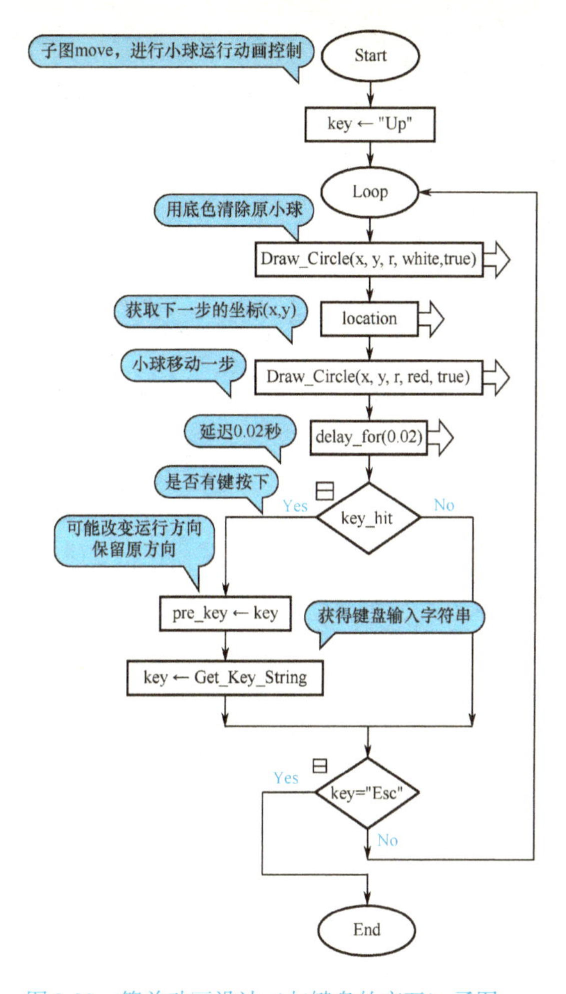

图 9-32　简单动画设计（与键盘的交互）子图 move

② 清除小球后，调用子图 location 确定下一步小球的显示位置。

③ 在目标位置显示小球，显示后延迟一定时间（主要使动画平滑）。

④ 每一步动画后，都要检测操作者是否按键决定下一步是退出还是改变运动方向。

子图 location ——如图 9-33 所示，作用是根据操作者按键方向决定下一步的运动位置。

子图 border ——如图 9-34 所示，进行边界处理，即当小球运动到边界时将反方向运动，并伴有声音。

本题可通过手机扫描封面上的二维码来观看程序运行的动态效果（视频）。

实例十三：图形窗口环境下与鼠标的交互。

目的：掌握在图形窗口环境下等待鼠标按键、读取鼠标位置的方法；

掌握延时的使用；

掌握声音的播放；

掌握窗口的使用（打开、关闭、设置窗口标题、获取窗口高度和宽度、清除窗口等）；

掌握简单动画设计思想。

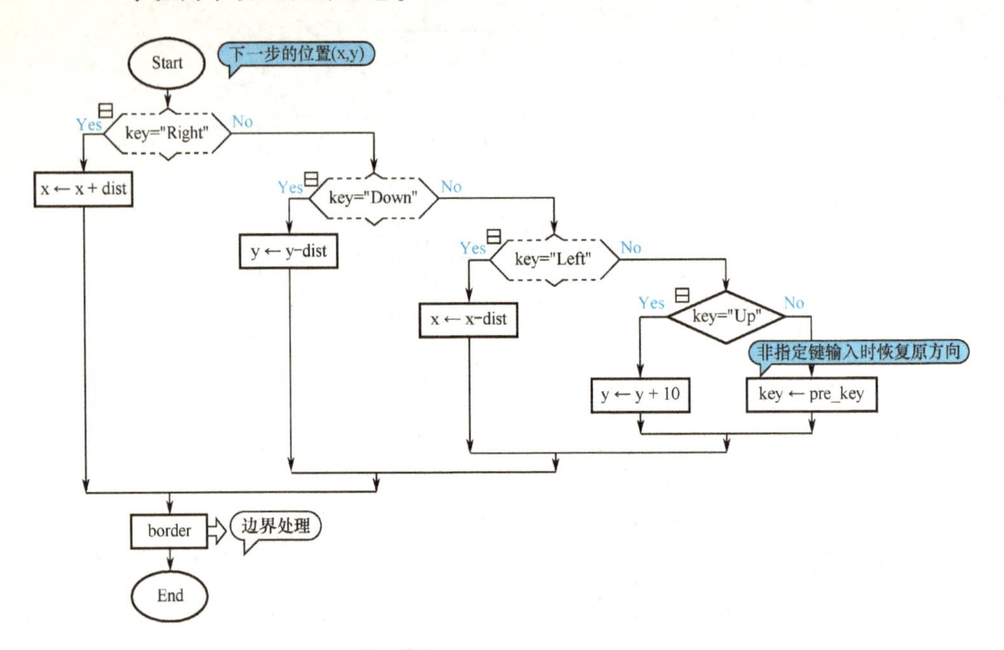

图 9-33　简单动画设计（与键盘的交互）子图 location

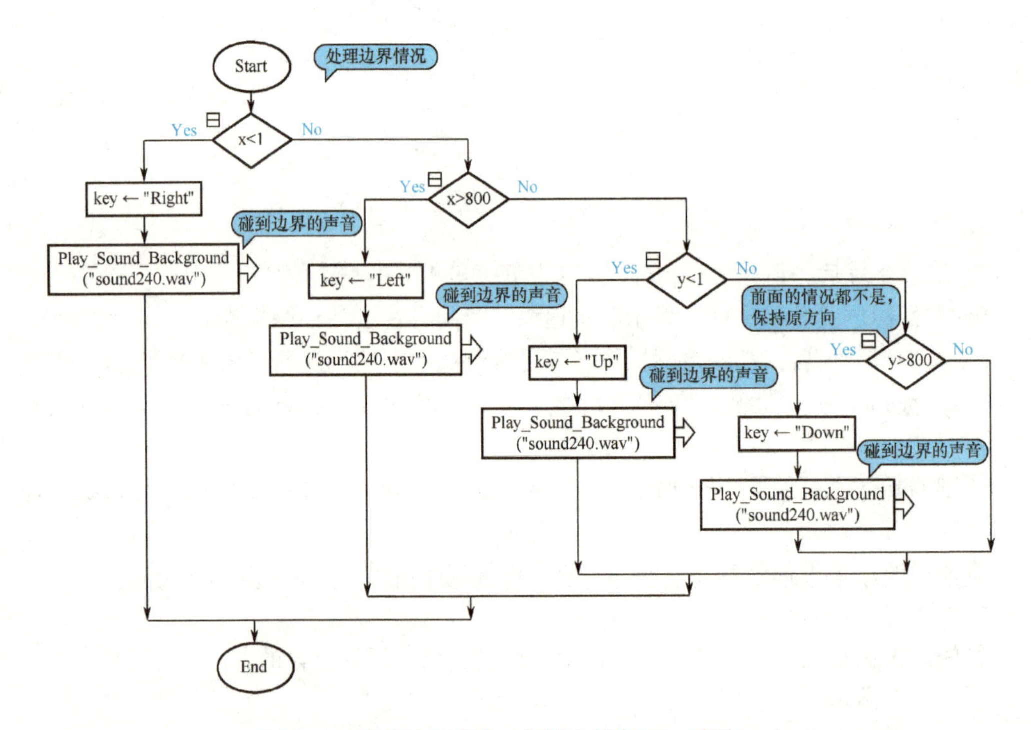

图 9-34　简单动画设计（与键盘的交互）子图 border

题目：通过简单动画设计掌握图形窗口环境下与鼠标的交互。要求如图 9-35 所示，窗口中间有一个小球，单击鼠标左键小球按规定的步长开始跟踪鼠标，直到小球追上鼠标（伴有声音）。在运动过程中，小球每运动一步就重新测试鼠标位置，即时修正追踪路线，只要鼠标落在窗口内部，小球就会追踪鼠标，直到追到鼠标为止。当操作者按“Esc”键时动画结束（伴有声音），最后关闭窗口。

解： 本例由主图和 3 个子图共同完成，主图和子图的名字和调用关系如图 9-36 所示。

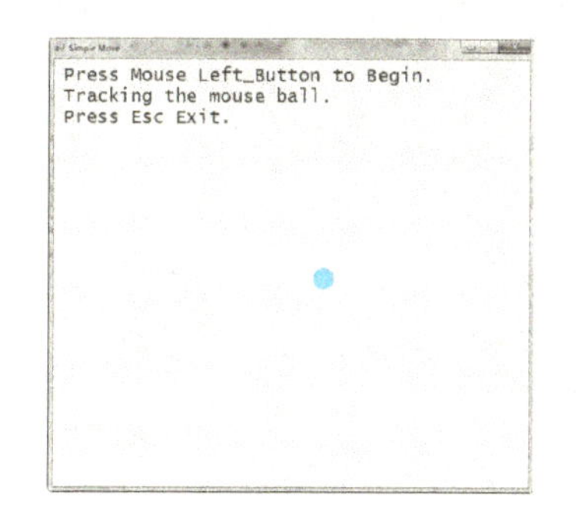

图 9-35　简单动画设计（与鼠标的交互）的初始窗口

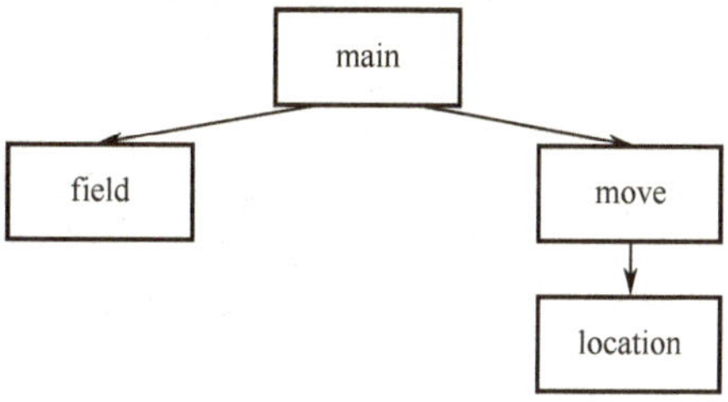

main
field
move
location

图 9-36　简单动画设计（与鼠标的交互）中主图与子图之间的调用关系

主图 main ——如图 9-37 所示。作用是进行程序流程的控制，功能如下：

① 图形窗口的打开和关闭。

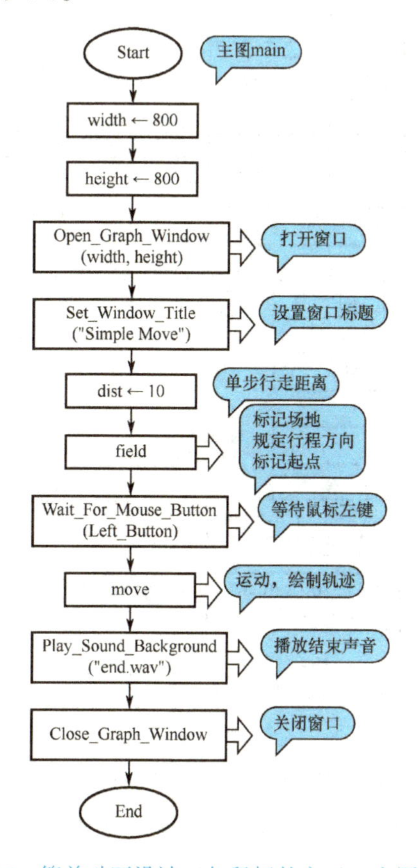

图 9-37　简单动画设计（与鼠标的交互）主图 main

② 窗口的初始化，包括窗口标题、单步运动距离、小球起始位置、提示信息和播放声音等。

③ 调用运动子图。

子图 field ——如图 9-38 所示，功能如下：

① 设置字体显示提示信息，提示开始、使小球跟踪鼠标和结束时退出。

② 在窗口中心位置标记小球。

③ 在窗口初始化后播放声音。

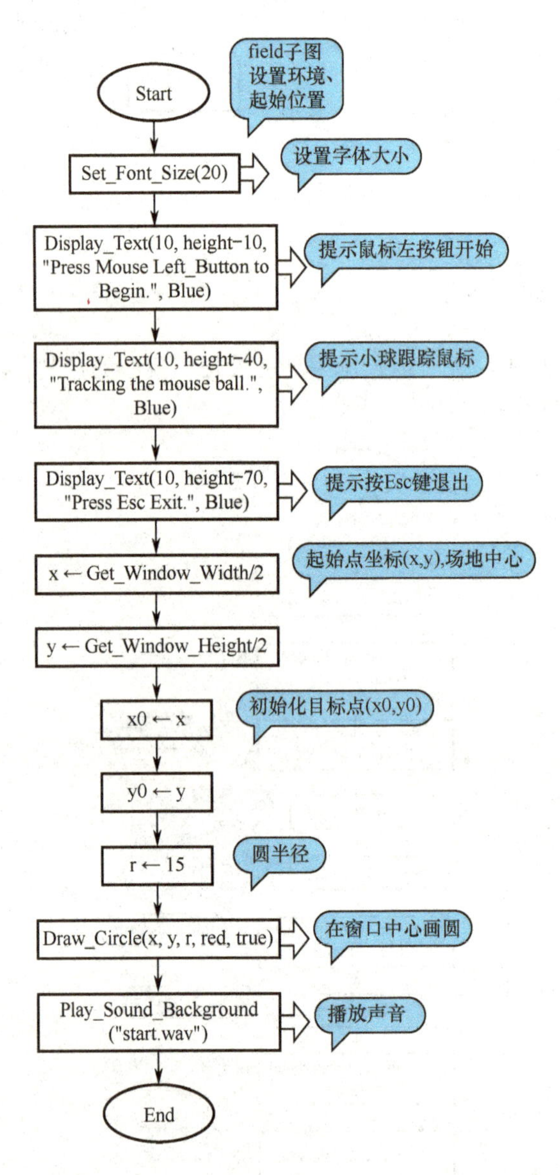

图 9-38 简单动画设计（与鼠标的交互）子图 field

子图 move ——如图 9-39 所示，作用是以动画演示小球的运动，具体功能如下：

① 按鼠标左健时小球开始跟踪鼠标。

② 用背景色清除小球后，调用子图 location 确定下一步小球的显示位置。

③ 在目标位置显示小球，显示后延迟一定时间（主要使动画平滑）。

④ 每一步动画后，都要检测操作者是否单击了结束键，是则结束；不是再测试鼠标位置是否发生改变，以便调整运动方向进行跟踪。

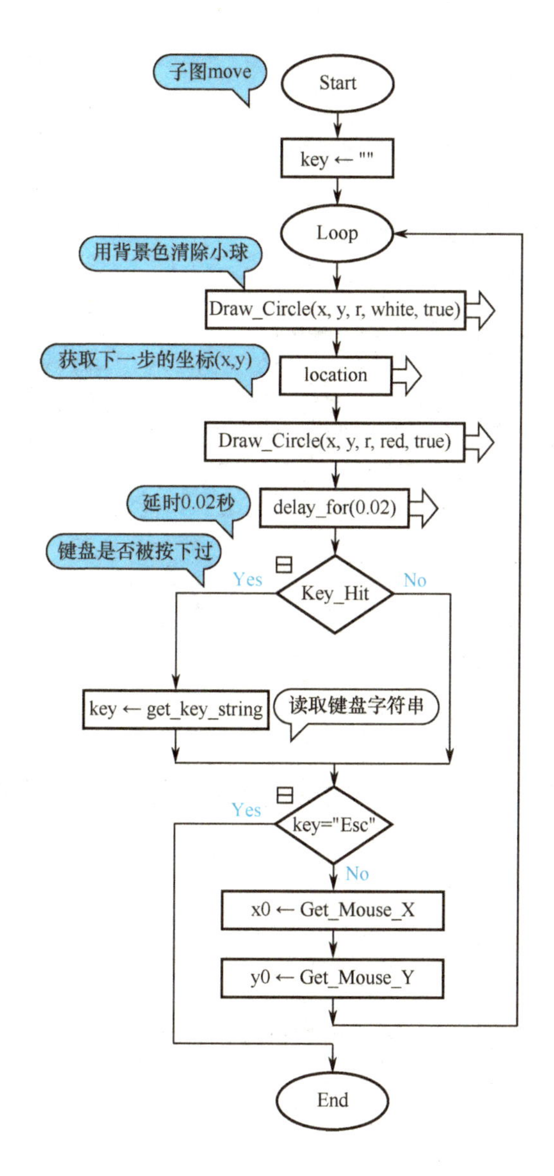

图 9-39　简单动画设计（与鼠标的交互）子图 move

子图 location ——如图 9-40 所示，具体功能如下：

根据鼠标位置在当前小球位置的右上角、左上角、左下角或右下角 4 种情况决定下一步小球的运动方向，小球沿斜线接近鼠标位置，小球追踪到鼠标位置后将伴随声音。

由于该子图版面较大，图中只给出了鼠标在小球当前位置右上角情况的流程，另外 3 种情况流程类似，这里不再一一画出。

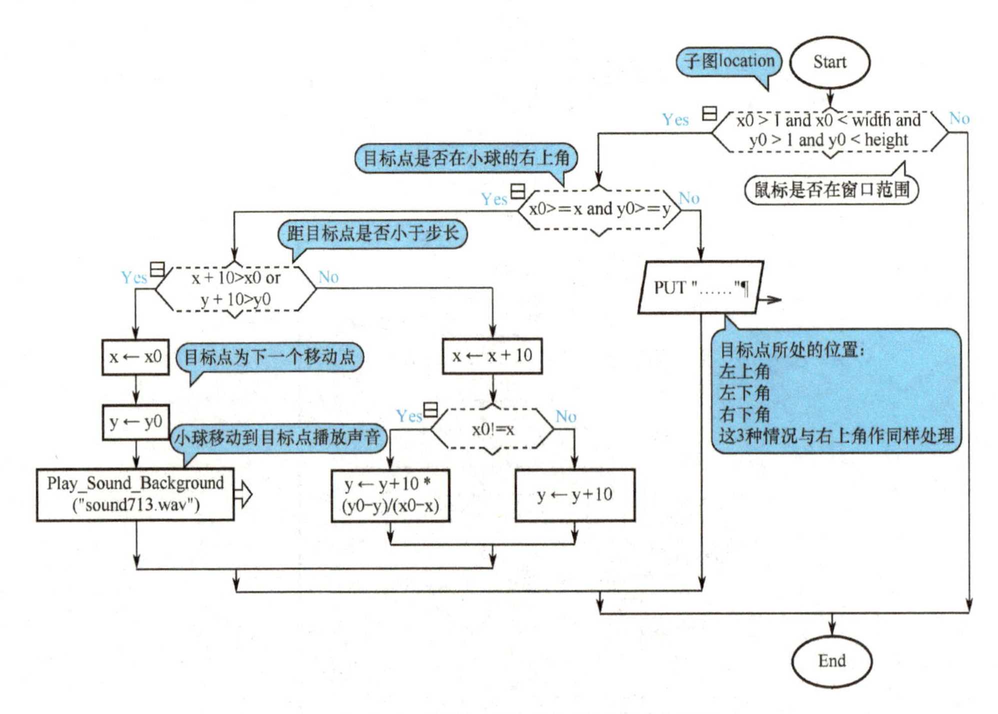

图 9-40 简单动画设计（与鼠标的交互）子图 location

本题可通过手机扫描封面上的二维码来观看程序运行的动态效果（视频）。

9.7 综合实例

实例十四：随机漫步问题。

题目： 二维随机漫步问题。假想有一个醉汉在某个广场上漫步，其向东、南、西、北 4 个方向行走的概率相同，要求描述出随机漫步的轨迹，并求解漫步 N 步之后这个醉汉距离出发点的距离是多少？

解： 问题分析如下：

① 广场有多大？如何描述？

② 漫步的随机性如何体现？

③ 醉汉的步伐有多大？如何描述？

④ 走多少步？

⑤ 醉汉最终的位置与出发点位置的距离如何计算？

算法设计思想如下：

① 用平面坐标系来表达广场，可以计算漫步的距离。

② 用随机函数随机产生 4 个行走方向中的一个。

③ 用图形界面展示漫步结果。

④ 醉汉的步伐大小固定，漫步轨迹用绘制几何图形体现，步数 N 设定为固定值。

随机漫步程序设计由主图和 4 个子图组成：

⊙ 主图 main——实现主要参数的初始化以及主控流程；

⊙ 子图 field——实现广场的描述与醉汉位置的初始化；

⊙ 子图 drunk——实现漫步轨迹描述；

⊙ 子图 location——实现求下一步的行走坐标；

⊙ 子图 distance——实现行走距离计算。

主图与子图之间的调用关系如图 9-41 所示。

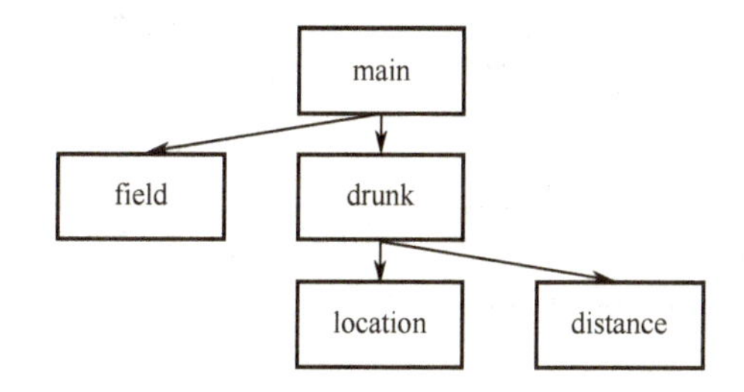

图 9-41 随机漫步算法主图与子图之间的调用关系

主图 main ——如图 9-42 所示，作用是进行程序流程控制，具体功能如下：

① 设置单步行走距离。

② 设置总的行走步数。

③ 调用子图 field 标记场地、初始化方向数组，标记中心起始点。

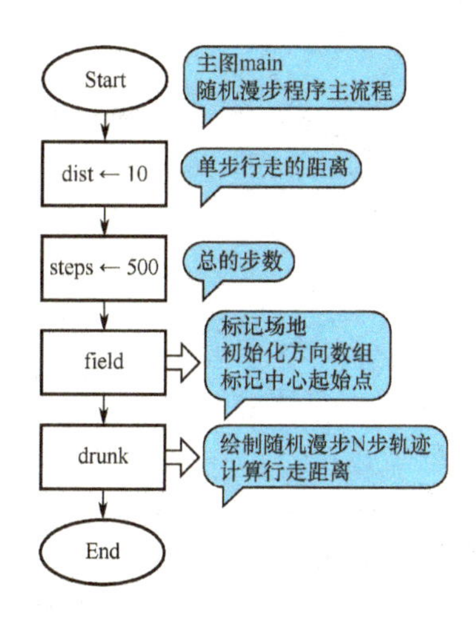

图 9-42 随机漫步算法的主图 main

④ 调用子图 drunk 进行随机漫步 N 步的轨迹绘制，并计算行走距离。

子图 field ——如图 9-43 所示，具体功能如下：

① 标记场地。

② 设置方向数组。

③ 打开图形窗口。

④ 标定中心起始点。

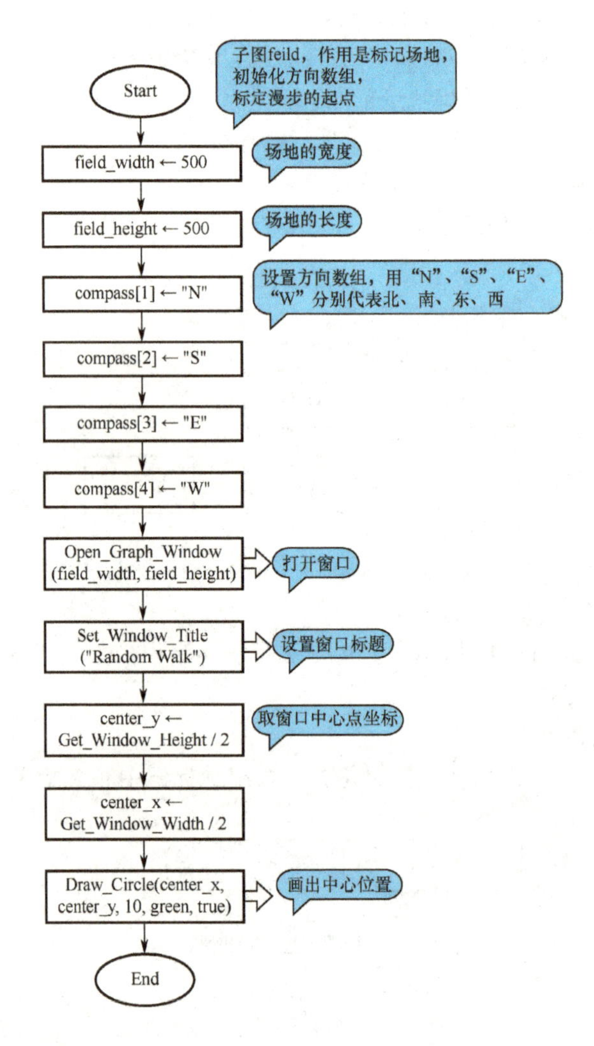

图 9-43　随机漫步算法的子图 field

子图 drunk ——如图 9-44 所示，具体功能如下：

(1) 实现规定步数 N 的随机行走；

(2) j←(floor(random * 10)mod 4) +1,生成随机整数 1 ~4 并保存于变量 j 中；

(3) direction←compass[j]，由 j 的值取得"N"、"S"、"E"、"W"保存于 direction 中；

(4) 由随机方向 direction 和步长 dist 计算下一步的行走坐标；

（5）画出下一步的行走位置，步数加 1。

子图 location ——如图 9-45 所示，作用是根据随机方向决定下一步漫步位置。

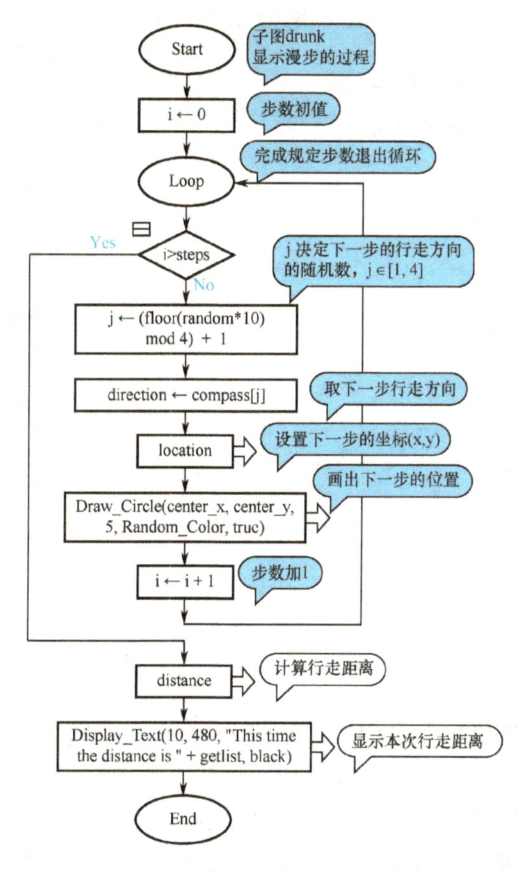

图 9-44　随机漫步算法的子图 drunk

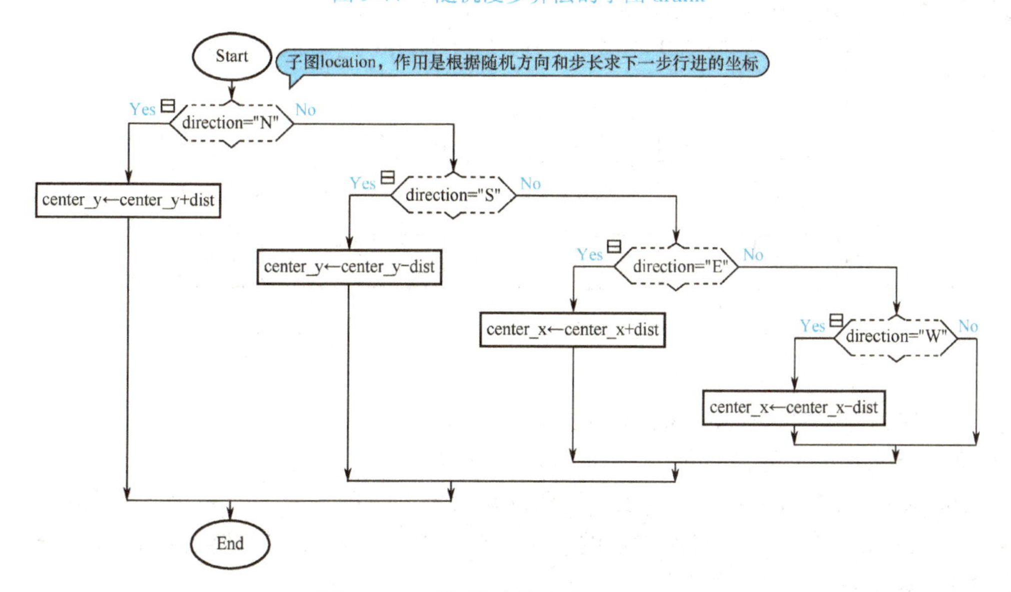

图 9-45　随机漫步算法的子图 location

子图 distance ——如图 9-46 所示，作用是计算漫步 N 步之后的位置与出发点位置之间的距离。

由此，随机漫步的一个图形输出示例如图 9-47 所示。

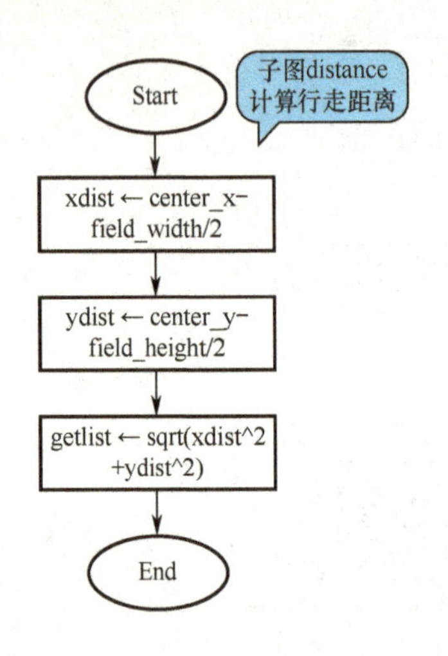

图 9-46 随机漫步算法的子图 distance

图 9-47 随机漫步的图形输出示例

本题可通过手机扫描封面上的二维码来观看程序运行的动态效果（视频）。

实例十五：模拟图灵机的思想求解回文问题。

目的：了解图灵机思想，利用图灵机思想求解算法类问题，理解程序状态与子图的对应关系等。

题目：模拟图灵机理论，实现一个能够识别回文的图灵机。回文是指正向拼写与反向拼写都一样的字符串。例如："abccba"是回文，而"abb"不是回文。假设：字符集合为｛'a','b'，…'z'｝，空白符号为#（方便识别）。

解：按照题意，给出如图 9-48 所示的回文判定的图灵机状态转换图。

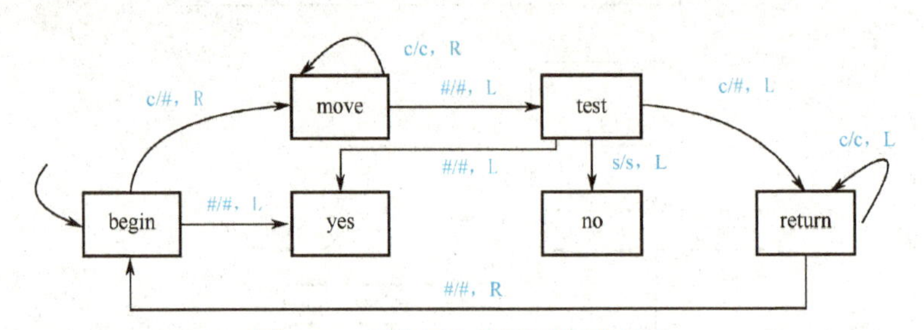

图 9-48 判定回文的图灵机示意图

图中共有 6 个状态：begin，move，test，return，yes，no。

每一条有向边上均标注了(a/b, direction)字样，其中，a 和 b 为字符集中的符号，direction 为非（左）即（右）。a 表示当前读写头所关注的符号，也是状态变换的触发器；"b，direction"则是事件触发后的动作；有向边表示从源状态转到目标状态。各状态的意义如下：

- begin：初始状态，读写头在字符串第 1 个有效字符位置；
  若当前字符为 '#'，写 '#' 则回文判定结束，并左移转至 "是回文停机状态" yes；
  若当前是有效字符，则写 '#' 并转至 move 状态。
- move：移动状态；
  若读合法字符/写合法字，则右移；
  若读 '#' 写 '#'，则左移转至 test 状态。
- test：测试状态；
  若读 '#' 写 '#'，则左移转至 "是回文停机状态" yes；
  若当前字符与首字符不同，则左移转至 "不是回文停机状态" no；
  若当前字符与首字符相同，则改写当前字符为 '#'，并左移转至 return 状态。
- return：返回状态；
  若读合法字符/写合法字符，则左移；
  若读 '#' 写 '#'，则右移转至 begin 状态。
- yes/no：（是回文/不是回文）停机状态。

在模拟图灵机判定回文时，对上述问题进行研究后，可得出下列结论：

① 本图灵机可以接收 'a'，'b'，… 'z' 等 26 个小写英文字母符号。

② 输入字符串需要检验。

③ 使用字符串变量保存字符串来模拟纸带。Raptor 中字符串变量可当成字符数组使用。

④ 访问字符串下标变量时，通过所用的下标加 1 和减 1 就可以模拟纸带的右移和左移。

⑤ 使用符号 '#' 来模拟空白符号，用户输入字符串后，系统自动在字符串尾加上一个 '#'。

⑥ 按照经验，每个状态用一个子图实现肯定没有问题。但是本例 move 和 test 状态可以用一个子图 move_test 实现，另外两个停机状态 yes/no 不必专门使用子图实现。

由以上分析可知，模拟图灵机判定回文的程序由主图和 4 个子图组成，主图与子图之间的调用关系如图 9-49 所示。

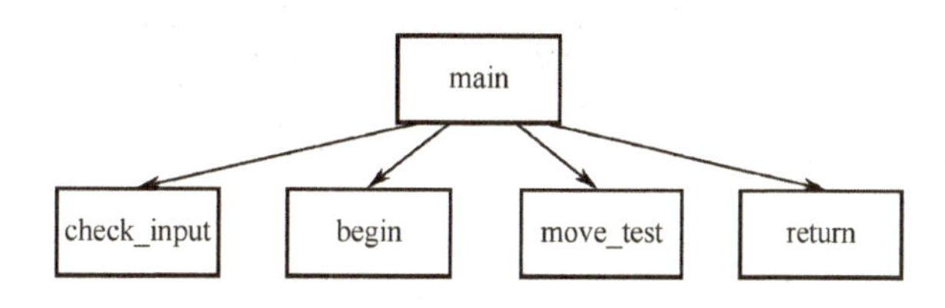

图 9-49　模拟图灵机判定回文主图与子图之间的调用关系

主图 main ——如图 9-50 所示。用于接收用户输入的字符串，并调用检验子图 check_input 进行输入正解性检验，若输入字符串中有非法字符，则退出图灵机运行；若检验正确，则根据状态转入相应子图的调用。最后根据结果判断输出是否回文的信息。

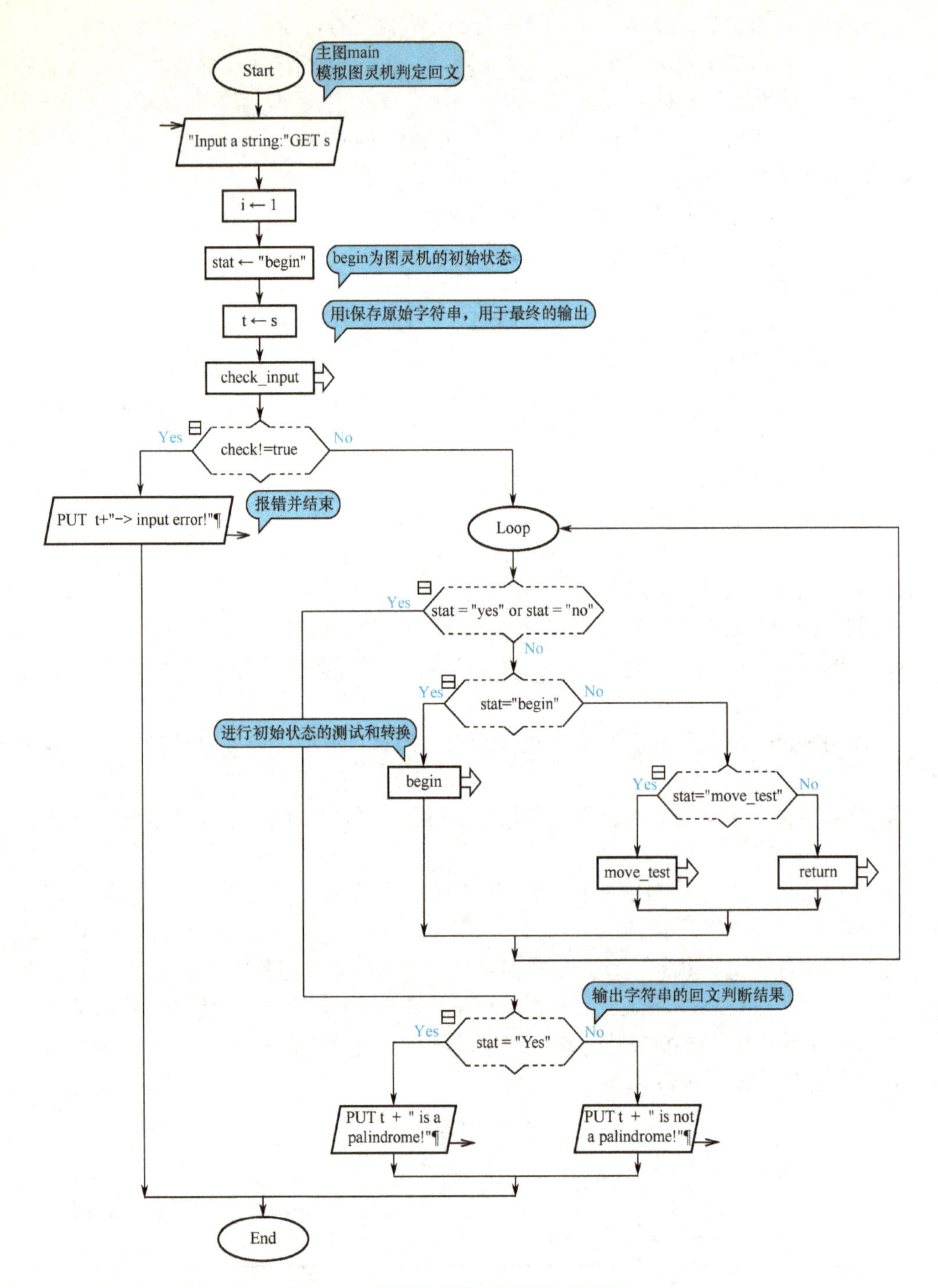

图 9-50　模拟图灵机判定回文的主图 main

子图 check_input ——如图 9-51 所示，作用是模拟图灵机判定回文的输入测试。该子图用于用户输入字符串正确与否的检测；如果字符串中都是合法字符，则检测标志 check 设置为 true，否则，检测标志 check 设置为 false。判断结束后，将在输入的字符串尾部加上一个空白符号‘#’来模拟图灵机纸带的无限长度。

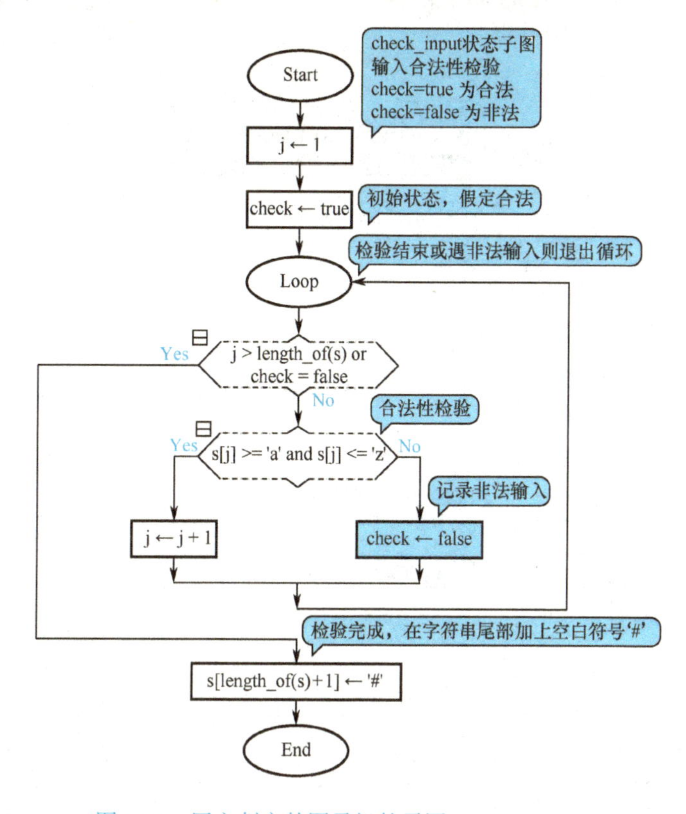

图 9-51　回文判定的图灵机的子图 check_ input

子图 begin——如图 9-52 所示，该子图进行的是初始状态的处理，即按照状态转换图 9-48 的规定，从 begin 状态开始，转换后分别为状态 move 和状态 yes。

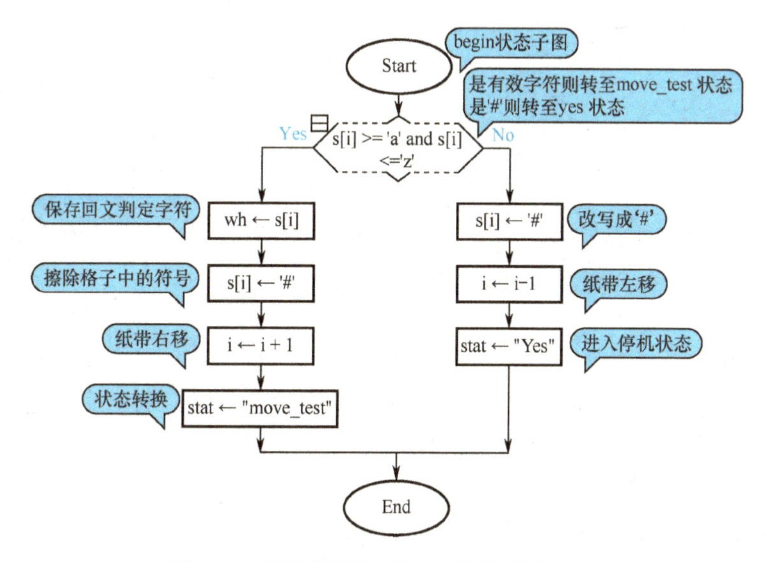

图 9-52　模拟图灵机判定回文的子图 begin

子图 move_test ——如图 9-53 所示，其中包含了 move 和 test 两个状态的流程。按照状态转换图 9-48 的规定，从 test 状态开始，转换后的状态分别为状态 yes、状态 no 和状态 return。

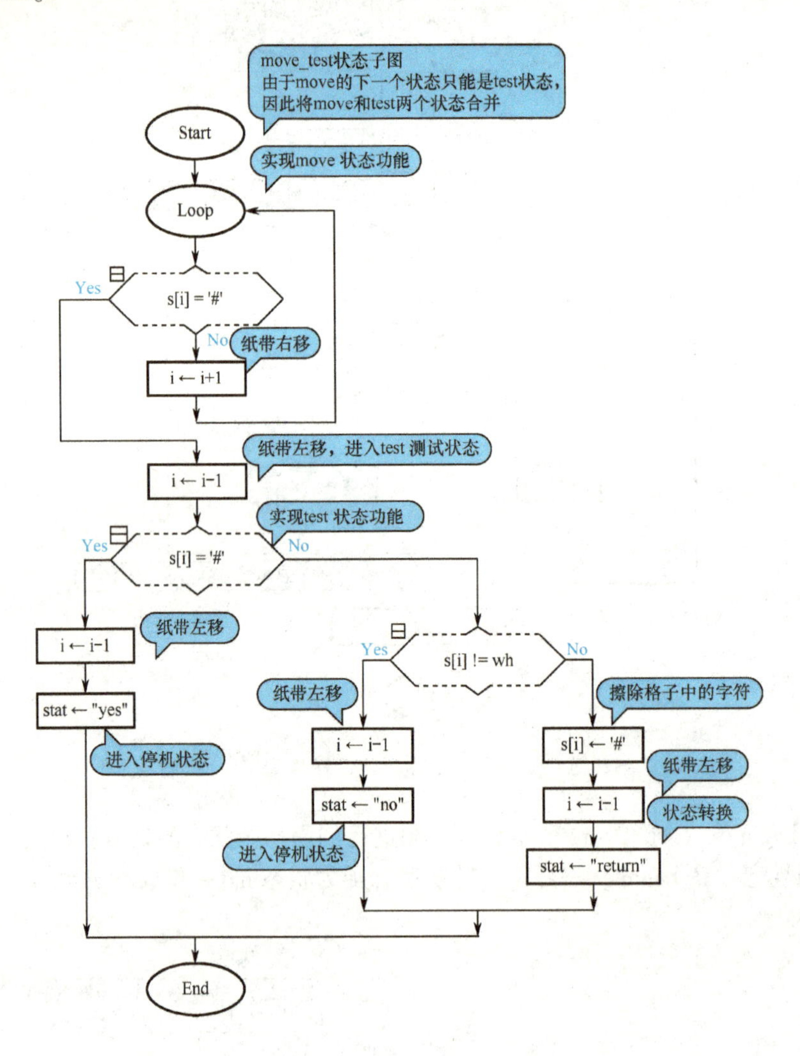

图 9-53　模拟图灵机判定回文的子图 move_test

子图 return ——如图 9-54 所示，作用是使纸带左移到空白符后右移一位，return 状态的出口只有一个，就是进入 begin 状态。

实例十六：汉诺塔（Tower of Hannoi）问题。

题目：古代有一个梵塔，塔内有 3 根钻石做的柱子，其中 1 根柱子上有 64 个金子做的盘子。64 个盘子从下到上按照由大到小的顺序叠放。僧侣的工作是把这 64 个盘子从第 1 根柱子上移动到第 3 根柱子上，移动的规则如下：

（1）每次只能移动一个盘子；

（2）移动的盘子必须放在其中一根柱子上；

（3）大盘子在移动的过程中不能放在小盘子上。

解：64个盘子从第1根柱子按规则移动到第3根柱子上，问题分析如下：

（1）第1根柱子上面的63个盘子通过第3根柱子移动到第2根柱子上；

（2）把第64个盘子从第1根柱子移动到第3根柱子上；

（3）现在，前面的63个盘子都在第2根柱子上。为了把63个盘子从第2根柱子移动到第3根柱子上，首先要把前62个盘子从第2根柱子通过第3根柱子移动到第1根柱子上，接着把第63个盘子从第2根柱子移动到第3根柱子上。按照相似的过程移动剩下的62个盘子。

通过对问题的分析，可用递归算法求解，算法思想如下：

（1）假设第1根柱子上有 n 个盘子，并且 $n>1$；

（2）以第3根柱子为中间柱子，把前 $n-1$ 个盘子从第1根柱子移动到第2根柱子上；

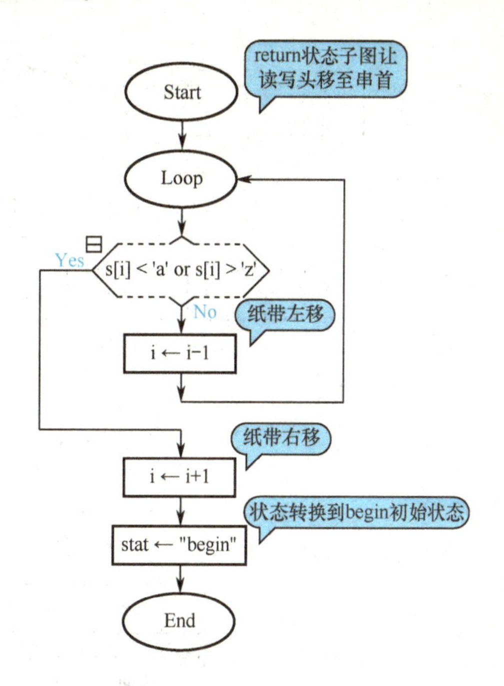

图9-54 模拟图灵机判定回文的子图 return

（3）把第 n 个盘子从第1根柱子移动到第3根柱子上；

（4）以第1根柱子为中间柱子，把前 $n-1$ 个盘子从第2根柱子移动到第3根柱子上。

汉诺塔问题程序设计由主图、1个递归过程和10个子图组成：

主图 main——实现主要参数的初始化以及主控流程；

递归过程 hannoi——实现递归步骤的生成写入文件；

子图 ini_disp——图形窗口的初始化；

子图 ini_a_b_c——窗口参数的初始化；

子图 move——根据递归步骤实现具体的移动；

子图 move_one_step——按要求移动1个盘子；

子图 move_a_b、move_a_c、move_b_c、move_b_a、move_c_a、move_c_b——实现具体移动一步的动画。

本例取 $n=5$，程序中使用的位图见本书的电子素材，主图、递归过程及子图之间的调用关系如图9-55所示。

主图 main ——如图9-56所示。具体功能如下：

（1）调用递归函数生成盘子的移动步骤文件为 hlt. txt；

（2）打开窗口，显示任务名称和规则；

（3）调用子图 ini_disp 初始化图形窗口，调用子图初始化任务参数；

（4）调用子图 move 实现按文件 hlt. txt 对盘子进行移动。

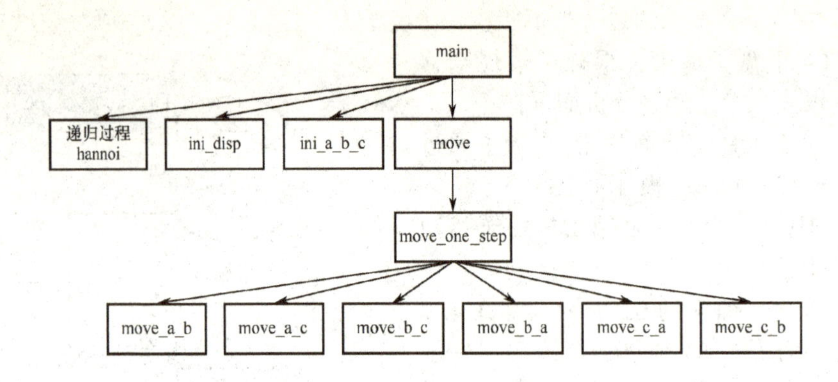

图9-55 汉诺塔算法主图、递归过程及子图之间的调用关系

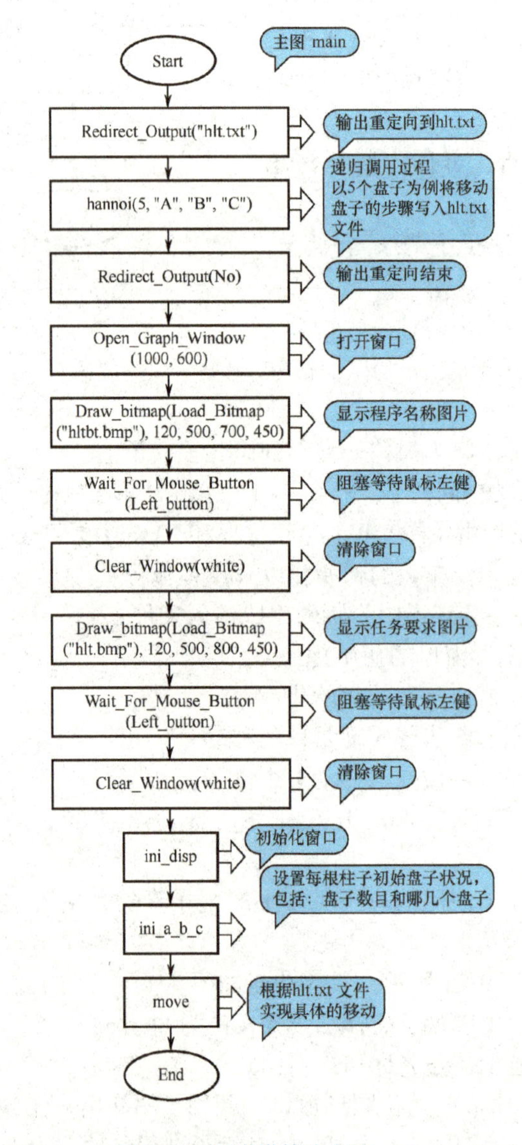

图9-56 汉诺塔算法主图 main

递归过程 hannoi ——如图 9-57 所示，作用是将递归生成盘子的移动步骤输出到 hlt. txt 文件中。

当 n = 5 时，过程 hannoi 生成文件 hlt. txt，由此记录了移动过程，如图 9-58 所示。

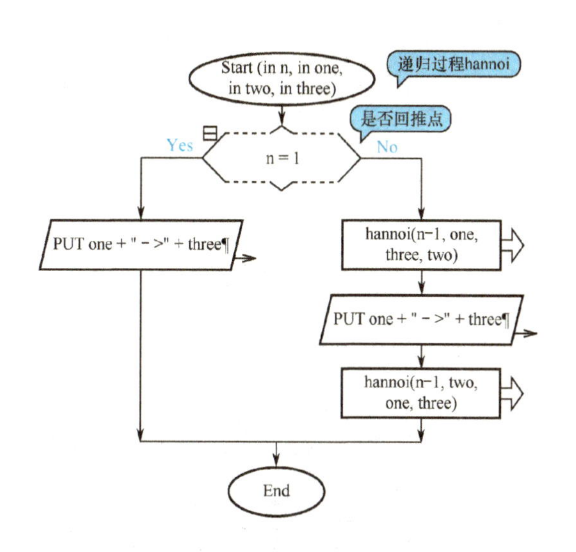

图 9-57 汉诺塔算法递归过程 hannoi

```
hlt.txt - 记事本
文件(F) 编辑(E) 格式(O) 查看(V) 帮助(H)
A->C
A->B
C->B
A->C
B->A
B->C
A->C
A->B
C->B
C->A
B->A
C->B
A->C
A->B
C->B
A->C
B->A
B->C
A->C
B->A
C->B
C->A
B->A
B->C
A->C
A->B
C->B
A->C
B->A
B->C
A->C
```

图 9-58 汉诺塔算法递归过程 hannoi 产生的输出文件 hlt. txt

子图 ini_disp ——如图 9-59 所示，作用是实现图形窗口环境的初始化。

子图 ini_a_b_c ——如图 9-60 所示，作用是初始化每根柱子上盘子的数目以及具体是哪些盘子。

（1）第 1 根柱子上放置 5 个盘子，其中 a[1] = 1 表示最大的 1 号盘子放在了位置 a[1]（最下面）；a[5] = 5 表示最小的 5 号盘子放在了位置 a[5]（最上面），a_num←5 表示盘子数目。

（2）第 2 根柱子的 5 个位置 b[1] ~ b[5] 都为 0 表示没有盘子，b_num←0 表示盘子数目。

（3）第 3 根柱子的 5 个位置 c[1] ~ c[5] 都为 0 表示没有盘子，c_num←0 表示盘子数目。

子图 move ——如图 9-61 所示，按照文件 hlt. txt 中的移动步骤调用子图 move_one_step，每次移动一个盘子直到完成所有的移动步骤。

子图 move_one_step ——如图 9-62 所示，这是盘子移动的 6 种状况，以第 1 根到第 2 根柱子的一次移动为例说明，其他 5 种情况类似（其他 5 种情况图中没有给出），不再描述。

（1）调用子图 move_a_b 实现图形窗口界面第 1 根到第 2 根柱子一个盘子的移动；

（2）第 2 根柱子上盘子数目加 1，记录盘子号；第 1 根柱子上清除一个盘子，数目减 1。

子图 move_a_b ——如图 9-63 所示。

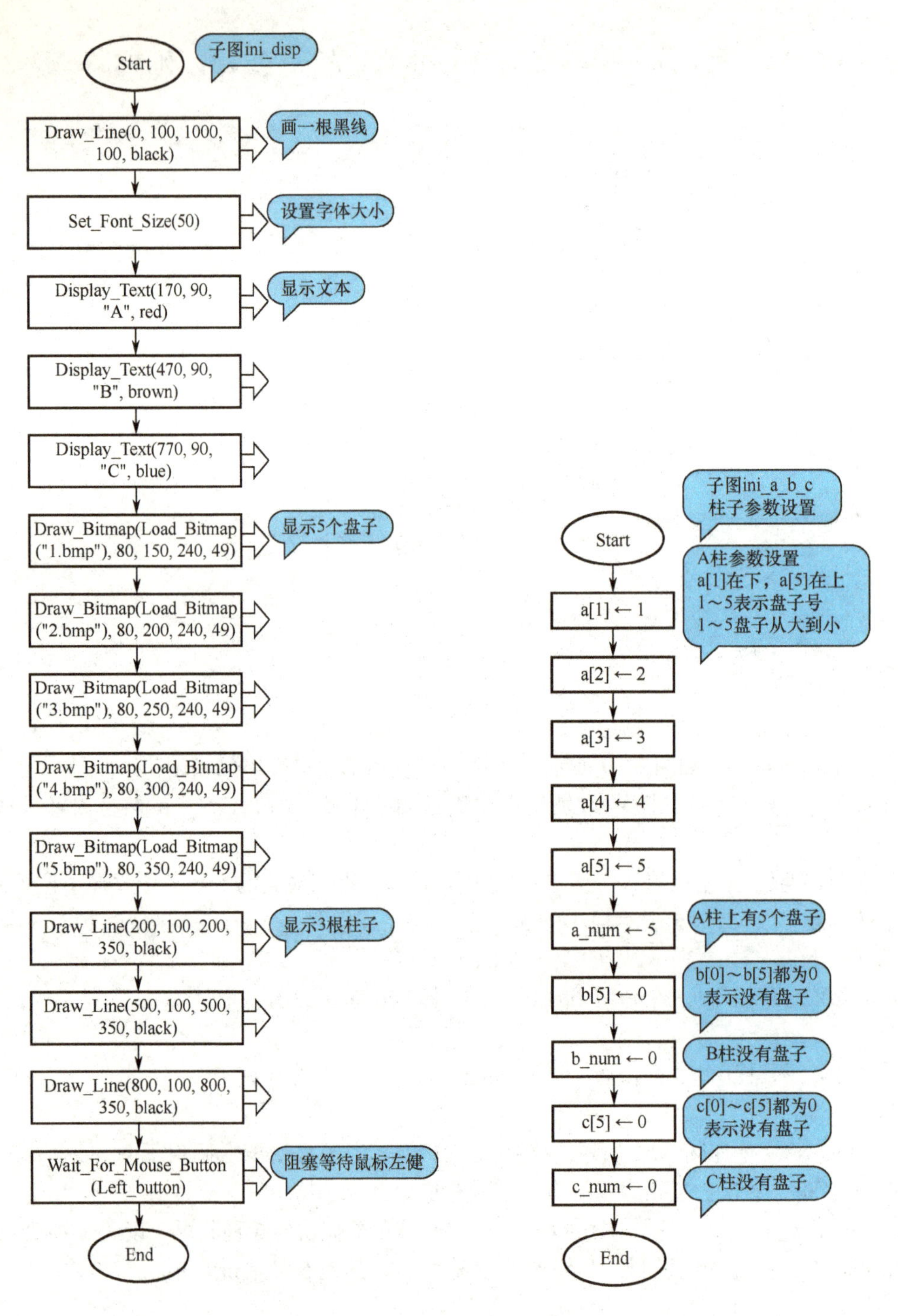

图 9-59 汉诺塔算法子图 ini_disp

图 9-60 汉诺塔算法子图 ini_a_b_c

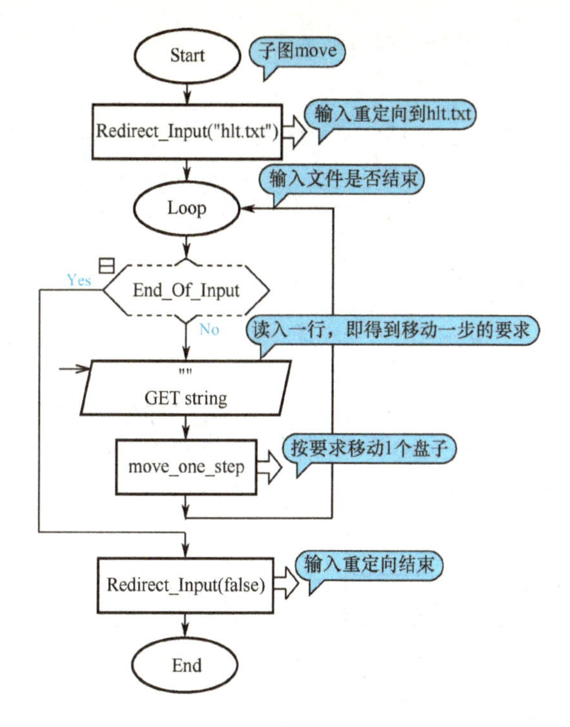

图 9-61 汉诺塔算法子图 move

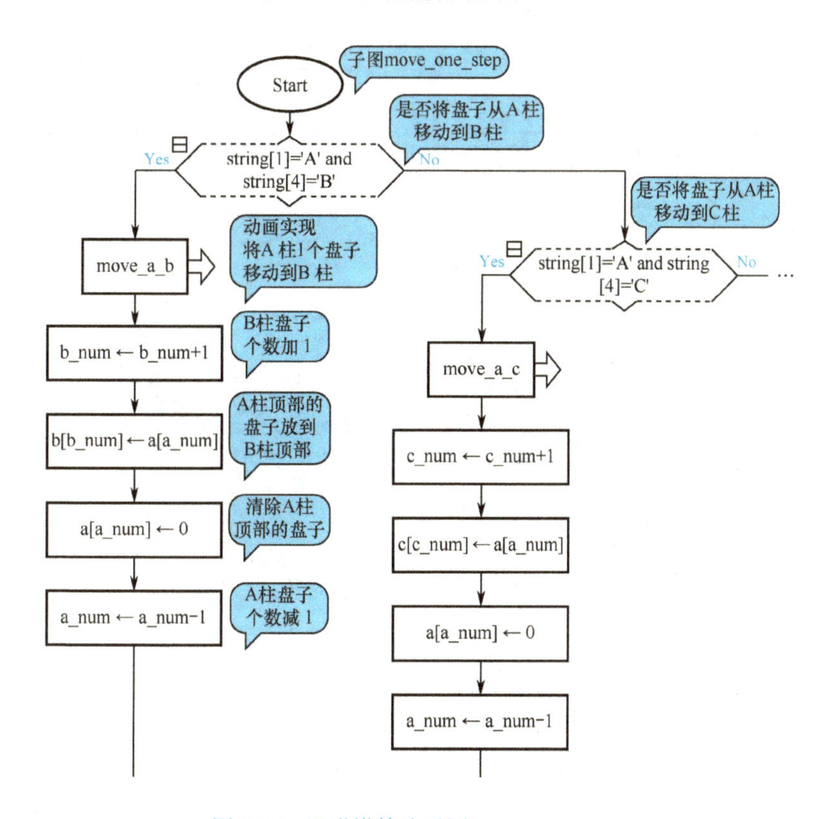

图 9-62 汉诺塔算法子图 move_one_step

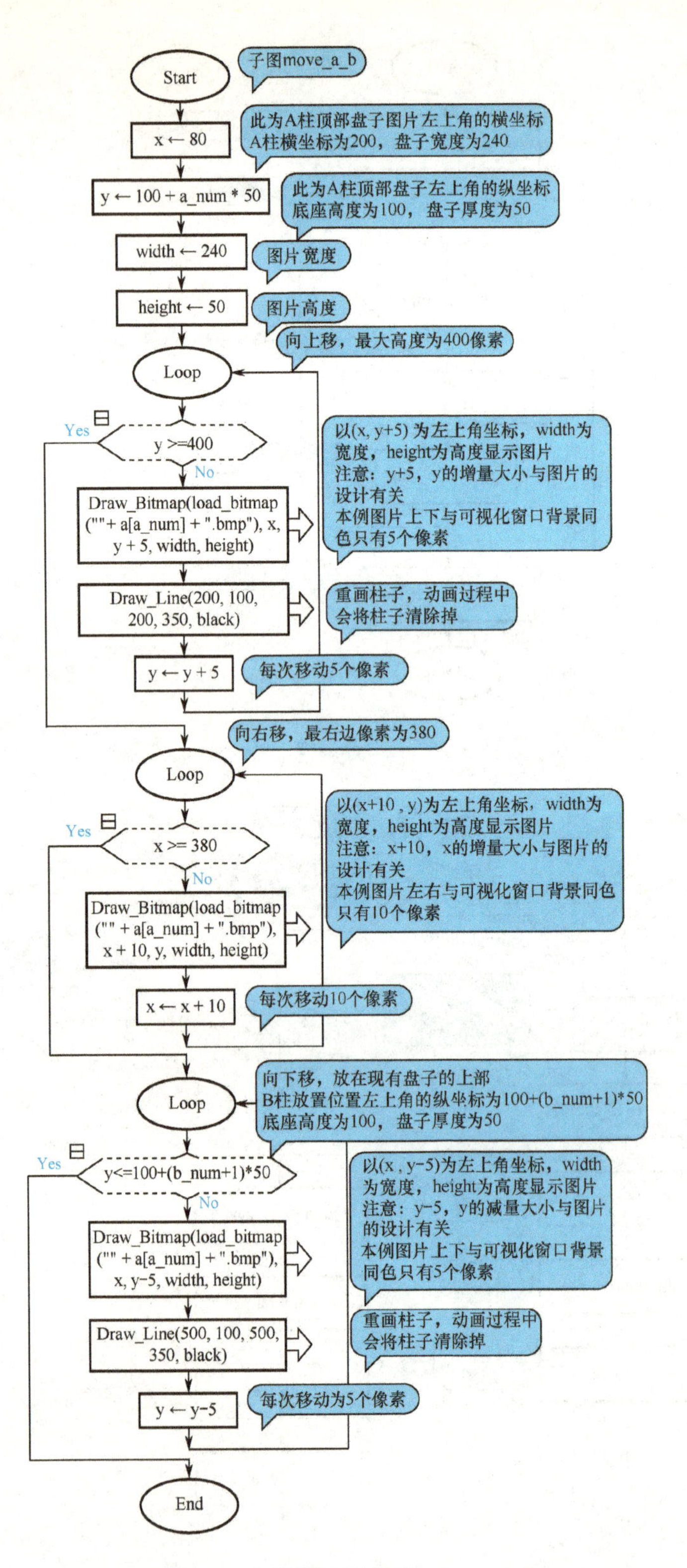

图 9-63　汉诺塔算法子图 move_ a_ b

子图 move_a_c ——如图 9-64 所示，具体注解类似图 9-63。

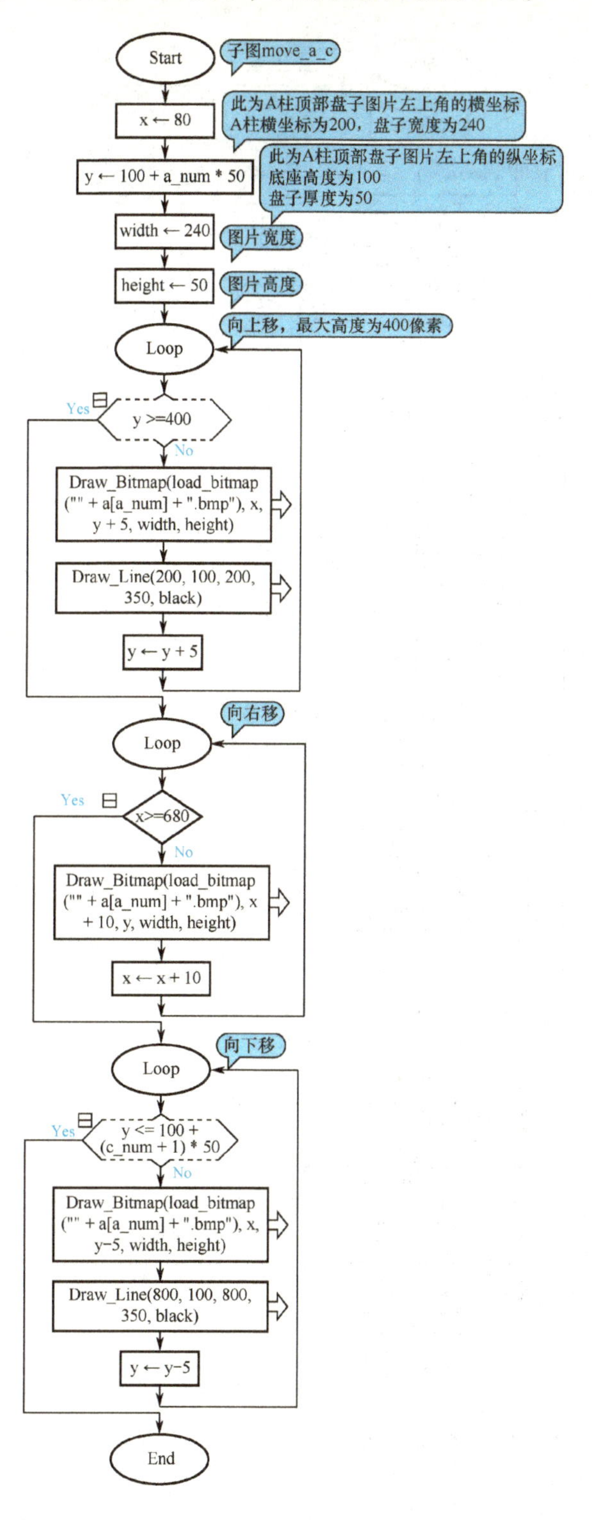

图 9-64 汉诺塔算法子图 move_a_c

子图 move_b_c ——如图 9-65 所示，具体注解类似图 9-63。

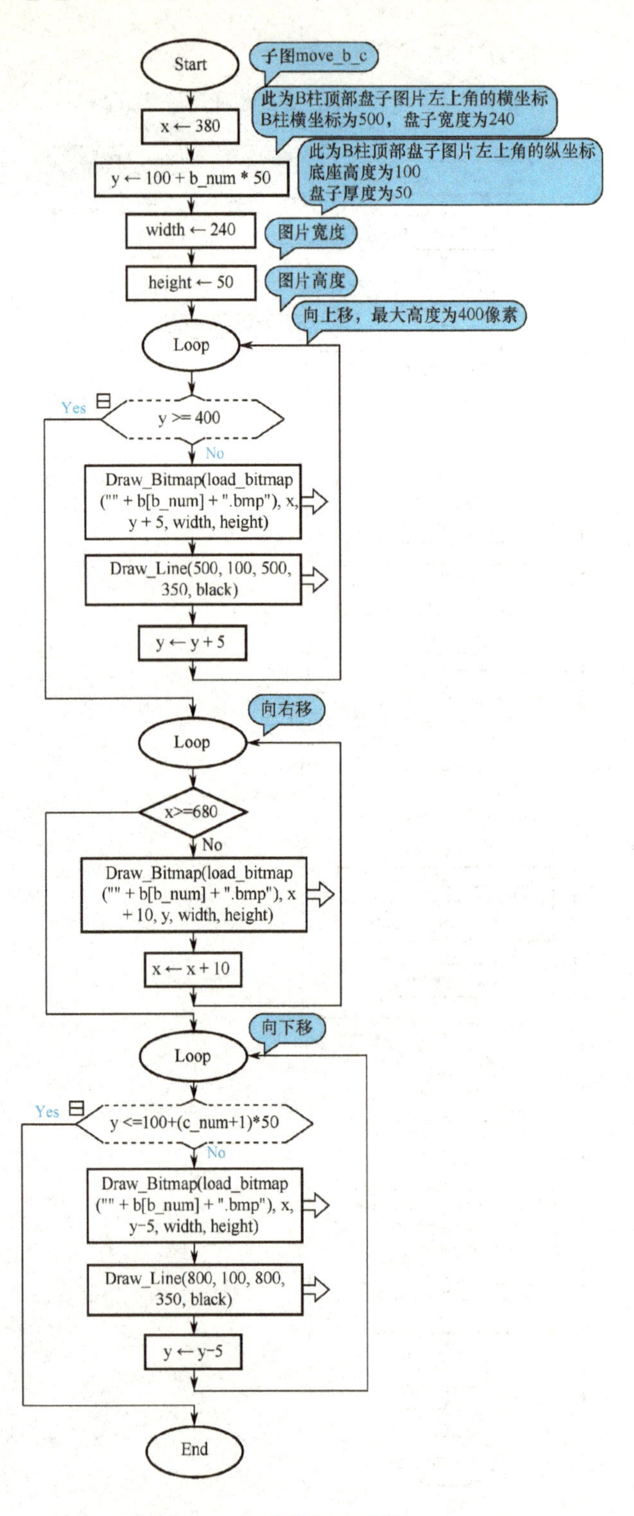

图 9-65 汉诺塔算法子图 move_b_c

子图 move_b_a ——如图 9-66 所示，具体注解类似图 9-63。

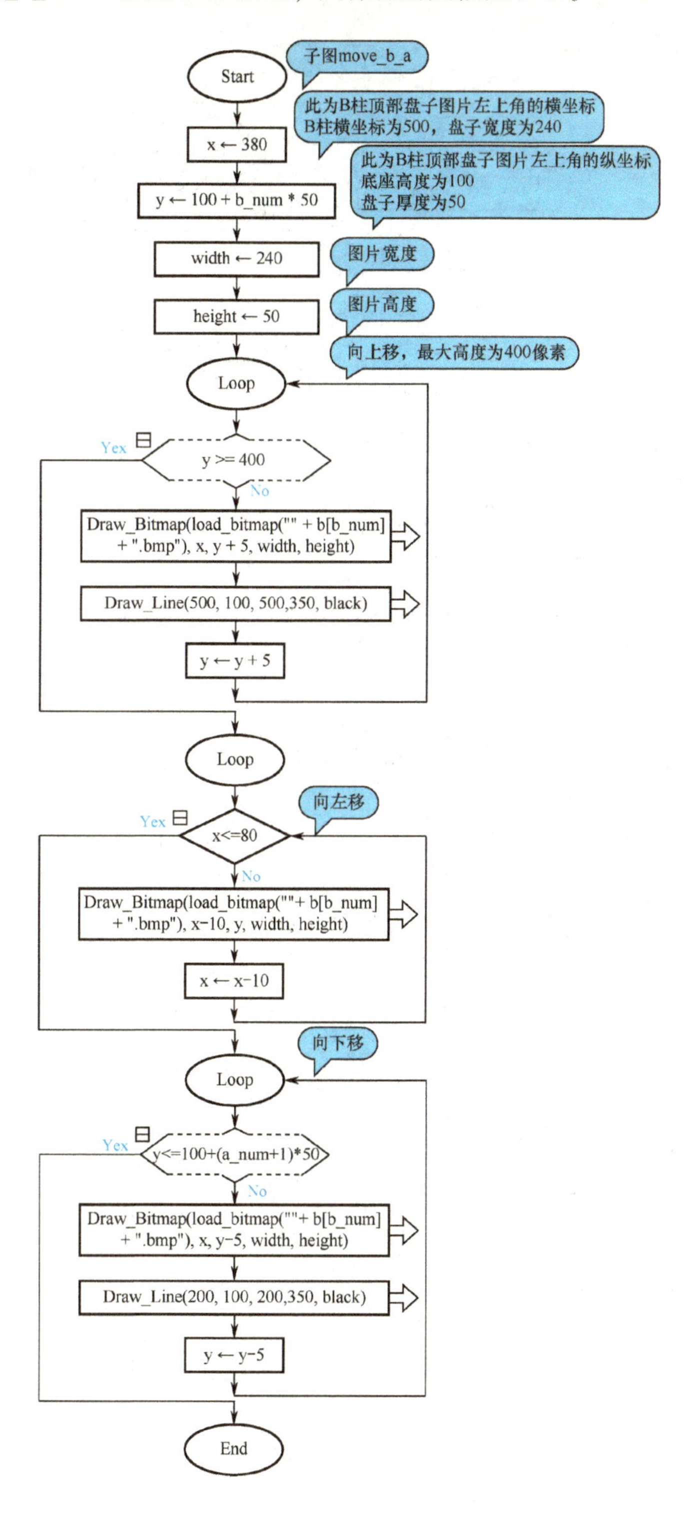

图 9-66 汉诺塔算法子图 move_b_a

子图 move_c_a——如图 9-67 所示，具体注解类似图 9-63。

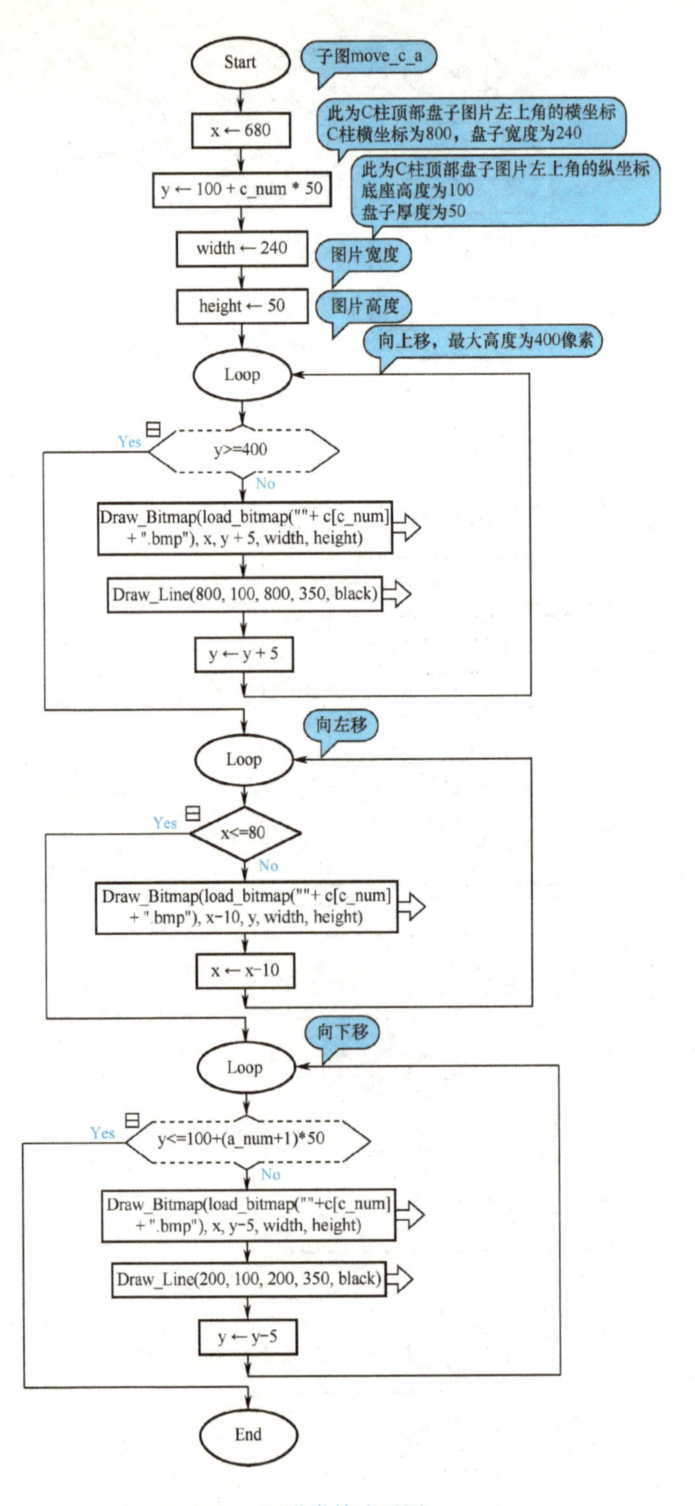

图 9-67　汉诺塔算法子图 move_c_a

子图 move_c_b ——如图 9-68 所示，具体注解类似图 9-63。

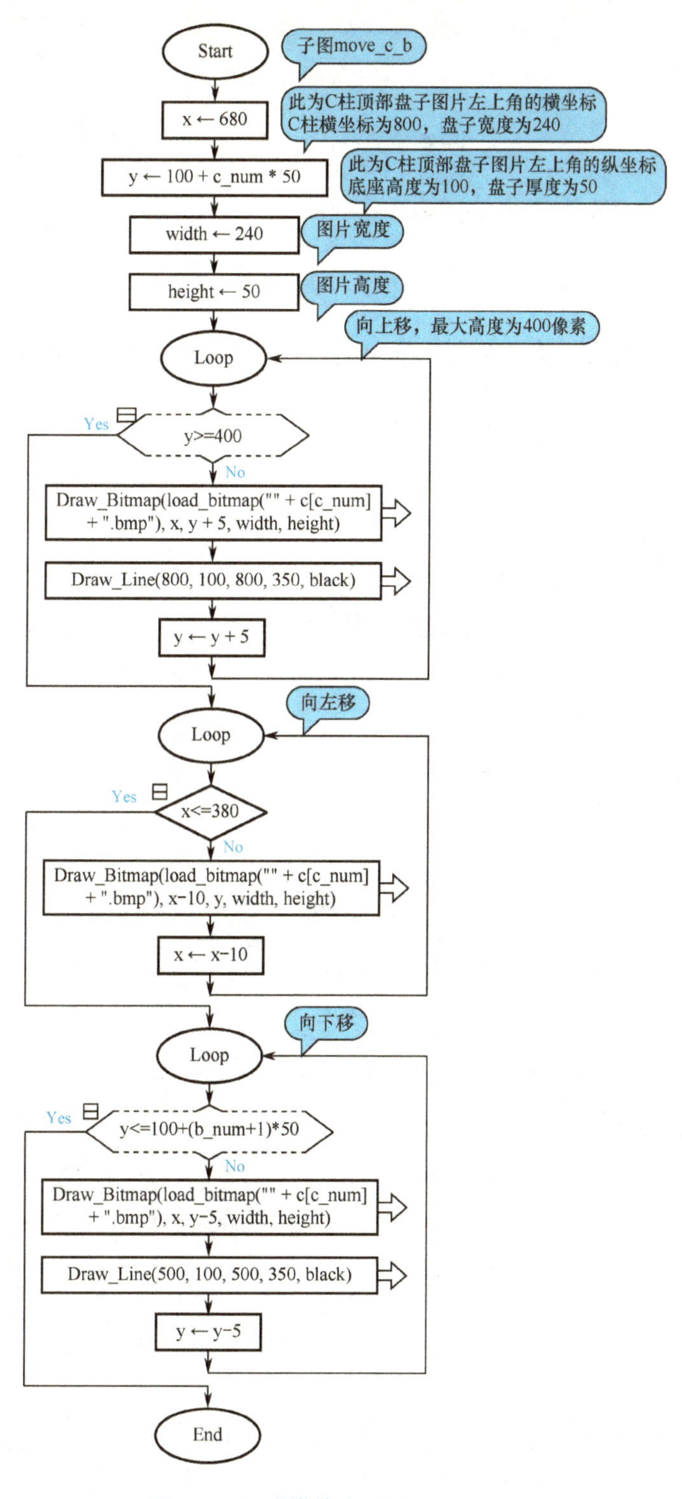

图 9-68　汉诺塔算法子图 move_c_b

汉诺塔（$n=5$）的初始状态如图9-69所示。

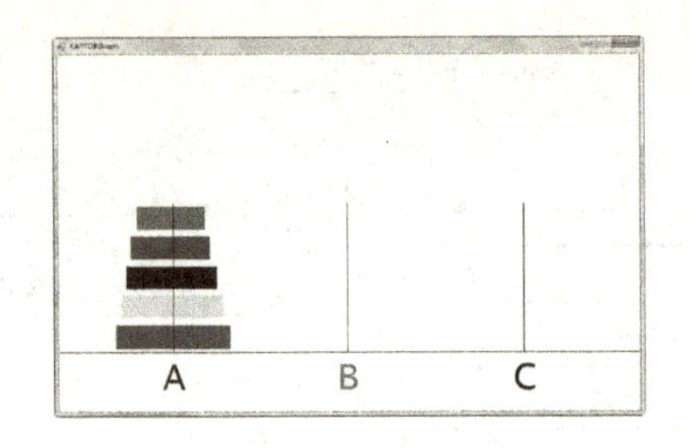

图9-69 汉诺塔（$n=5$）的初始状态示意

汉诺塔（$n=5$）的递归算法思想递归一步的3个步骤如图9-70（a）~图9-70（c）所示。

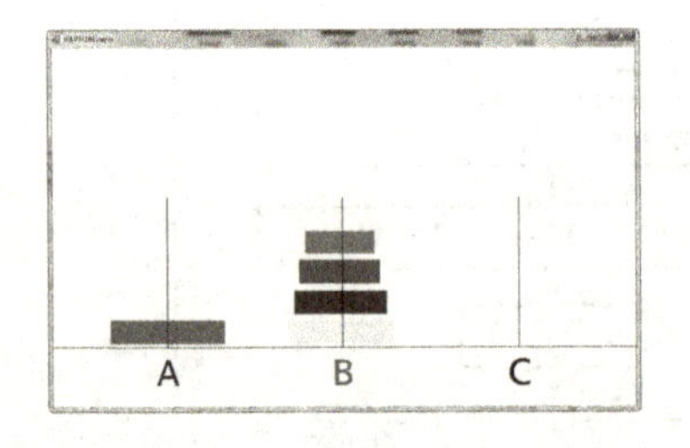

（a）汉诺塔（$n=5$）的递归算法（步骤1）

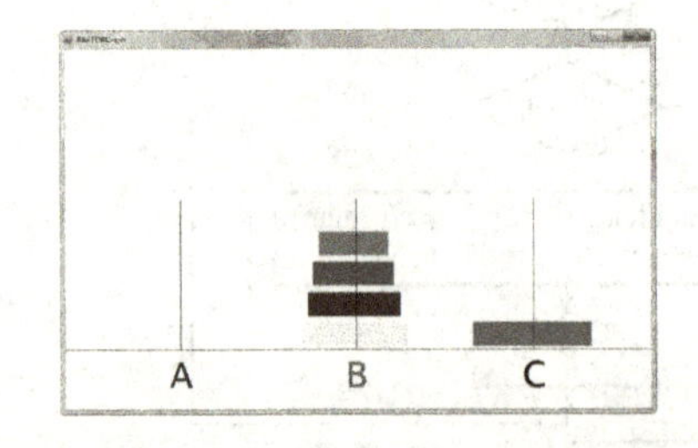

（b）汉诺塔（$n=5$）的递归算法（步骤2）

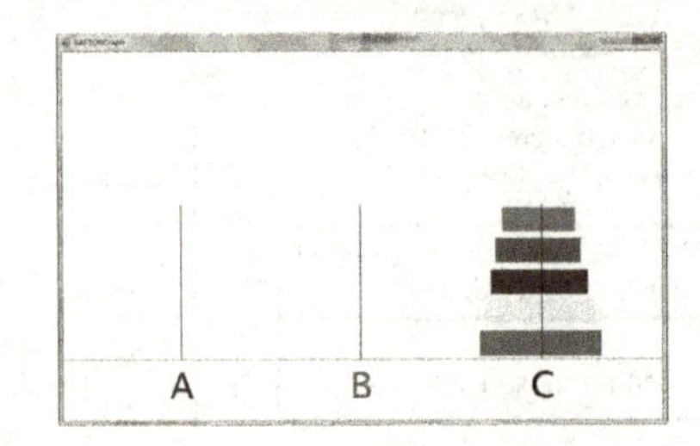

（c）汉诺塔（$n=5$）的递归算法（步骤3）

图9-70 汉诺塔（$n=5$）的递归算法

本题可通过手机扫描封面上的二维码来观看程序运行的动态效果（视频）。

实例十七：遗传算法的一个简单示例。

题目：用遗传算法求解下列多项式的最小值。

Min $F(X) = X^2 - 19X + 20$,其中 $X = 1, \cdots, 64$，且 X 是整数。

解：生物遗传中的重要概念：个体、染色体、基因、种群、适应度、选择、交叉、变异等在遗传算法中仍然被使用。

（1）染色体：是可能解的基因型，是 X 的二进制编码，由于 X 取 1，…，64 之间的整数，因此可表示为 6 个二进制位基因型，$(X)_{10} = (b_6b_5b_4b_3b_2b_1)_2$，基因位置排序可从左到右编排，$b_6$ 为位置 1，b_1 为位置 6。其中等位基因 $b_i = 0$ or 1，$i = 1, \cdots, 6$。

（2）个体：是一个可能解的表现型，本例中为十进制的 X。

（3）种群：若干可能解的集合。

（4）交叉：交配/杂交，是新可能解的一种形成方法，即对两个可能解的编码通过交换某些编码位而形成两个新的可能解的遗传操作。

（5）变异：是新可能解的一种形成方法，即通过随机地改变一个可能解的编码的某些片段（或基因）而使一个可能解变为一新的可能解的遗传操作。

（6）适应度：可能解接近最优解的一个度量，本例直接用 $F(X)$ 作为其适应度的度量，其值越小越接近最优解。

（7）选择：从种群（解的集合）中依据适应度按某种条件选择某些个体（可能解）。

本例使用到的位图见本书电子素材，主图、过程及子图之间的调用关系如图 9-71 所示。

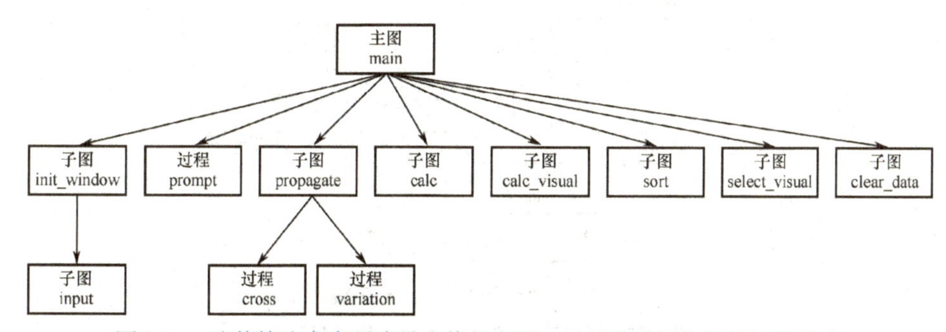

图 9-71　遗传算法求多项式最小值的主图、过程及子图之间的调用关系

主图、子图和过程功能说明如下：

（1）主图 main：用于子图和过程调用之间流程控制。

（2）子图 init_window：用于初始化图形窗口，调用子图 input 完成初始种群的输入和显示。

（3）子图 input：用于控制输入原始种群的一个个体。

（4）子图 propagate：调用过程 cross 进行交叉和过程 variation 进行变异产生新的解。

（5）过程 cross：由上一代的两个个体通过交叉产生两个新的解。

（6）过程 variation：由上一代的一个个体通过变异产生一个新的解。

（7）子图 calc：计算候选解集函数值。

（8）子图 calc_visual：在图形窗口界面下显示表现型 X 和函数值 $F(X)$。

（9）子图 sort：对候选解集按函数值 $F(X)$ 进行排序。

（10）子图 select_visual：从候选解集中选择 4 个 $F(X)$ 最小的个体作为新的种群并显示。

（11）子图 clear_data：清除窗口上一代的数据显示，显示原始种群和本代选优汰劣种群。

（12）过程 prompt：闪烁显示箭头并提示单击鼠标左键后程序进入下一个流程。

下面给出具体的子图和过程的流程图：

主图 main：用于实现子图和过程调用之间的流程控制，如图 9-72 所示。

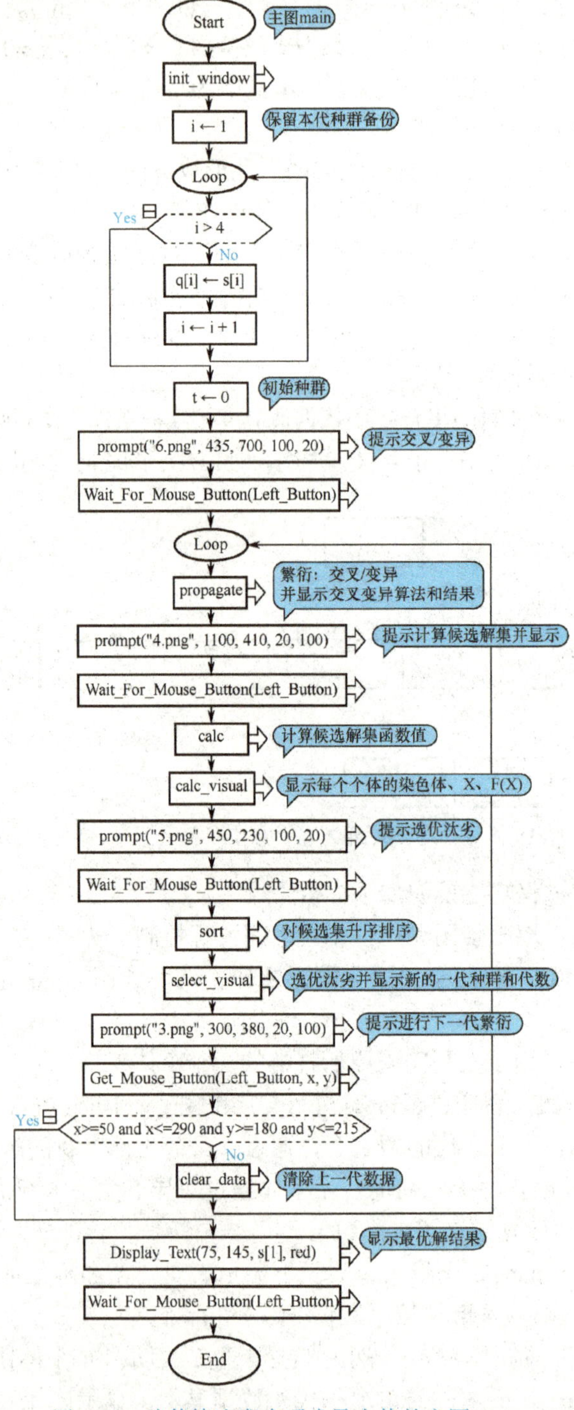

图 9-72 遗传算法求多项式最小值的主图 main

子图 init_window：初始化窗口，实现初始种群的输入和显示，如图 9-73 所示。

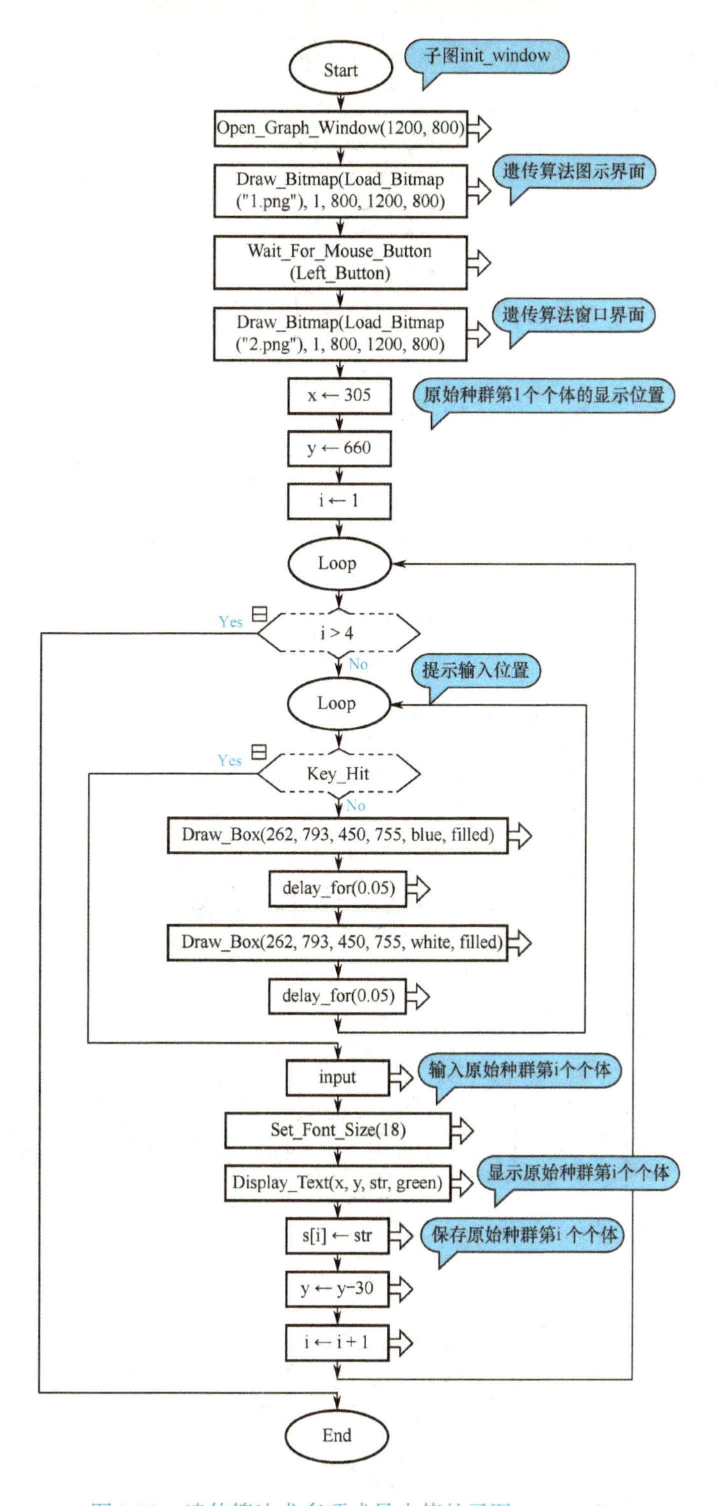

图 9-73　遗传算法求多项式最小值的子图 init_window

子图 input：用于控制输入原始种群的一个个体，如图 9-74 所示。

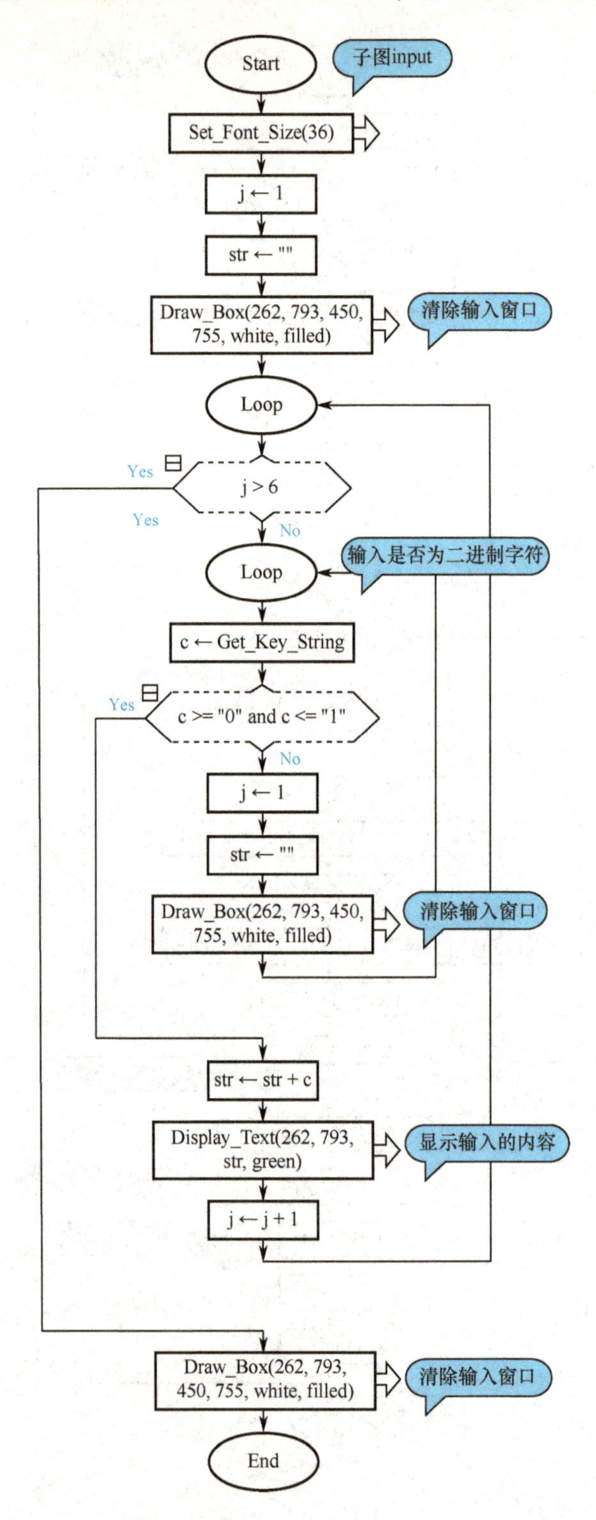

图 9-74　遗传算法求多项式最小值的子图 input

子图 propagate：调用过程 cross 和 variation 实现交叉和变异产生新解，如图 9-75 所示。

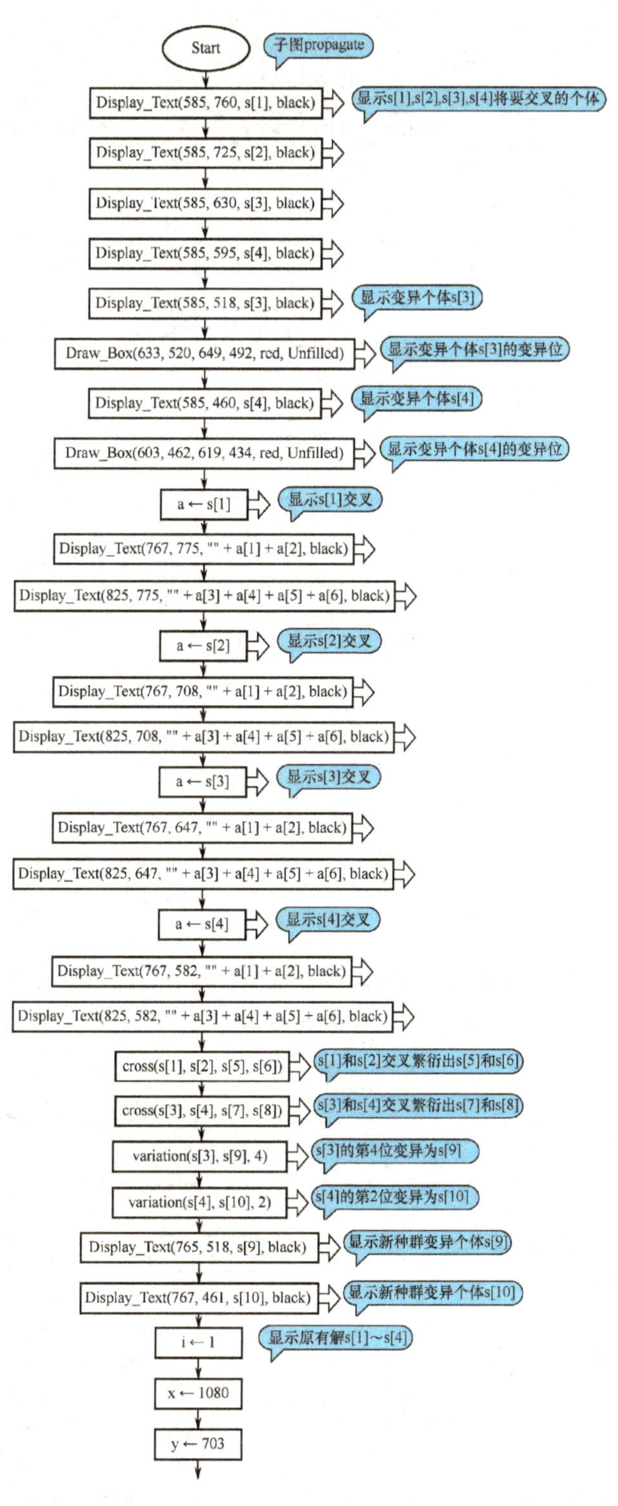

图 9-75　遗传算法求多项式最小值的子图 propagate

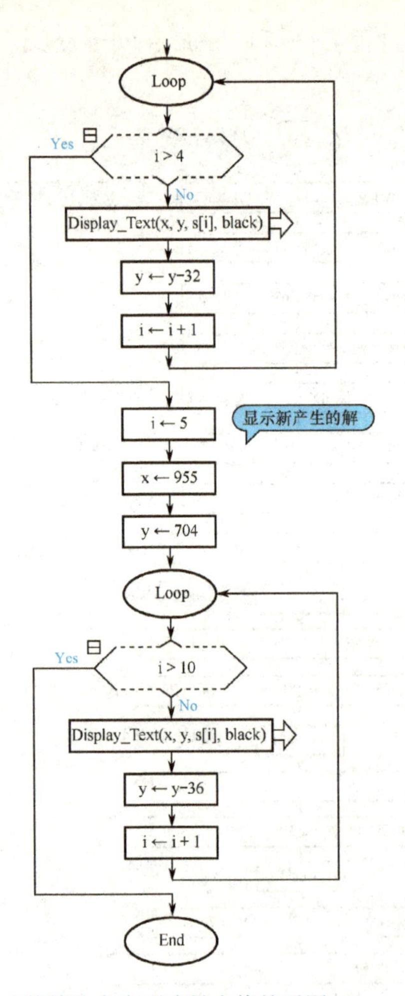

图 9-75　遗传算法求多项式最小值的子图 propagate（续）

过程 cross：由上一代的两个个体通过交叉产生两个新的解，如图 9-76 所示。

过程 variation：由上一代的一个个体通过变异产生一个新的解，如图 9-77 所示。

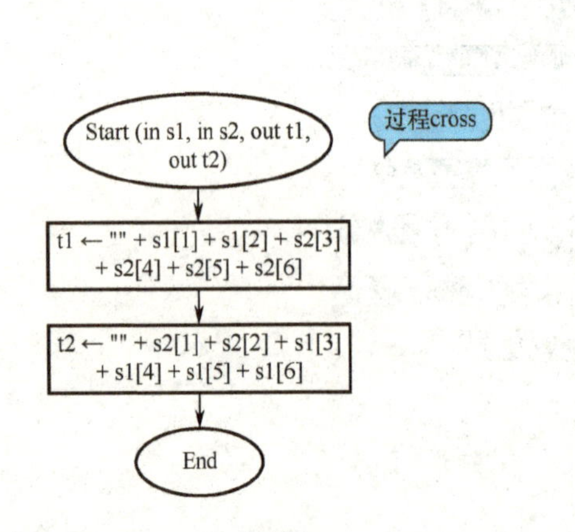

图 9-76　遗传算法求多项式最小值的过程 cross

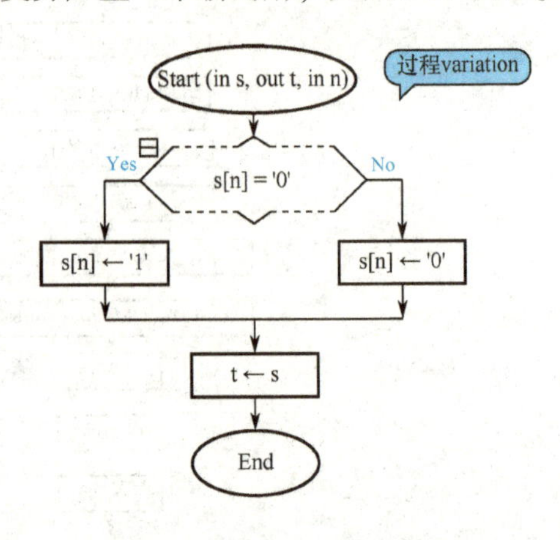

图 9-77　遗传算法求多项式最小值的过程 variation

子图 calc：计算候选解集表现型 X 和函数值 F(X)，如图 9-78 所示。

子图 calc_visual：在图形窗口界面下显示表现型 X 和函数值 F(X)，如图 9-79 所示。

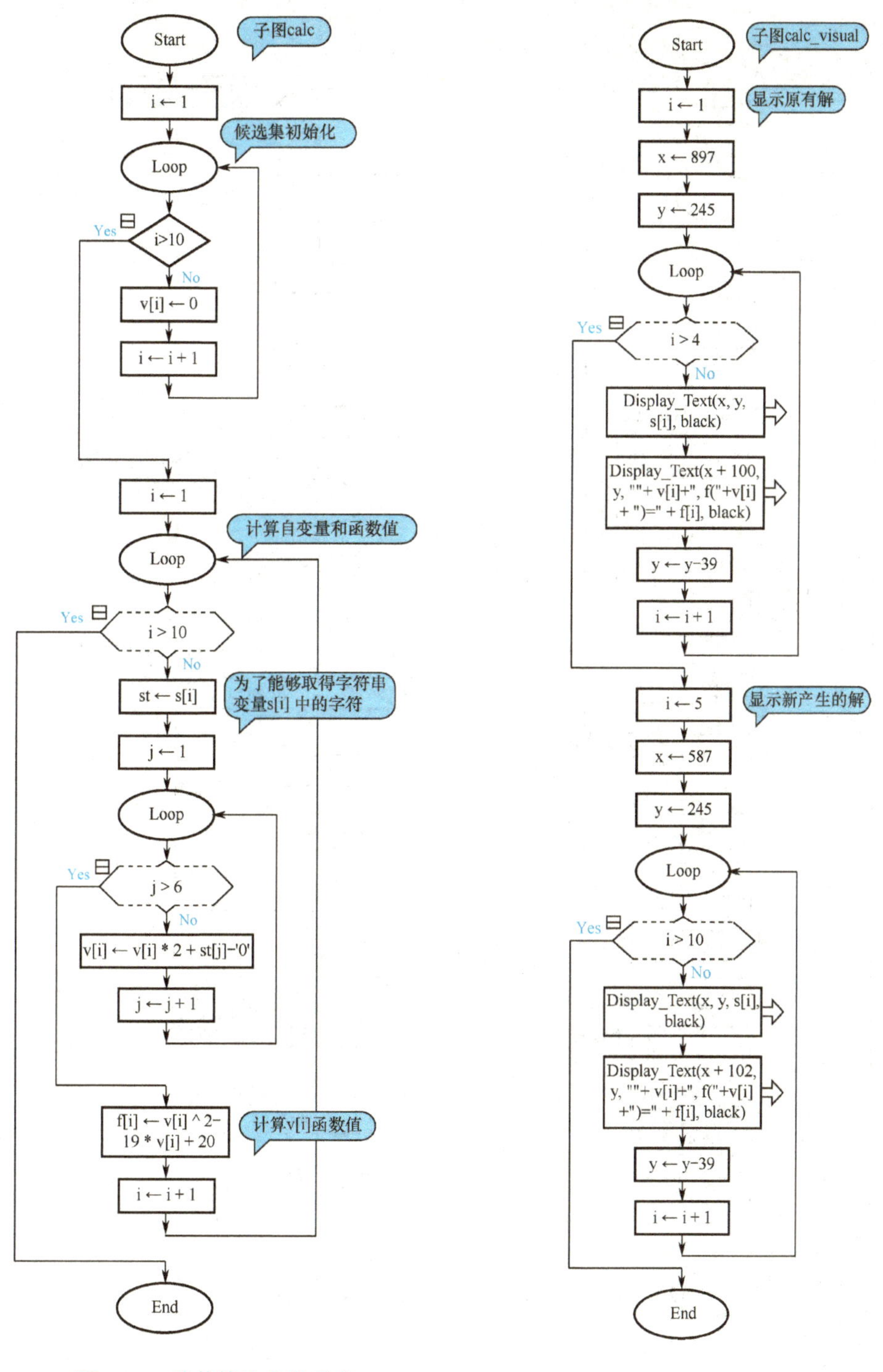

图 9-78 遗传算法求多项式最小值的子图 calc

图 9-79 遗传算法求多项式最小值的子图 calc_ visual

子图 sort：将候选解集按函数值 F(X) 从小到大升序排序（选择法），如图 9-80 所示。

子图 select_visual：从候选解集中选择 4 个 F(X) 最小的个体作为新的种群并显示，如图 9-81 所示。

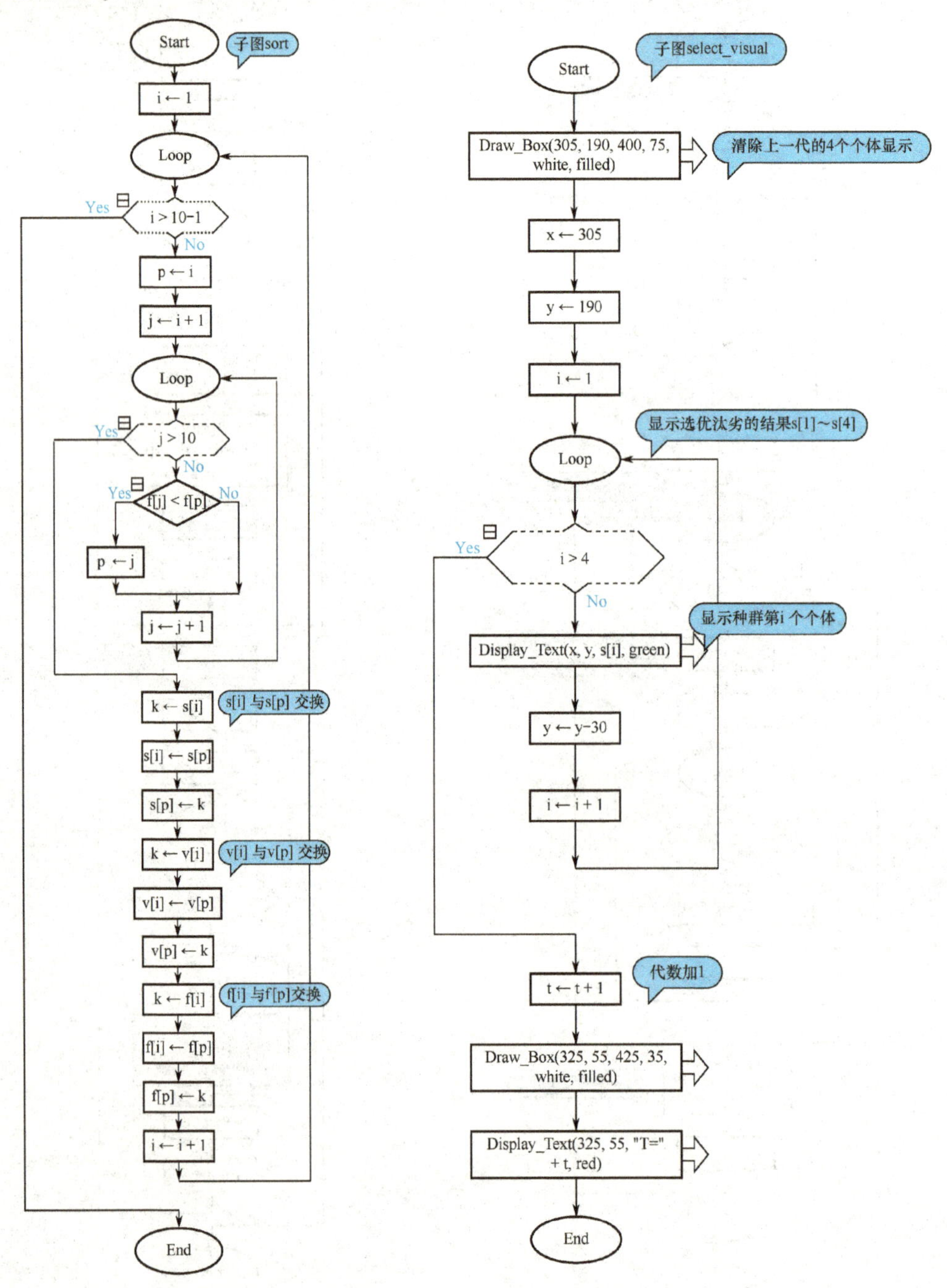

图 9-80　遗传算法求多项式最小值的子图 sort

图 9-81　遗传算法求多项式最小值的子图 select_visual

子图 clear_data：清除窗口上一代的数据，并显示原始种群和本代选优汰劣种群，如图 9-82 所示。

过程 prompt：闪烁显示箭头并提示单击鼠标左键后程序进入下一个流程，如图 9-83 所示。

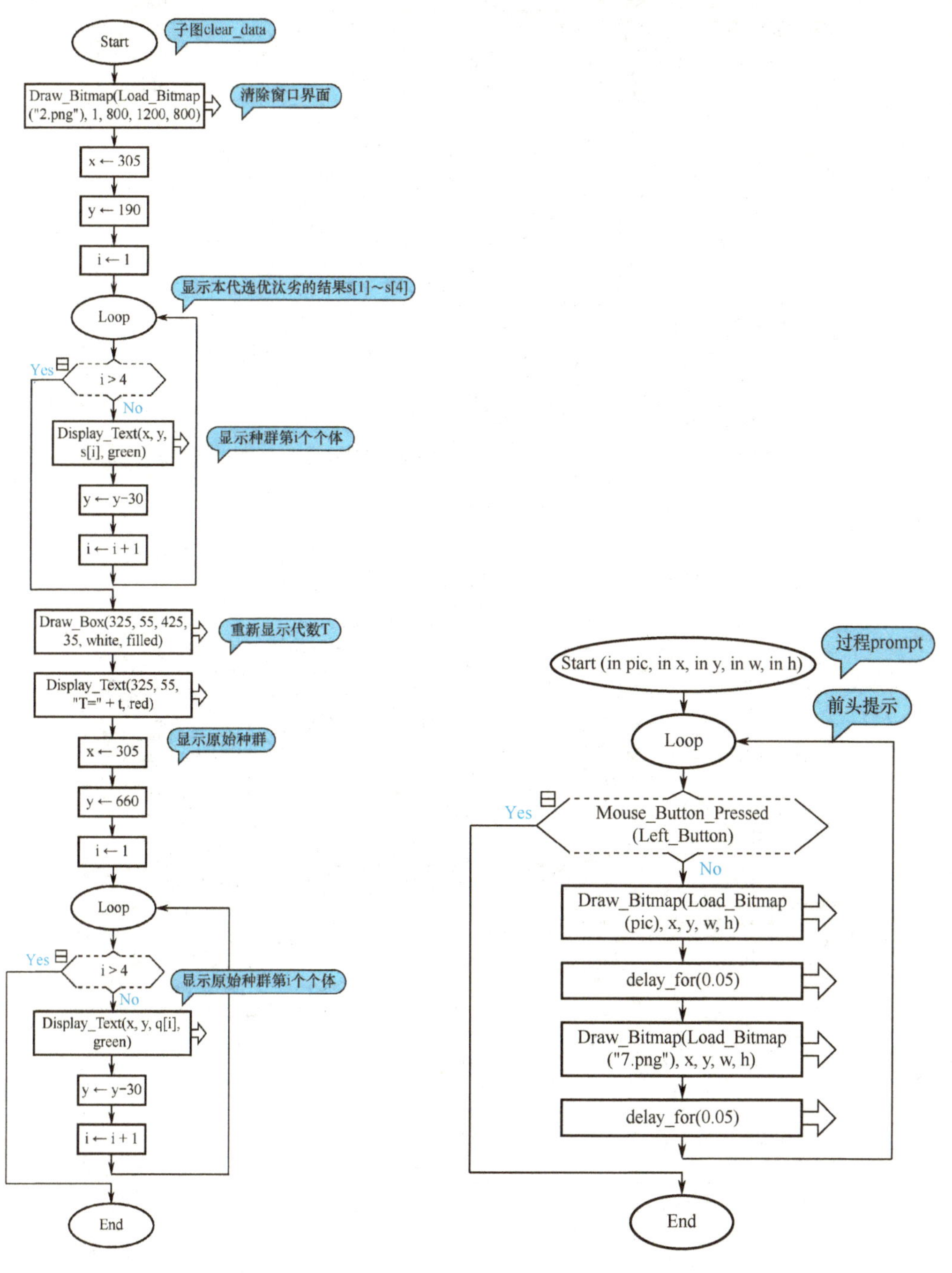

图 9-82　遗传算法求多项式最小值的子图 clear_data

图 9-83　遗传算法求多项式最小值的过程 prompt

遗传算法求多项式最小值的一个实例：输入原始种群后的窗口。如图 9-84 所示。

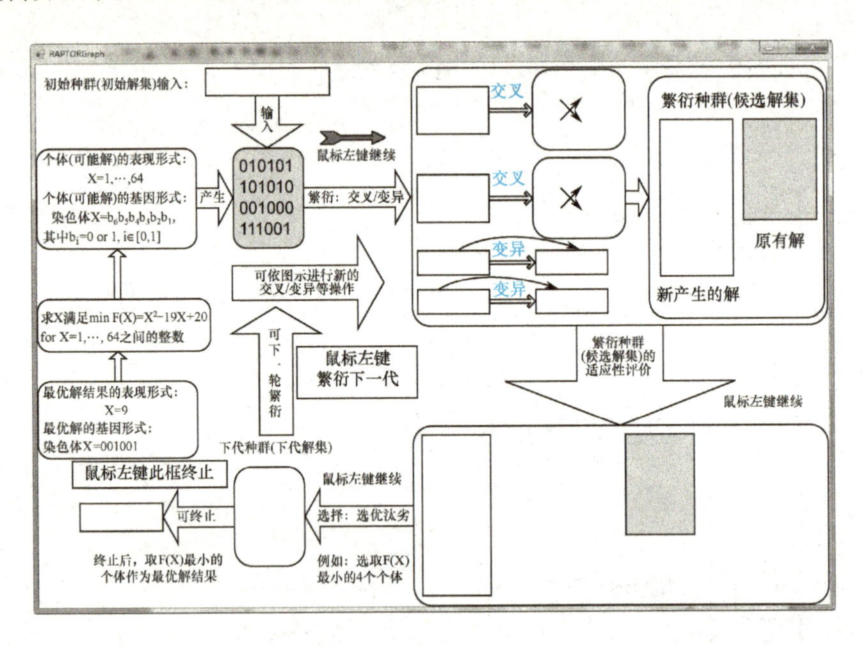

图 9-84　输入原始种群

显示原始种群交叉和变异后产生的新种群，如图 9-85 所示。

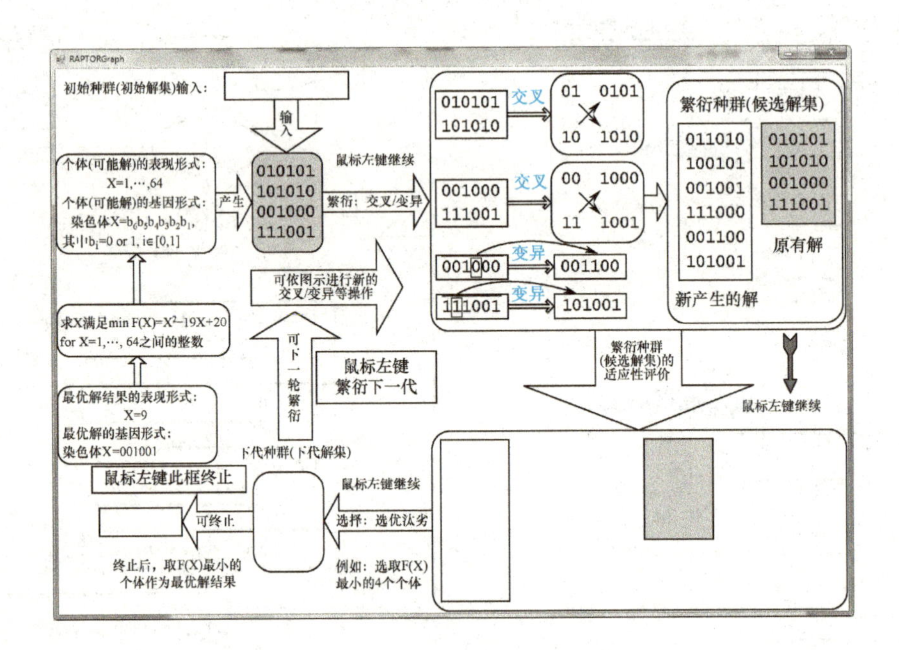

图 9-85　交叉和变异后产生的新种群

繁衍种群（后选解集）的适应性评价，如图 9-86 所示。

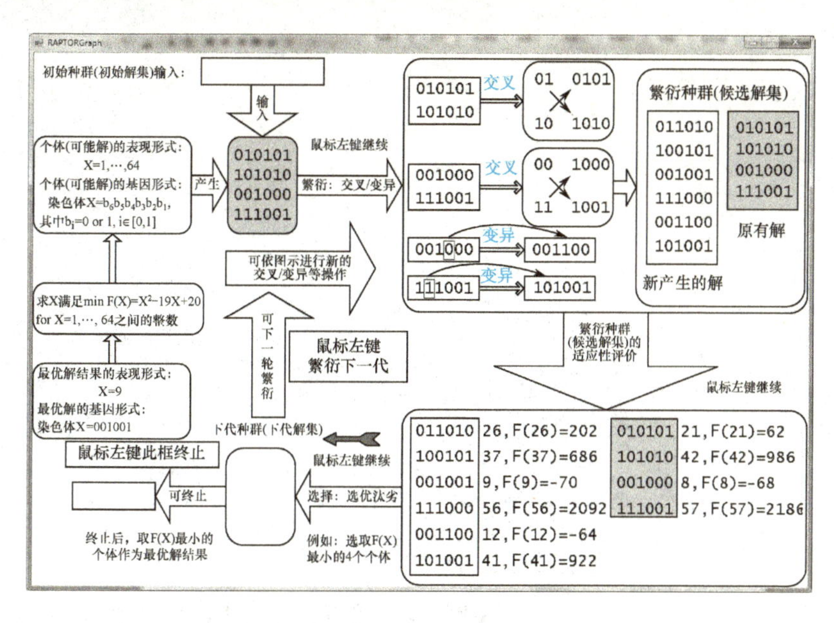

图 9-86　繁衍种群（后选解集）的适应性评价

选优汰劣，在候选解集中选取 F(X) 最小的 4 个个体作为新的种群，并提示是否进行下一代繁衍，如果鼠标左击终止框则算法结束；如果左击窗口其他位置则进行下一代繁衍。如图 9-87 所示。

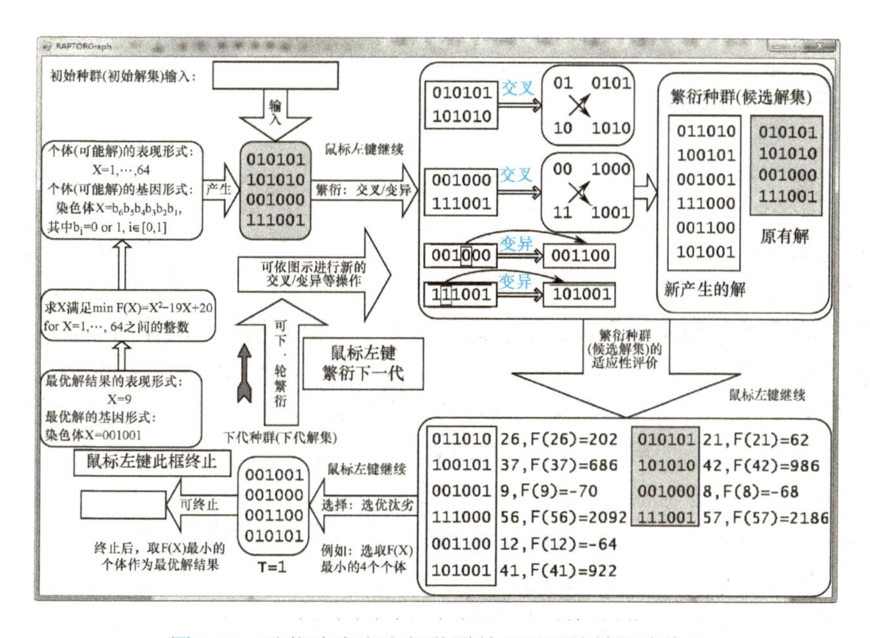

图 9-87　选优汰劣产生新种群并显示继续繁衍或终止

本题可通过手机扫描封面上的二维码来观看程序运行的动态效果（视频）。

第10章 问题求解实验

10.1 实验一 基本元素和语句

一、实验目的和要求

(1) 熟悉 Raptor 环境：符号区域、观察窗口、主工作区、菜单和工具栏、主控制台。

(2) 掌握常量的使用：符号常量、数值常量、字符常量和字符串常量。

(3) 掌握标识符的概念和变量的使用：数值变量、字符变量和字符串变量。

(4) 掌握算术、关系和布尔运算符及其相应的表达式。

(5) 掌握基本数学函数、三角函数和布尔函数的使用。

(6) 掌握程序的基本结构。其由三个部分组成：

· 输入或初始化部分 (Input)：完成任务所需要的数据准备；

· 加工部分 (Process)：操作数据来完成任务；

· 输出部分 (Output)：显示/保存加工处理后的结果。

二、实验要点

（1）熟悉 Raptor 环境。

① Raptor 可视化环境的启动和关闭；

② Raptor 文件操作：新建、保存、关闭、打开等操作；

③ Raptor 流程图中元素的操作：

· 插入、删除、复制单个符号或符号块；

· 插入或删除注释。

④ Raptor 程序的执行、结束和异常终止；

⑤ Raptor 6 种图形符号的使用；

⑥ Raptor 主控制台的使用。

（2）使用输出符号输出各种常量：符号常量、数值常量、字符常量和字符串常量。

（3）使用赋值符号和输出符号实现各类变量的赋值和输出：数值、字符和字符串变量。

（4）使用输入符号和输出符号实现各类变量的输入和输出：数值、字符和字符串变量。

（5）算术、关系和布尔运算符及相应表达式的使用。

三、实验示例

（1）使用输出符号输出各类常量示例，如图 10-1 和图 10-2 所示。

（2）使用赋值符号和输出符号实现各类变量的赋值和输出示例，如图 10-3 所示。

（3）使用输入符号和输出符号实现各类变量的输入和输出示例，如图 10-4 所示。

（4）使用算术、关系和布尔运算符及相应表达式示例，如图 10-5 所示。

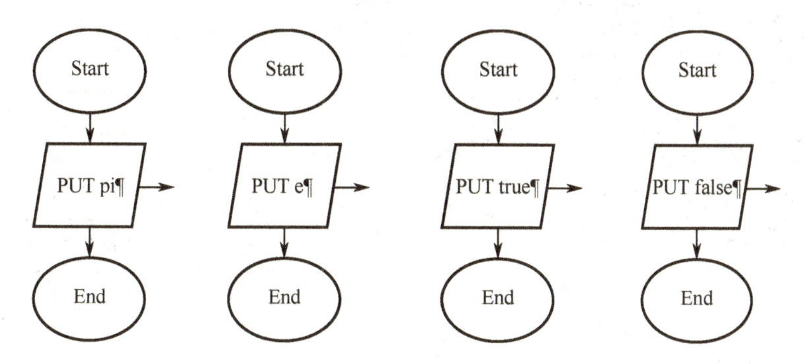

图 10-1　各种符号常量输出示例

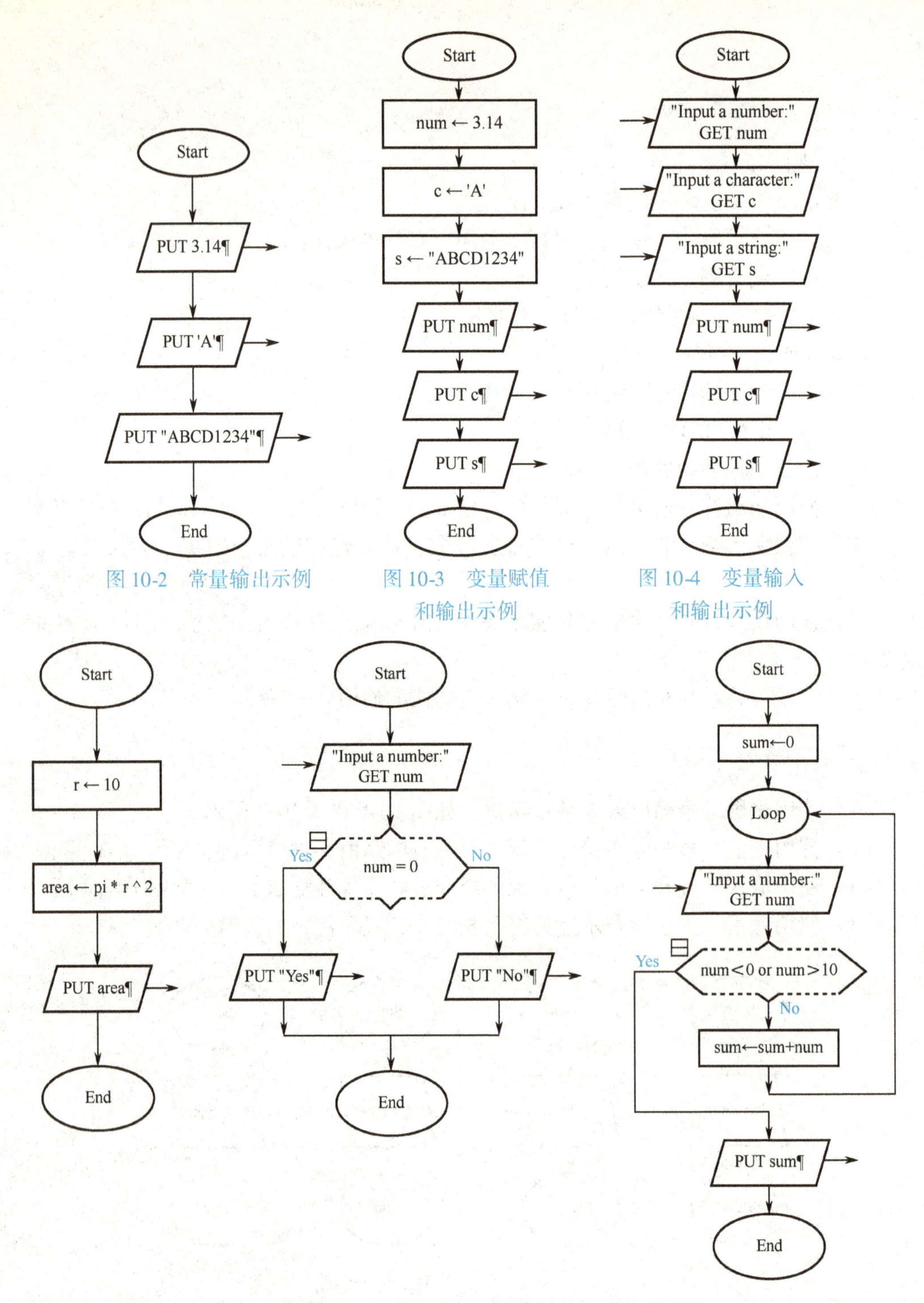

图 10-2　常量输出示例

图 10-3　变量赋值和输出示例

图 10-4　变量输入和输出示例

图 10-5　算术、关系和布尔运算符及相应表达式示例

四、实验内容

（1）编写程序实现 $1+2+3+\cdots+100$，掌握循环的概念和循环符号的使用。

算法实现过程

输入或初始化：

设置 i 的初值为 1；

设置 s 的初值为 0；

加工部分：

当 i < 100 时执行下列循环

{

将 i 累加到 s 中；

i 加 1；

}

输出部分：

输出累加和 s；

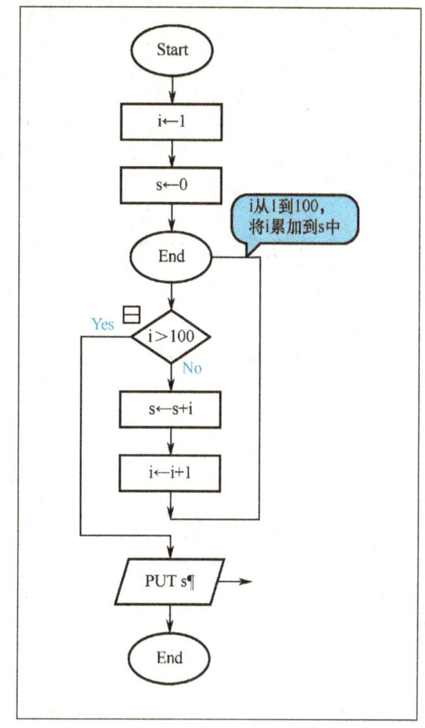

（2）求 1～100 整数中奇数以及偶数的和，掌握条件符号的使用。

算法实现过程

输入或初始化：

初始化变量i：用于控制取得数 1～100；

jsh：用于统计奇数和；

esh：用于统计偶数和；

加工部分：

当 i < 100 时执行下列循环

{

如果 i 是偶数，将 i 累加到 esh 中；

否则 i 累加到 jsh 中；

i 加 1；

}

输出部分：

输出奇数和 jsh 和偶数和 esh；

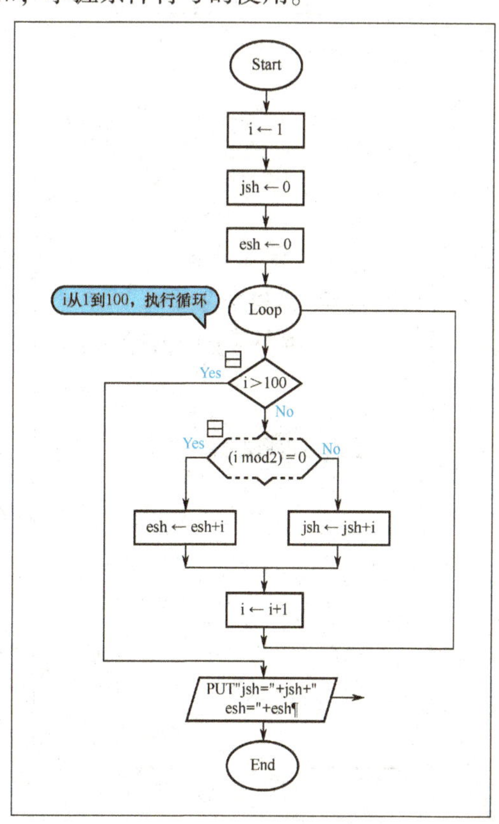

（3）输入圆的半径，求圆的周长和面积，掌握符号常量的使用。

算法实现过程

输入或初始化：

提示输入圆的半径 r；

加工部分：

计算圆的周长赋给变量 p；

计算圆的面积赋给变量 a；

输出部分：

输出圆的周长和面积；

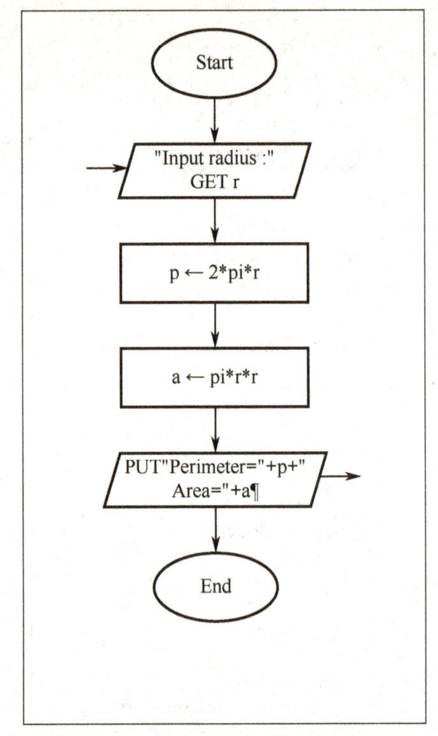

（4）输入三角形的三条边，计算三角形的面积，掌握数学函数的使用。

算法实现过程

输入或初始化：

提示输入三角形的 3 条边长 a、b 和 c；

加工部分：

计算三角形的面积；

注意：这里要用到 Raptor 系统函数然 sqrt( ) 开平方；

输出部分：

输出三角形的面积；

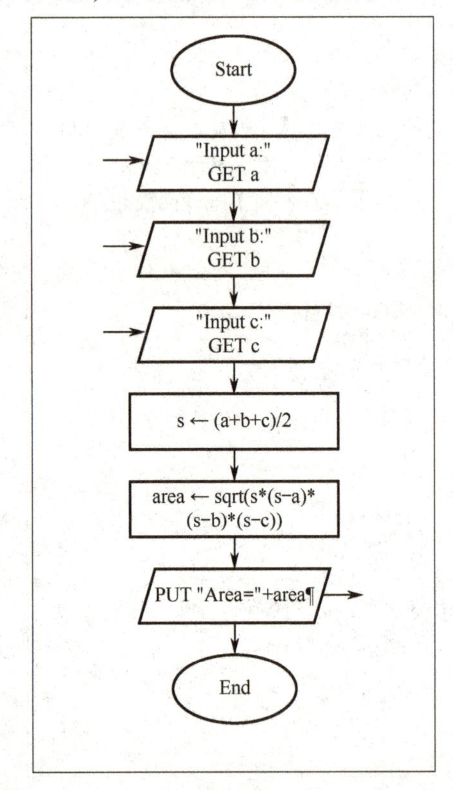

（5）编写程序求一个正整数的各位数字之和，正整数由键盘输入，掌握数的拆分、运算符 mod 和函数 floor( ) 的使用。

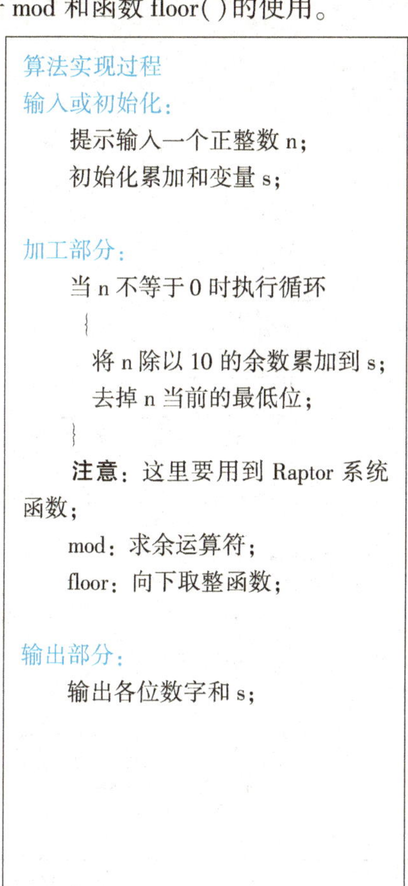
算法实现过程

输入或初始化：

提示输入一个正整数 n；

初始化累加和变量 s；

加工部分：

当 n 不等于 0 时执行循环

{

将 n 除以 10 的余数累加到 s；

去掉 n 当前的最低位；

}

注意：这里要用到 Raptor 系统函数；

mod：求余运算符；

floor：向下取整函数；

输出部分：

输出各位数字和 s；

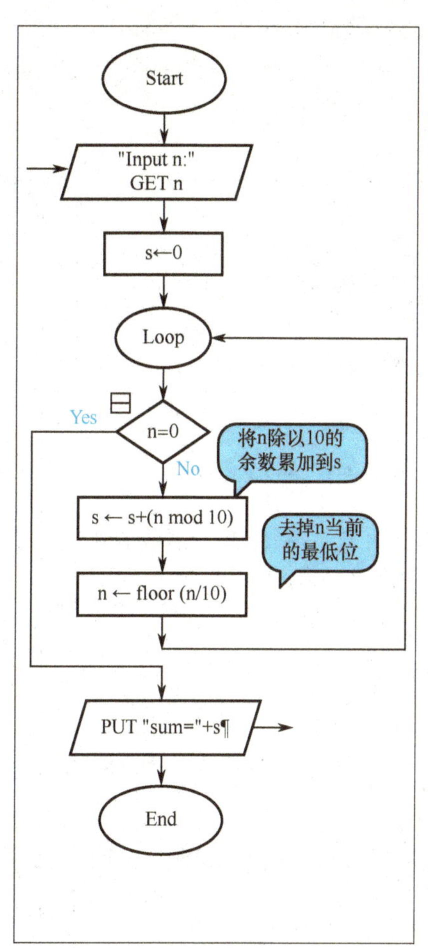

10.2 实验二 简单程序设计

一、实验目的和要求

（1）用 Raptor 6 种基本图形符号设计仅有主图构成的 Raptor 程序。

（2）进一步掌握程序的基本结构。算法实现的三个基本步骤如下：

· 数据准备：定义变量初始化或输入变量的值；

· 算法实现：问题求解的具体实现；

· 给出求解结果：显示/保存加工处理后的结果。

（3）体会“程序 = 算法 + 数据结构”的内涵。

（4）掌握整数分解的基本方法。

（5）掌握基本数学问题的求解方法。

二、实验内容

下列实验内容编写的程序可以通过设置断点或通过观察窗口了解变量的变化情况；程序中的关键符号必须加上注释。

（1）用主图实现：判断一个正整数 m 是否是素数。

算法实现过程

数据准备：

提示输入一个正整数赋给变量 m；

设置 i 的初值为 2；

算法实现：

当 i < m 时执行下列循环

{

如果 i = m 或者 m 能被 i 整除，则循环结束；

否则 i 加 1；

}

给出求解结果：

如果 i = m，则输出 m 是素数的信息；

否则输出 m 不是素数的信息；

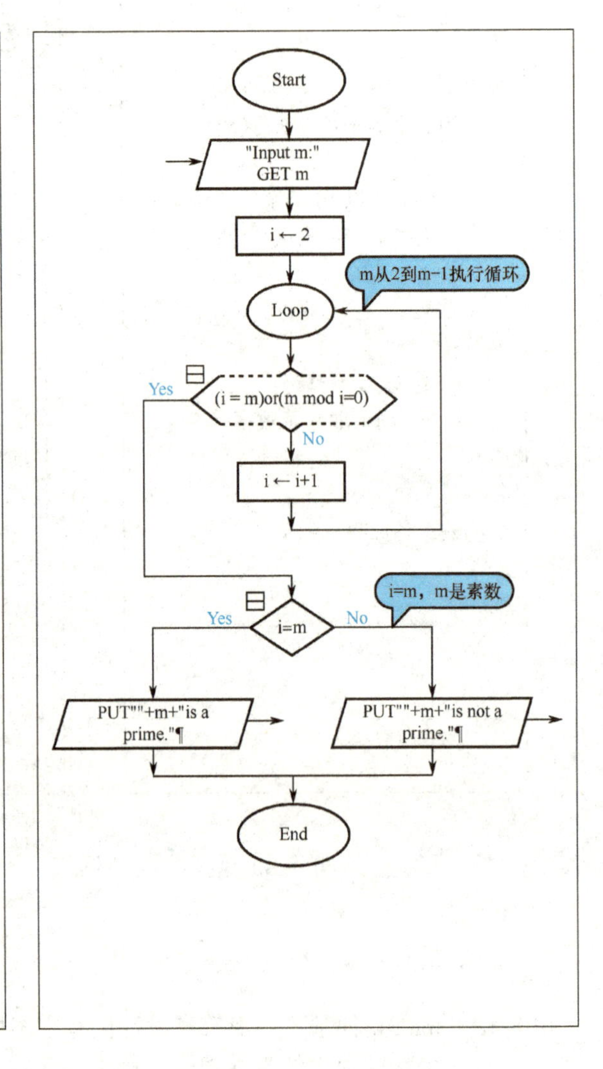

（2）用主图实现：求所有的水仙花数。水仙花数是一个 3 位数，该数等于其各位数字的立方和。如：153 是一个水仙花数，因为 $153 = 1^3 + 5^3 + 3^3$。水仙花数共有 4 个，分别是：153、370、371 和 407。

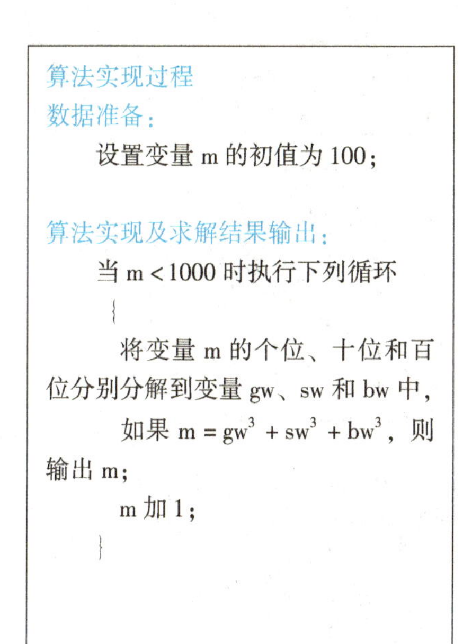

算法实现过程

数据准备：

设置变量 m 的初值为 100；

算法实现及求解结果输出：

当 $m < 1000$ 时执行下列循环

{

将变量 m 的个位、十位和百位分别分解到变量 gw、sw 和 bw 中，

如果 $m = gw^3 + sw^3 + bw^3$，则输出 m；

m 加 1；

}

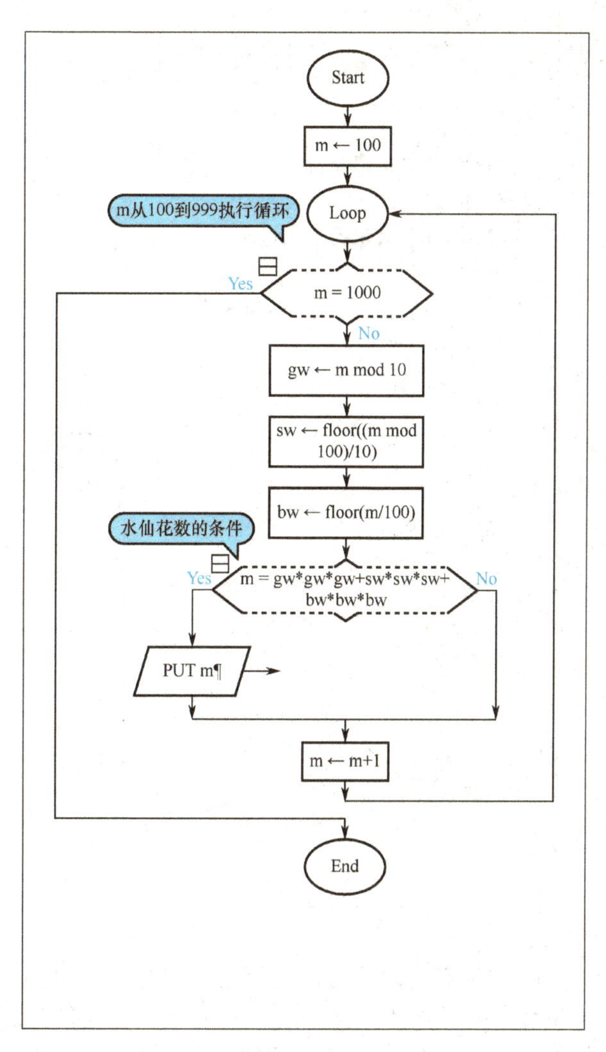

（3）用主图实现：求两个正整数 m 和 n 的最大公约数。

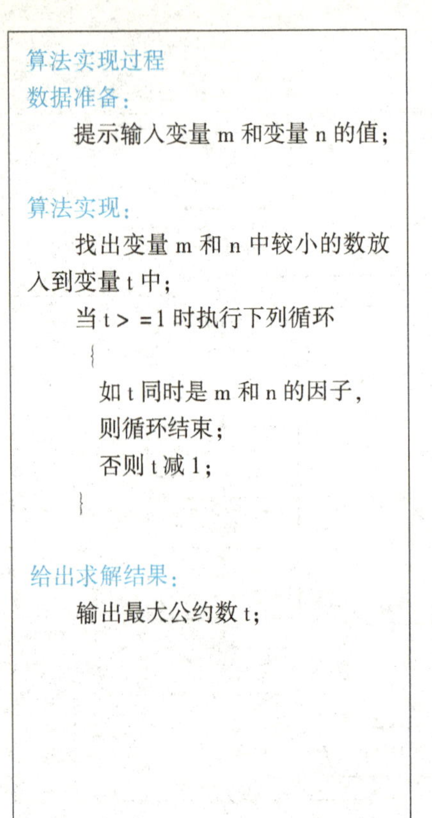
算法实现过程

数据准备：

提示输入变量 m 和变量 n 的值；

算法实现：

找出变量 m 和 n 中较小的数放入到变量 t 中；

当 t >=1 时执行下列循环

{

如 t 同时是 m 和 n 的因子，则循环结束；

否则 t 减 1；

}

给出求解结果：

输出最大公约数 t；

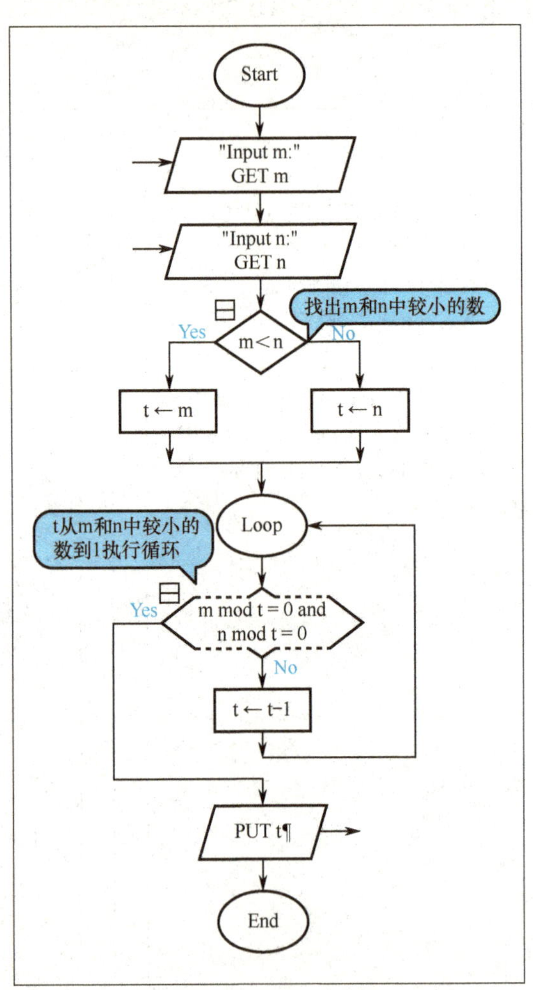

（4）求满足以下条件的所有三位数 n，n 除以 11 所得到的商的整数部分等于 n 的各位数字的平方和，且构成 n 的个位、十位和百位的三个数字中至少有两个数字相同。例如，131 除以 11 的商的整数部分为 11，各位数的平方和 $1^2+3^2+1^2=11$，且第 1 位和第 3 位都是 1，所以它是满足条件的三位数。这样的数有 3 个，分别是：131、550 和 900。

算法实现过程
数据准备：
设置变量 n 的初值为 100；

算法实现及求解结果输出：
当 n < 1000 时执行下列循环
{
将变量 n 的个位、十位和百位分别分解到变量 gw、sw 和 bw 中；
如果 n 除以 11 的整数部分 = $gw^2 + sw^2 + bw^2$，同时 n 的个位、十位和百位的 3 个数字中至少有两个数字相同则输出 m；
m 加 1；
}

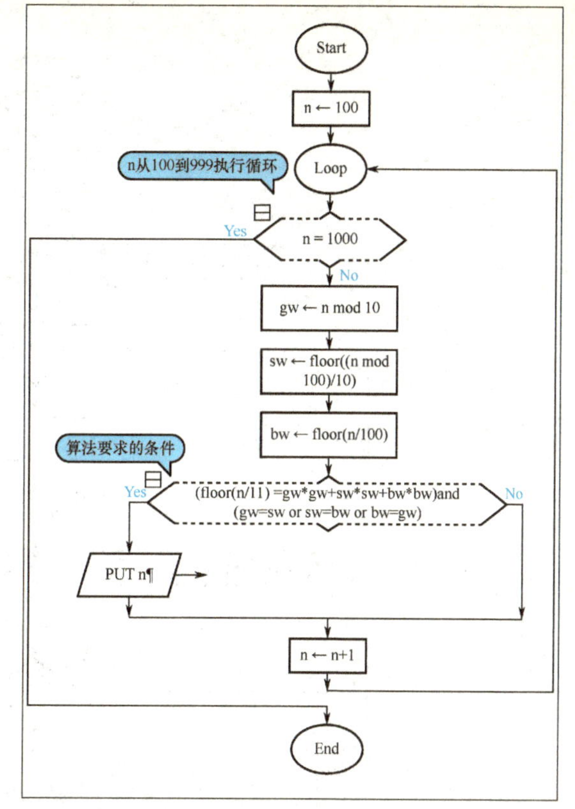

（5）求 1 ~ 100 以内所有的完数。完数是一个正整数，该数等于其所有真因子（小于该数的因子）之和。如：6 = 1 + 2 + 3，则 6 是完数。1 ~ 100 以内完数有 2 个，分别是：6 和 28。本题用到二重循环。

算法实现过程
数据准备：
设置变量 n 的初值为 1；

算法实现及求解结果输出：
当 n < 100 时执行外层循环
{
内层循环变量 i 的初值为 1，s 的初值为 0，**注意**：外层循环每执行一次都要重新设置 i 和 s 的初值；
当 i < n 时执行内层循环
{
求 n 所有的真因子 i 并累加到 s 中；
}
如果 n = s 则输出 n；
n 加 1；
}

参考程序：

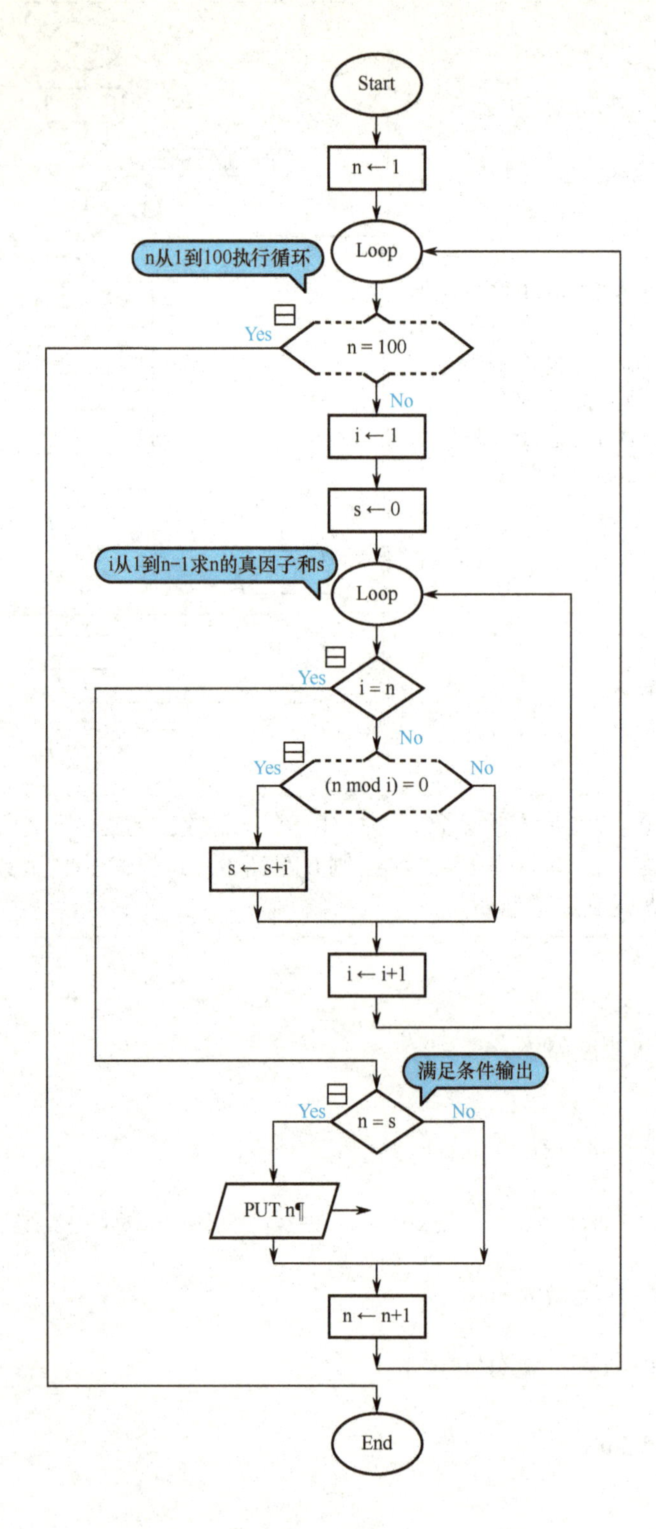
Start
n ← 1
n从1到100执行循环
Loop
n = 100
Yes
No
i ← 1
s ← 0
i从1到n-1求n的真因子和s
Loop
i = n
Yes
No
(n mod i) = 0
Yes
No
s ← s+i
i ← i+1
满足条件输出
n = s
Yes
No
PUT n¶
n ← n+1
End

10.3　实验三　数组

一、实验目的和要求

（1）掌握一维数组和二维数组的使用：赋值初始化、输入初始化和输出方法。
（2）数组首次使用时由系统自动定义，可以随时动态扩展。
（3）字符串变量中保存的字符串就是一维字符数组，数组名就是字符串变量名。
（4）掌握一维数组元素个数和字符串长度的计算函数：
- 一维数组元素个数：length_ of（一维数组名）
- 字符串长度：length_ of（字符串变量名）

（5）一个数组的不同下标变量可以存放不同数据类型的数据。
（6）掌握 Raptor 字符串拼接操作。
（7）掌握程序断点的设置和删除。
（8）通过观察窗口，了解程序在运行过程中数据的变化情况。

二、实验内容

下列实验内容编写的程序可以通过设置断点或通过观察窗口了解变量的变化情况；程序中的关键符号必须加上注释。

（1）输入一批正整数存放在一维数组中（输入0表示结束），求这组数据的和，并输出一维数组中的元素及这组数据的和。

```
算法实现过程
数据准备：
    设置下标变量 i=1，求和变量 sum=0；
    执行下列循环
     {
      输入一个数赋给 a [i]；
      如果 a [i] =0，循环结束；
      否则
             {
             sum = sum + a [i]；
             i = i + 1；
             }
      }

数据输出：
    设置 i=1；
    当 i< =length_of(a)时执行循环
     {
        输出 a [i]；
        i 加 1；
    }
    输出 sum
```

参考程序：

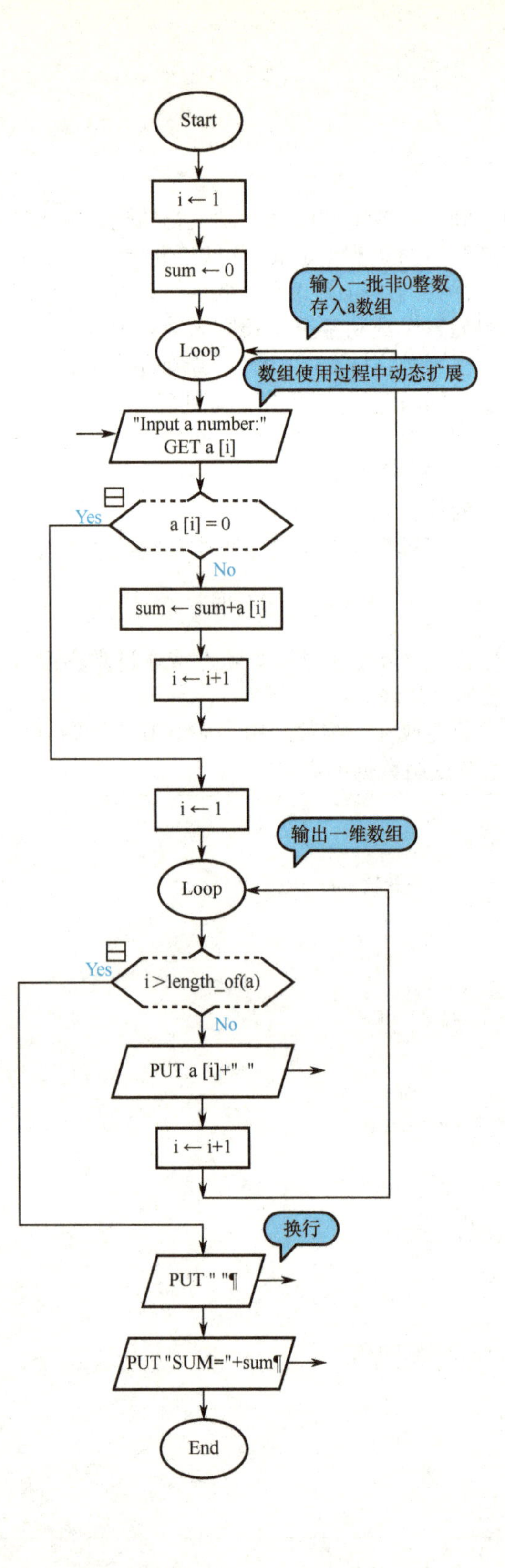

Start
i ← 1
sum ← 0
输入一批非0整数存入a数组
Loop
数组使用过程中动态扩展
"Input a number:"
GET a [i]
Yes
a [i] = 0
No
sum ← sum+a [i]
i ← i+1
i ← 1
输出一维数组
Loop
Yes
i>length_of(a)
No
PUT a [i]+" "
i ← i+1
换行
PUT " "¶
PUT "SUM="+sum¶
End

（2）求满足以下条件的所有三位数 n，n 除以 11 所得到的商的整数部分等于 n 的各位数字的平方和，且构成 n 的个位、十位和百位的 3 个数字中至少有两个数字相同。例如，131 除以 11 的商的整数部分为 11，各位数的平方和 $1^2+3^2+1^2=11$，且第 1 位和第三位都是 1，所以它是满足条件的三位数。结果有 3 个数满足条件分别为 131、550 和 900。

要求：数的各位分解到一维数组 a[1]，a[2]，a[3]中，判断其是否满足条件，若满足则输出。

```
算法实现过程
数据准备：
    设置 n = 100;

算法实现及求解结果输出：
    当 n < 1000 时执行下列循环
    {
      百位 a[1] = floor (n/100);
      十位 a[2] = floor (n/10) mod 10;
      个位 a[3] = n mod 10;
      如果 floor(n/11) = a[1]^2 + a[2]^2 + a[3]^2 and (a[1] = a[2] or a[2] = a[3] or a[3] = a[1]);
      则输出 n;
      n 加 1;
    }
```

参考程序：

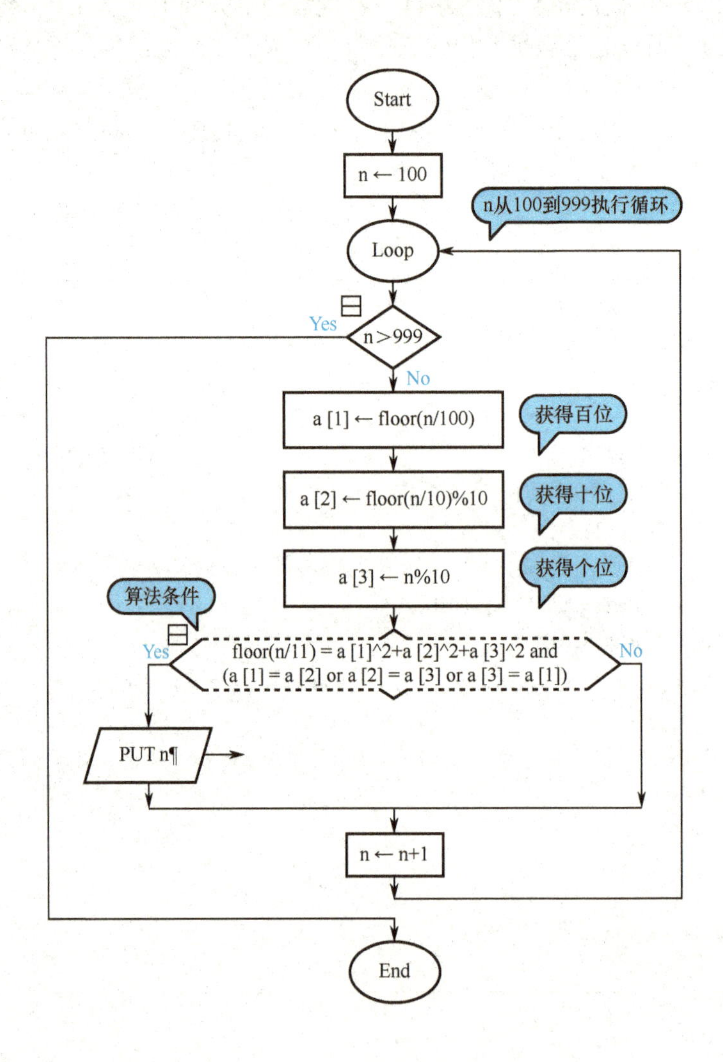

（3）输入10个整数存放到数组a中，编程实现将数组中的数反序存放，并输出数组a反序前后的情况。

例如：反序存放前的数组a：1，2，3，4，5，6，7，8，9，10。

反序存放后的数组a：10，9，8，7，6，5，4，3，2，1。

```
算法实现过程
数据准备：
    设置 i = 1；
    当 i < = 10 时执行循环
     {
      输入一个数赋给 a[i]；
      i 加 1；
      }
    输出反序前的数组：
    设置 i = 1；
    当 i < = 10 时执行循环
     {
      输出 a[i]；
      i 加 1；
      }

算法实现：数组反序
    设置 i = 1，j = 10；
    当 i < j 时执行循环
     {
      a[i]与 a[j]进行交换：用 3 个赋值语句 t = a[i]，a[i] = a[j]，a[j] = t 实现；
      i = i + 1；
      j = j - 1；
      }

求解结果输出：输出反序后的数组
    设置 i = 1；
    当 i < = 10 时执行循环
     {
      输出 a[i]；
      i = i + 1；
      }
```

参考程序：

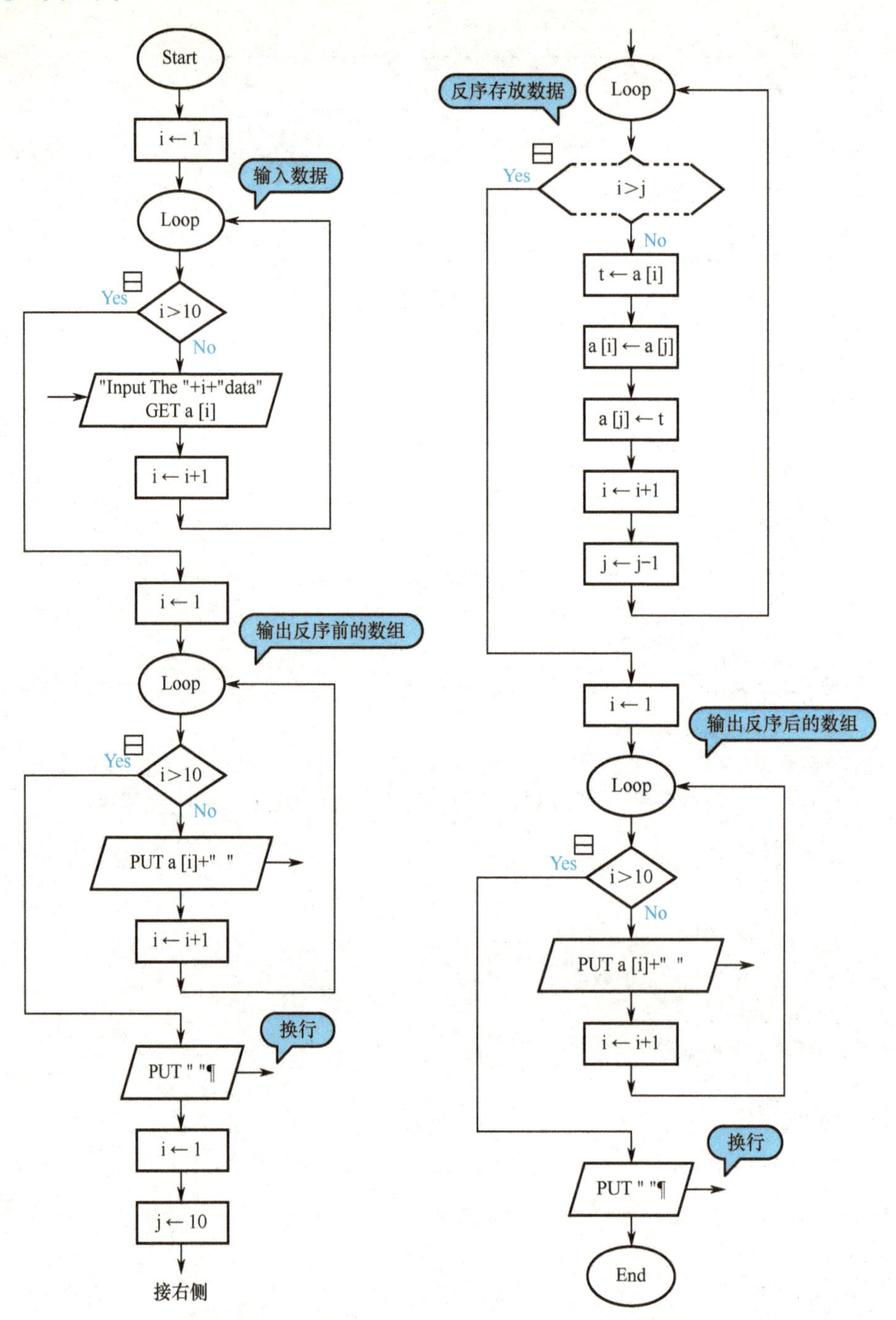

（4）输入一个字符串，编写程序对输入的字符串进行转换，如果字符串中的字符是小写英文字母就将其转换成大写形式；如果字符串中的字符是大写英文字母就将其转换成小写形式，其他字符不转换，输出转换前后的字符串。

例如：输入的字符串 s：“abc1234ABC”，转换后的字符串 s：“ABC1234abc”。

算法实现过程

数据准备：

输入一个字符串赋给变量 s，s 相当于一维字符数组；

输出字符串 s；

设置 i = 1；

算法实现：

当 i < = length_of(s)时执行循环

{

如果 s[i] > = 'a' and s[i] < = 'z'，则 s[i] = s[i] - 32；

如果 s[i] > = 'A' and s[i] < = 'Z'，则 s[i] = s[i] + 32；

i 加 1；

}

求解结果输出：

输出字符串 s；

参考程序：

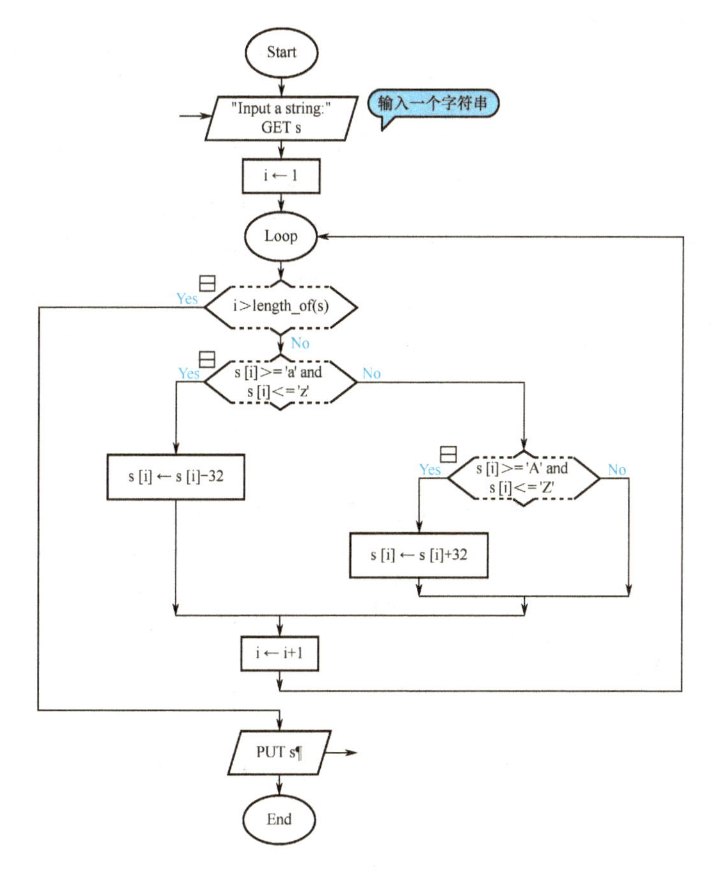

（5）输入一个字符串，判断其是否是回文。回文是正向拼写与反向拼写都一样的字符串。例如："abcba" 和 "abccba" 都是回文。

算法实现过程

数据准备：

输入一个字符串赋给变量 s，s 相当于一维字符数组；

设置 i = 1；

设置 j = length_of(s)；

算法实现：

当 i < j 同时 s[i] = s[j]时执行循环

```
{
  i = i + 1;
  j = j - 1;
}
```

求解结果输出：

如果 i > = j 输出字符串 s 是回文的信息；

否则输出字符串 s 不是回文的信息；

参考程序：

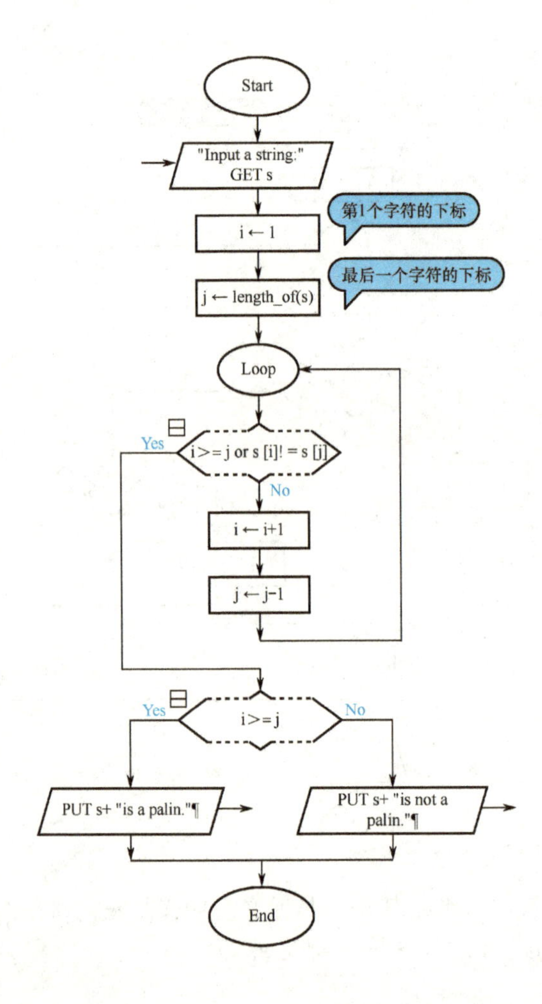

(6) 输入3行4列数据存放在二维数组a中，求出其中的最大值和最小值，按3行4列的格式输出二维数组，并输出最大值和最小值。

```
算法实现过程
数据准备：二重循环控制二维数组输入
    设置 i=1;
    当 i<=3 时执行循环
     {
      设置 j=1;
      当 j<=4 时执行循环
       {  输入一个数赋给 a[i,j];
          j=j+1;
        }
      i=i+1;
      }

算法实现：二重循环控制求二维数组中元素的最大值和最小值
    设置 maxv=a[1,1], minv=a[1,1], 假定 a[1,1]既是最大值，又是最小值;
    设置 i=1;
    当 i<=3 时执行循环
     {
      设置 j=1
      当 j<=4 时执行循环
       {  如果 a[i,j] > maxv 则 maxv=a[i,j];
          如果 a[i,j] < minv 则 minv=a[i,j];
          j=j+1;
        }
      i=i+1;
      }

求解结果输出：二重循环控制二维数组中元素的输出
    设置 i=1;
    当 i<=3 时执行循环
     {
      设置 j=1;
      当 j<=4 时执行循环
       {  输出 a[i,j]+"  ", 不换行;
        j=j+1;
        }
      输出换行符;
      i=i+1;
      }
    输出最大值 maxv 和最小值 minv;
```

参考程序：

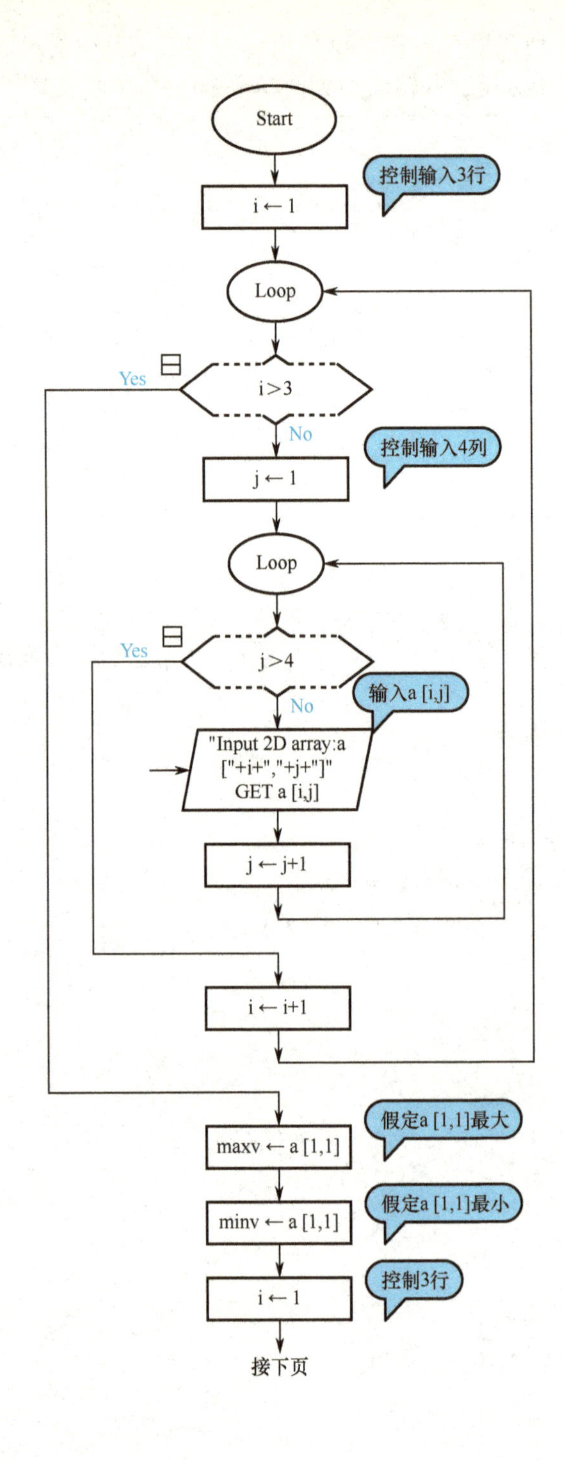
Start
i ← 1
控制输入3行
Loop
Yes
i>3
No
j ← 1
控制输入4列
Loop
Yes
j>4
No
输入a [i,j]
"Input 2D array:a ["+i+","+j+"]"
GET a [i,j]
j ← j+1
i ← i+1
maxv ← a [1,1]
假定a [1,1]最大
minv ← a [1,1]
假定a [1,1]最小
i ← 1
控制3行
接下页

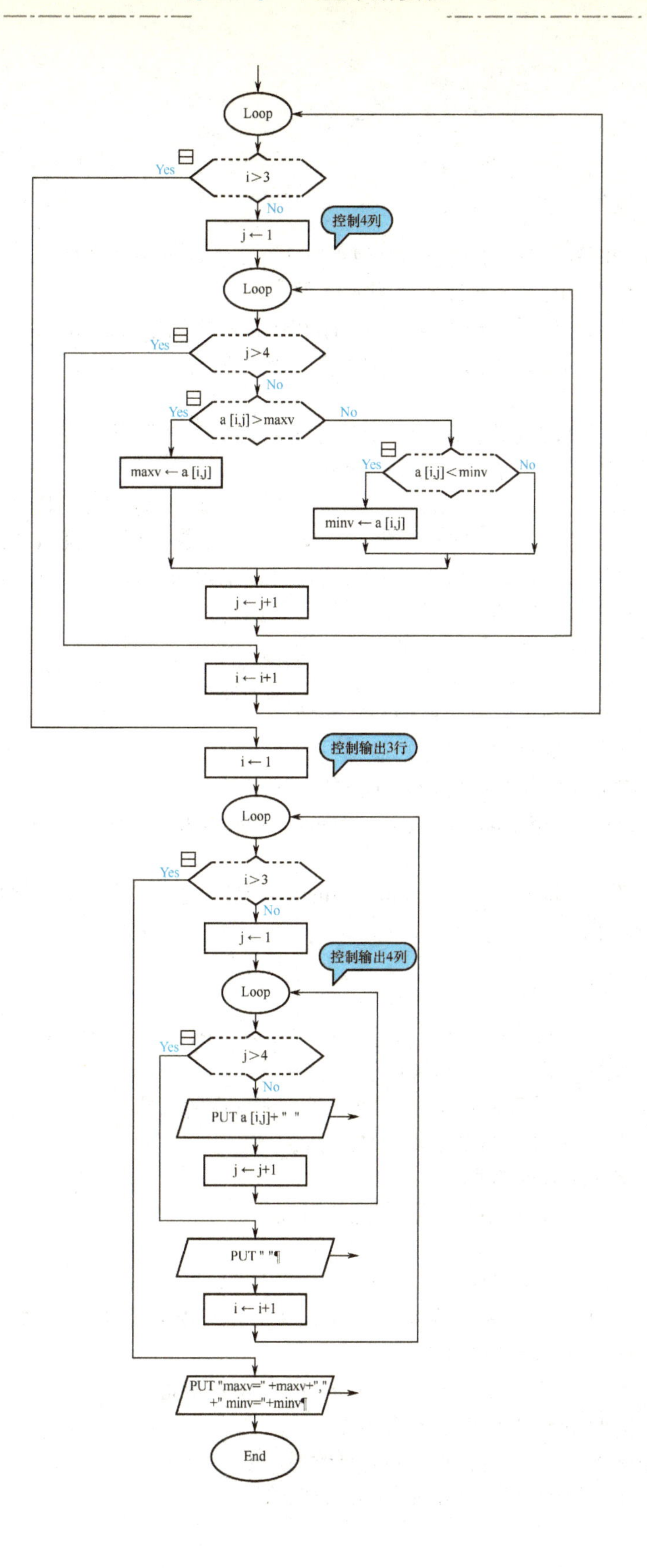
Loop
Yes
i>3
No
j←1
控制4列
Loop
Yes
j>4
No
Yes
a [i,j]>maxv
No
maxv ← a [i,j]
Yes
a [i,j]<minv
No
minv ← a [i,j]
j ← j+1
i ← i+1
i ← 1
控制输出3行
Loop
Yes
i>3
No
j ← 1
控制输出4列
Loop
Yes
j>4
No
PUT a [i,j]+" "
j ← j+1
PUT " "¶
i ← i+1
PUT "maxv=" +maxv+","
+" minv="+minv¶
End

10.4 实验四 子图和子程序

一、实验目的和要求

（1）掌握子图和子程序的定义和调用，子图和子程序是全图的一部分，一般将常用的功能且相对独立的程序设计成子图或子程序。

（2）主图可以调用子图和子程序，子图和子程序之间也可以相互调用。

（3）掌握子图的定义和调用，子图没有参数，所有子图和主图共享变量，调用子图时只要给出子图的名称即可。

（4）掌握子程序的定义和调用，子程序带有参数，掌握子程序与主图、子图或其他子程序之间参数传递的方式和意义，子程序参数的设置如下：

· 定义子程序时：fun(正向形式参数变量，反向形式参数变量，双向形式参数变量)

· 调用子程序时：fun(正向实际参数，反向实际参数，双向实际参数)

· 正向实际参数：常量、变量、函数和表达式，调用时赋给正向形式参数变量。

· 反向实际参数：变量，可以是已用/未用过的。

· 双向实际参数：已知值的变量。

注意：

实际参数个数必须与形式参数的个数一致；

传递者参数在传递时一定是已知值的；

被传递者参数在传递时可以是未知值的。

（5）当 Raptor 菜单 mode 设置为“Novice（初学者）”时，只有“add subchart”选项；

当 Raptor 菜单 mode 设置为“Intermediate（中级）”时，则有“add subchart”和“add procedure”两个选项。

二、实验内容

（1）编写程序求两个数的和，体会主图和所有子图共享变量的情况。

要求： 主图调用子图实现程序功能；

主图 Main 分别调用下述三个子图实现程序的功能。

子图 Input 实现从键盘输入两个数；

子图 Sum 实现求两个数的和；

子图 Output 输出两个数及它们的和。

（2）编写程序求 $n!$。

要求： 主图调用子图实现程序功能；

主图 Main 完成 n 的输入、调用子图 Jc 实现求 $n!$ 和结果的输出；

子图 Jc 具体实现求 $n!$。

（3）编写程序求 $1!+2!+3!+\cdots+n!$，n 由键盘输入。

要求： 主图调用子程序实现程序功能；

主图 Main 的功能：循环调用子程序 jc()实现求阶乘和的流程控制；

求阶乘的子程序 jc(in n，out m)实现 $m=n!$。

(4) 求两个正整数 m 和 n 的最大公约数和最小公倍数。

要求：主图调用子图实现程序功能；

· 主图 Main 的功能：输入两个正整数，分别调用子图 Gys 求最大公约数和子图 Gbs 求最小公倍数；

· 子图 Gys 的功能：实现求最大公约数；

· 子图 Gbs 的功能：实现求最小公倍数。

算法提示：m 和 n 的最小公倍数等于 $m*n$ 除以最大公约数。

(5) 编写程序求一维数组的最大值、最小值和平均值。

要求：主图调用子程序实现程序功能；

· 主图 Main 的功能：

从键盘输入 10 个数放在一维数组 a 中；

调用子程序 fun(in a, out maxv,out minv,out averv)求最大值、最小值和平均值。

· 子程序 fun(in a, out maxv,out minv,out averv)的功能：

求一维数组的最大、最小和平均值。

参考程序：

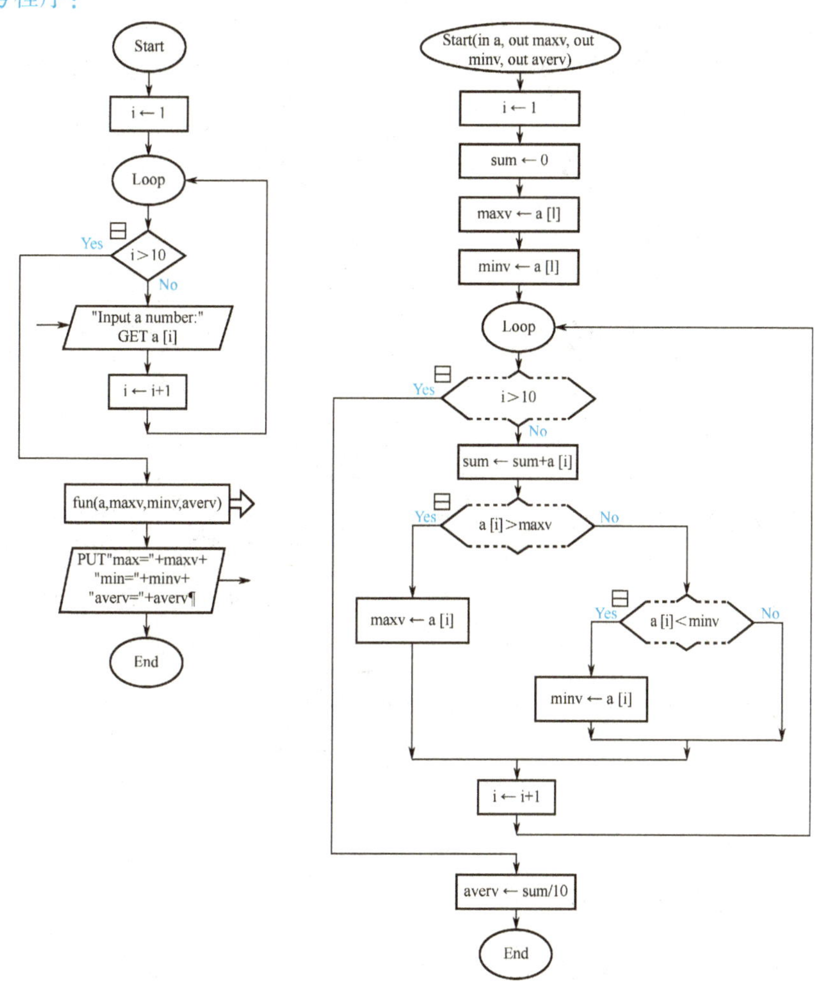

（6）编写程序实现正向和反向输出正整数的每一位数字（子程序递归调用）。

例如：输入 $m=12345$，

正向输出 m 的每一位数字：1　2　3　4　5

反向输出 m 的每一位数字：5　4　3　2　1

要求：主图递归调用子程序实现程序功能。

· 主图 Main 的功能：输入一个正整数 m，分别递归调用子程序 zx(int m)和fx(in m)实现正向输出和反向输出 m 的每一位数字；

· 递归子程序 zx(in m)：假定数 m 有 n 位，当 m！ =0，首先递归调用输出 m 的前 $n-1$ 位，然后输出 m 的最后一位；

· 递归子程序 fx(in m)：假定数 m 有 n 位，当 m！ =0，首先输出当前 m 的最低位，然后递归调用输出 m 剩余的 $n-1$ 位数字。

参考程序：

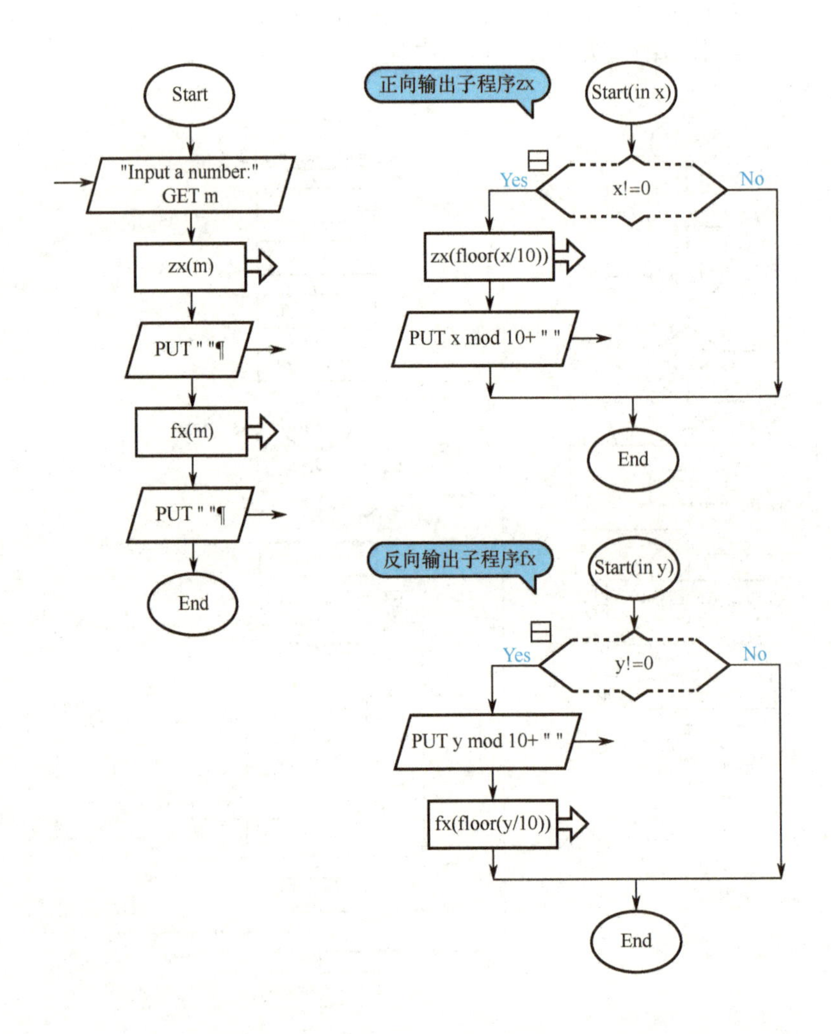

10.5　实验五　数据文件

一、实验目的和要求

（1）系统默认的输入设备是键盘；默认的输出设备是显示器。

（2）掌握文件的概念，输入/输出重定向 Redirect_ Input/Redirect_ Output 的使用。

· 输入文件的打开：Redirect_ Input（“文件名”）；

· 输入文件的关闭：Redirect_ Input（false/No）；

· 输出文件的打开：Redirect_ Output（“文件名”）；

· 输出文件的关闭：Redirect_ Output（false/No）；

（3）输入文件的结束控制，Raptor 提供了一个 End_ Of_ Input 函数用来判断读取的文件是否结束，返回值为 True 时文件结束，返回值为 False 时文件未结束。

（4）掌握输入文件的读取特点：

· 面向行的输入，每次读取一行；

· 如果读取的行只有一个数值型数据，则读取的结果为数值型；

· 如果读取的行不是一个数据，含有其他非数字字符，则读取的结果为字符串；

· 当一行上有多个数据时，将把整行作为一个字符串读入，这时就需要分解（见第 9 章实例九和实例十）。

二、实验内容

（1）编写程序实现将整数 1 ~ 10 以及它们的平方根输出到文件 sqrtlist. txt 中，格式如图 10-6 所示。

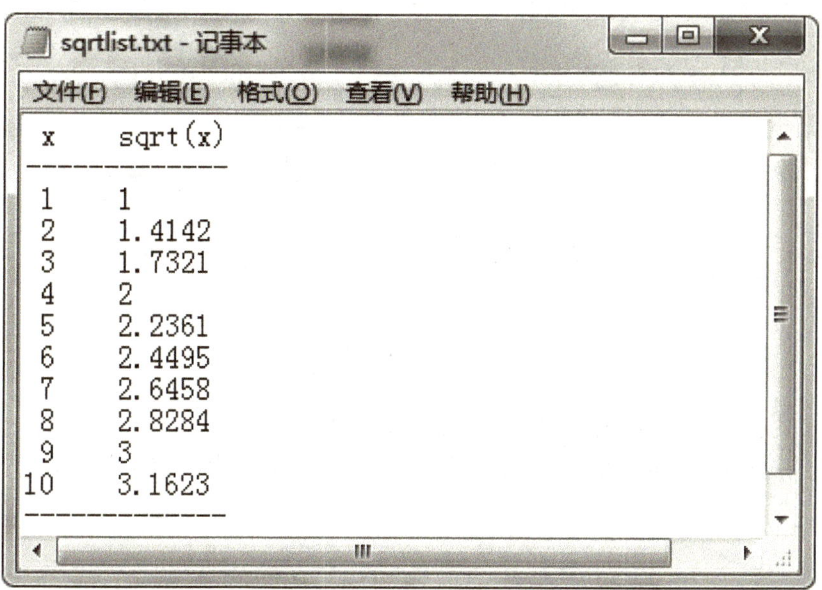
sqrtlist.txt - 记事本

文件(F)　编辑(E)　格式(O)　查看(V)　帮助(H)

```
 x     sqrt(x)
-------------
 1     1
 2     1.4142
 3     1.7321
 4     2
 5     2.2361
 6     2.4495
 7     2.6458
 8     2.8284
 9     3
10     3.1623
-------------
```

图 10-6　输出文件的内容（1 ~ 10 平方根表）

参考程序：

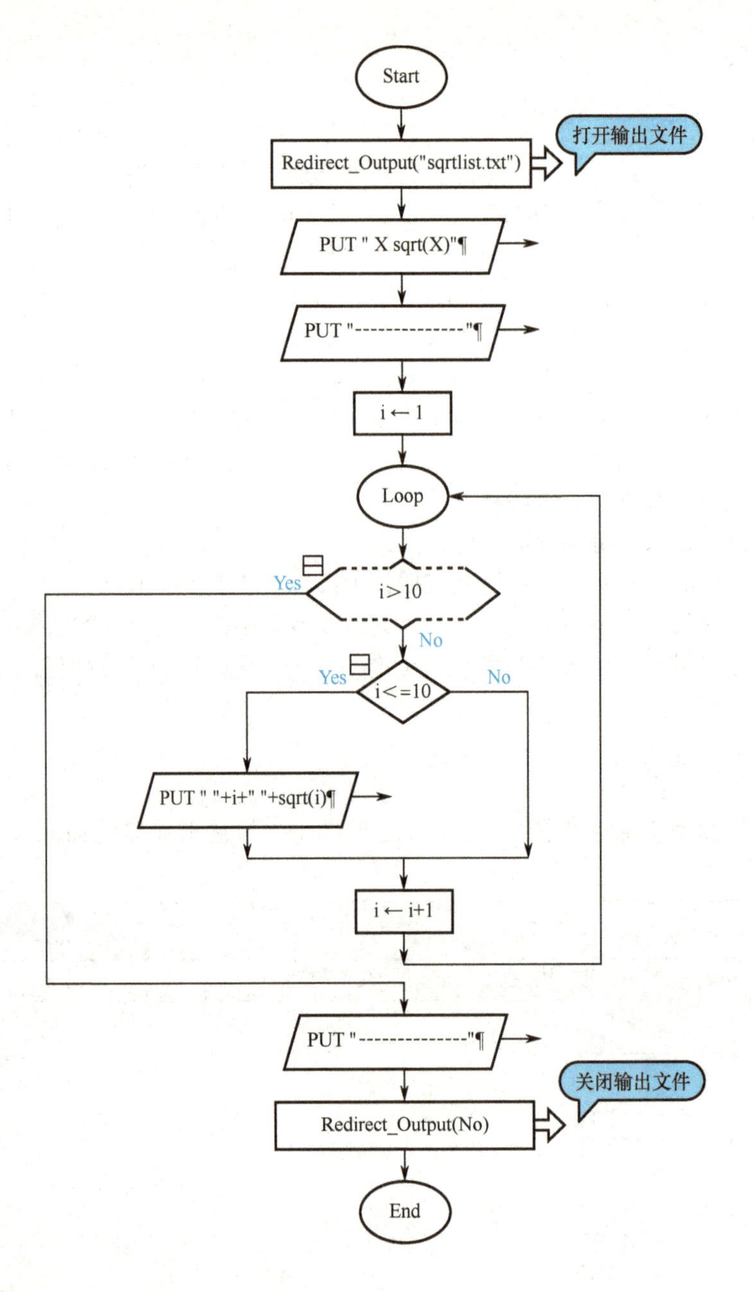

（2）产生100个1～1000之间的随机整数输出到文件random_ num. txt中。

要求： 每行输出10个数据，数据之间要有空格分隔，上下数据要对齐。

参考程序：

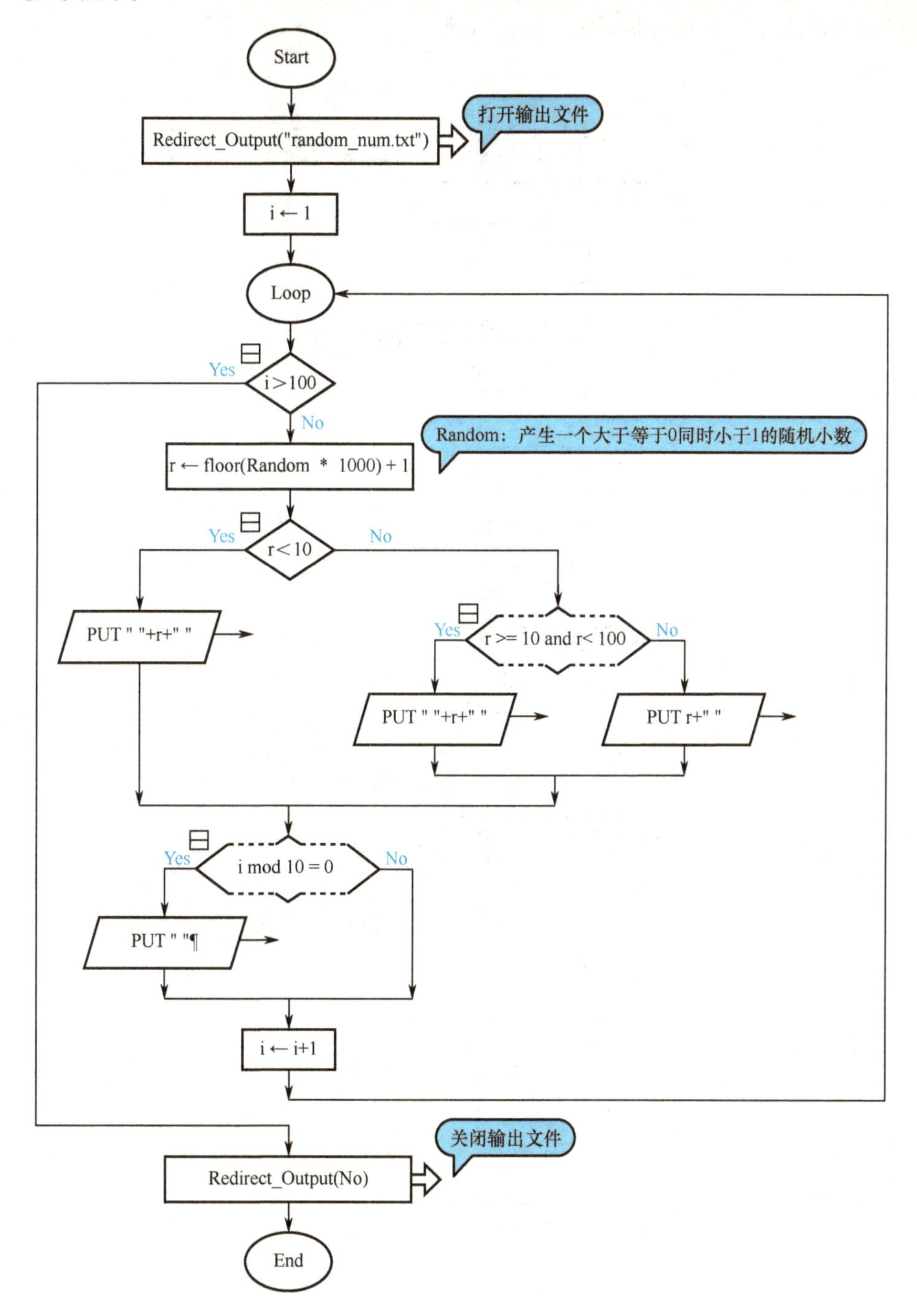

（3）编写程序实现文件操作。

要求： · 读取文件 infile. txt 中的数据存到一维数组 a 中；

· 求数组 a 中所有元素的和；

· 将一维数组 a 以及所有元素的和写入到文件 outfile. txt 中。

提示：用记事本创建文件 infile. txt，文件中数据的组织最好是一行一个数据，数据个数任意。数组元素个数用 length_ of(a)计算。

参考程序：

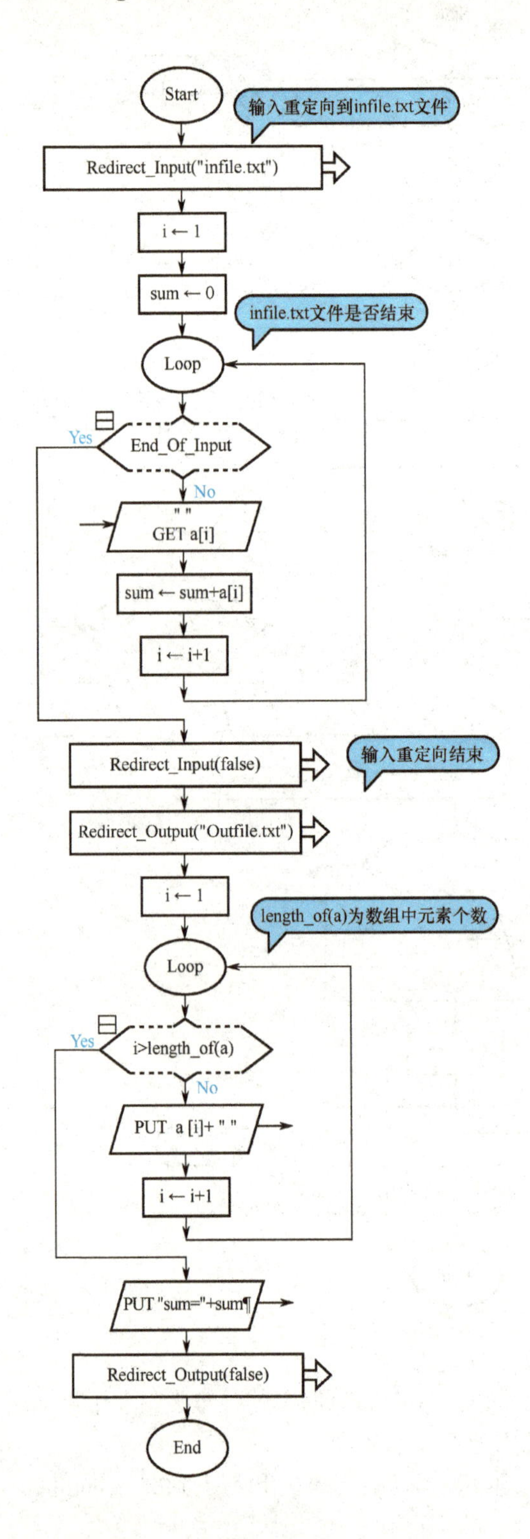

10.6　实验六　图形窗口、文本操作和图形绘制

一、实验目的和要求

(1) 掌握图形窗口的使用。

(2) 掌握基本图形的绘制。

(3) 掌握图形窗口下数字和文本的显示。

二、实验内容

(1) 图形窗口的使用，完成下列操作。

获取显示器窗口的最大宽度和高度存入到变量 Variable_ x 和变量 Variable_ y 中：

Variable_ x ← Get_ Max_ Width

Variable_ y ← Get_ Max_ Height

图形窗口打开：Open_ Graph_ Window (X_ Size，Y_ Size)

图形窗口关闭：Close_ Graph_ Window

设置图形窗口标题：Set_ Window_ Title (Title)

获取已打开窗口的宽度和高度存入到变量 Variable_ x 和变量 Variable_ y 中：

Variable_ x ← Get_ Window_ Width

Variable_ y ← Get_ Window_ Height

检测图形窗口是否打开：Is_ Open，若返回值为真，则窗口已打开；若返回值为假，则窗口未打开。

(2) 文本操作，完成下列设置和操作。

设置字号：Set_ Font_ Size (Size)

取得字模的宽度和高度存入到变量 Variable_ w 和变量 Variable_ h 中：

Variable_ w ← Get_ Font_ Width

Variable_ h ← Get_ Font_ Height

显示数字：Display_ Number (X，Y，Number，Color)

显示文本：Display_ Text (X，Y，Text，Color)

实验内容 (1) 和 (2) 的参考程序：

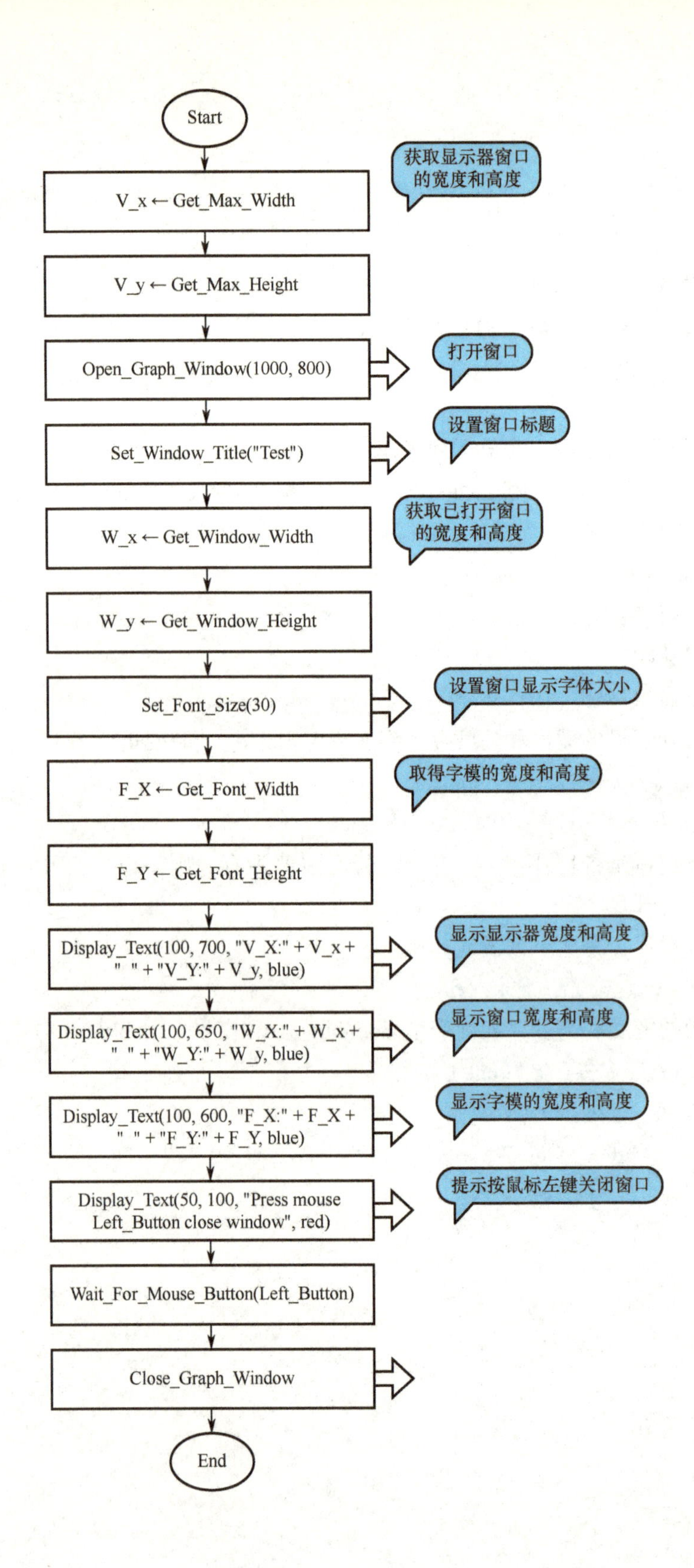

Start
V_x ← Get_Max_Width
获取显示器窗口的宽度和高度
V_y ← Get_Max_Height
Open_Graph_Window(1000, 800)
打开窗口
Set_Window_Title("Test")
设置窗口标题
W_x ← Get_Window_Width
获取已打开窗口的宽度和高度
W_y ← Get_Window_Height
Set_Font_Size(30)
设置窗口显示字体大小
F_X ← Get_Font_Width
取得字模的宽度和高度
F_Y ← Get_Font_Height
Display_Text(100, 700, "V_X:" + V_x + " " + "V_Y:" + V_y, blue)
显示显示器宽度和高度
Display_Text(100, 650, "W_X:" + W_x + " " + "W_Y:" + W_y, blue)
显示窗口宽度和高度
Display_Text(100, 600, "F_X:" + F_X + " " + "F_Y:" + F_Y, blue)
显示字模的宽度和高度
Display_Text(50, 100, "Press mouse Left_Button close window", red)
提示按鼠标左键关闭窗口
Wait_For_Mouse_Button(Left_Button)
Close_Graph_Window
End

实验内容（1）和（2）输出的图形窗口：

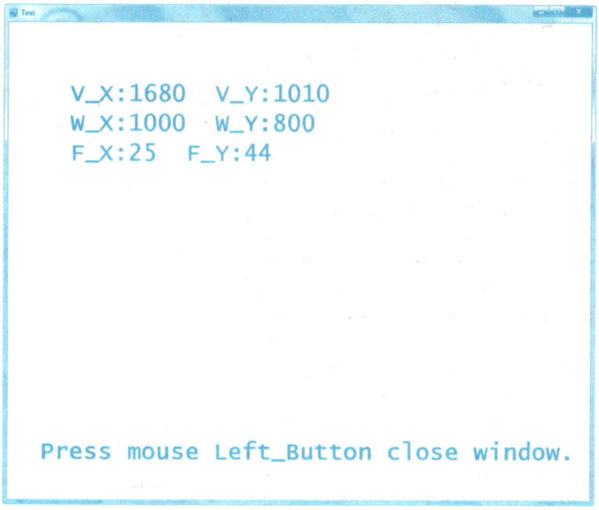

```
V_X:1680  V_Y:1010
W_X:1000  W_Y:800
F_X:25  F_Y:44

Press mouse Left_Button close window.
```

（3）图形绘制，完成下列图形绘制。

清理窗口：　Clear_ Window (Color)

绘制弧：　Draw_ Arc (X1, Y1, X2, Y2, Startx, Starty, Endx, Endy, Color)

绘制矩形：　Draw_ Box (X1, Y1, X2, Y2, Color, Filled)

绘制圆：　Draw_ Circle (X, Y, Radius, Color, Filled)

绘制椭圆：　Draw_ Ellipse (X1, Y1, X2, Y2, Color, Filled)

绘制可以旋转角度的椭圆：　Draw_ Ellipse_ Rotate (X1, Y1, X2, Y2, Angle, Color, Filled)

绘制直线：　Draw_ Line (X1, Y1, X2, Y2, Color)

指定区域填充颜色：　Flood_ Fill (X, Y, Color)

绘制位图：　Draw_ Bitmap (Load_ Bitmap (" 位图图像文件名"), X, Y, Width, Height)

结合实验内容（3）位图图像的电子素材，绘制各种图形和位图。

参考程序：

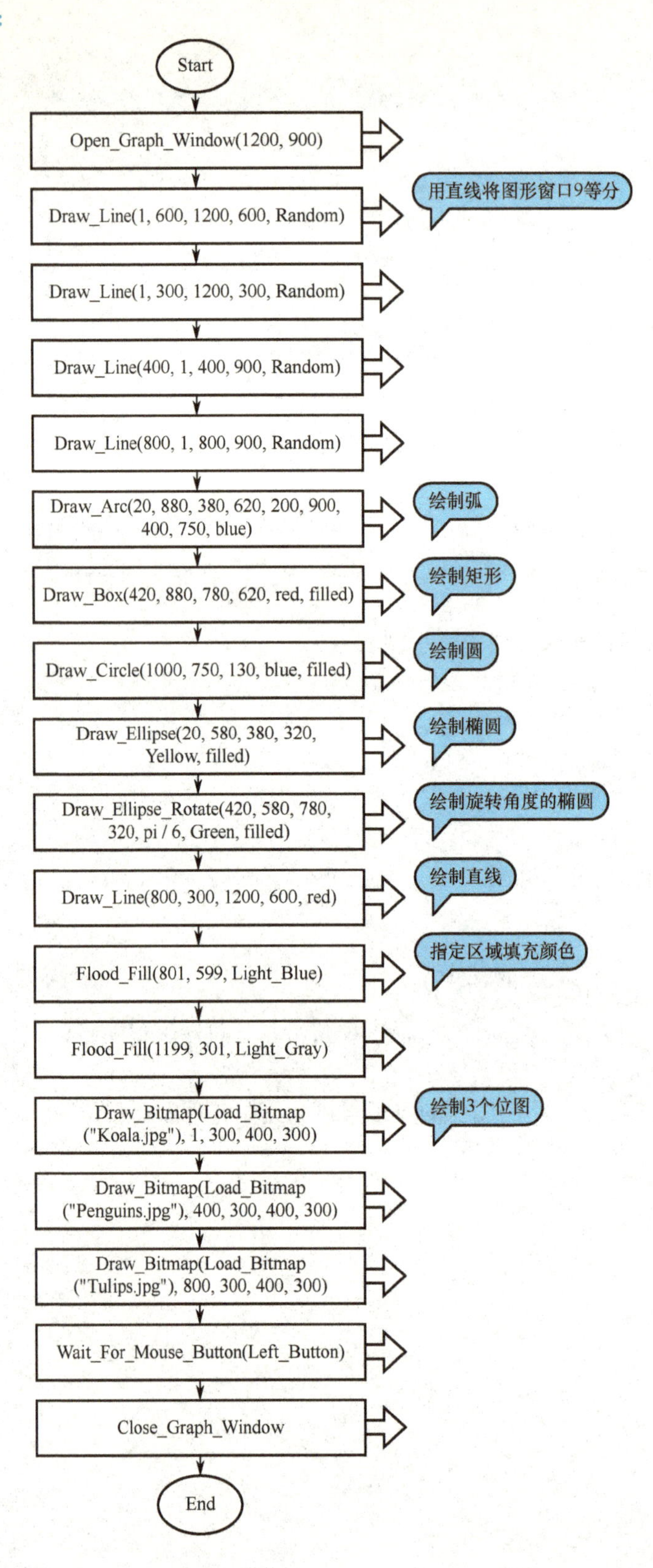
Start
Open_Graph_Window(1200, 900)
Draw_Line(1, 600, 1200, 600, Random)
用直线将图形窗口9等分
Draw_Line(1, 300, 1200, 300, Random)
Draw_Line(400, 1, 400, 900, Random)
Draw_Line(800, 1, 800, 900, Random)
Draw_Arc(20, 880, 380, 620, 200, 900, 400, 750, blue)
绘制弧
Draw_Box(420, 880, 780, 620, red, filled)
绘制矩形
Draw_Circle(1000, 750, 130, blue, filled)
绘制圆
Draw_Ellipse(20, 580, 380, 320, Yellow, filled)
绘制椭圆
Draw_Ellipse_Rotate(420, 580, 780, 320, pi / 6, Green, filled)
绘制旋转角度的椭圆
Draw_Line(800, 300, 1200, 600, red)
绘制直线
Flood_Fill(801, 599, Light_Blue)
指定区域填充颜色
Flood_Fill(1199, 301, Light_Gray)
Draw_Bitmap(Load_Bitmap("Koala.jpg"), 1, 300, 400, 300)
绘制3个位图
Draw_Bitmap(Load_Bitmap("Penguins.jpg"), 400, 300, 400, 300)
Draw_Bitmap(Load_Bitmap("Tulips.jpg"), 800, 300, 400, 300)
Wait_For_Mouse_Button(Left_Button)
Close_Graph_Window
End

实验（3）的输出的图形窗口：

10.7　实验七　图形窗口与键盘和鼠标交互

一、实验目的和要求

（1）掌握图形窗口与键盘的交互：阻塞型键盘输入、非阻塞型键盘输入的使用。
（2）掌握图形窗口与鼠标的交互：阻塞型鼠标输入、非阻塞型鼠标输入的使用。

二、实验内容

（1）如图10-7所示的图形窗口，从键盘输入1～4中任何一个数字可将窗口左侧相应图片显示在窗口右侧的大区域中，如图10－8所示，按Esc键程序结束。结合本题的电子素材，阅读如图10－9所示的流程图示例，完成图形窗口与键盘交互的程序设计。

注意：掌握“阻塞型键盘输入”的使用，其他“阻塞型键盘输入”读者自行练习。

图10-7　实验内容（1）的初始图形窗口

图10-8　实验内容（1）的运行窗口

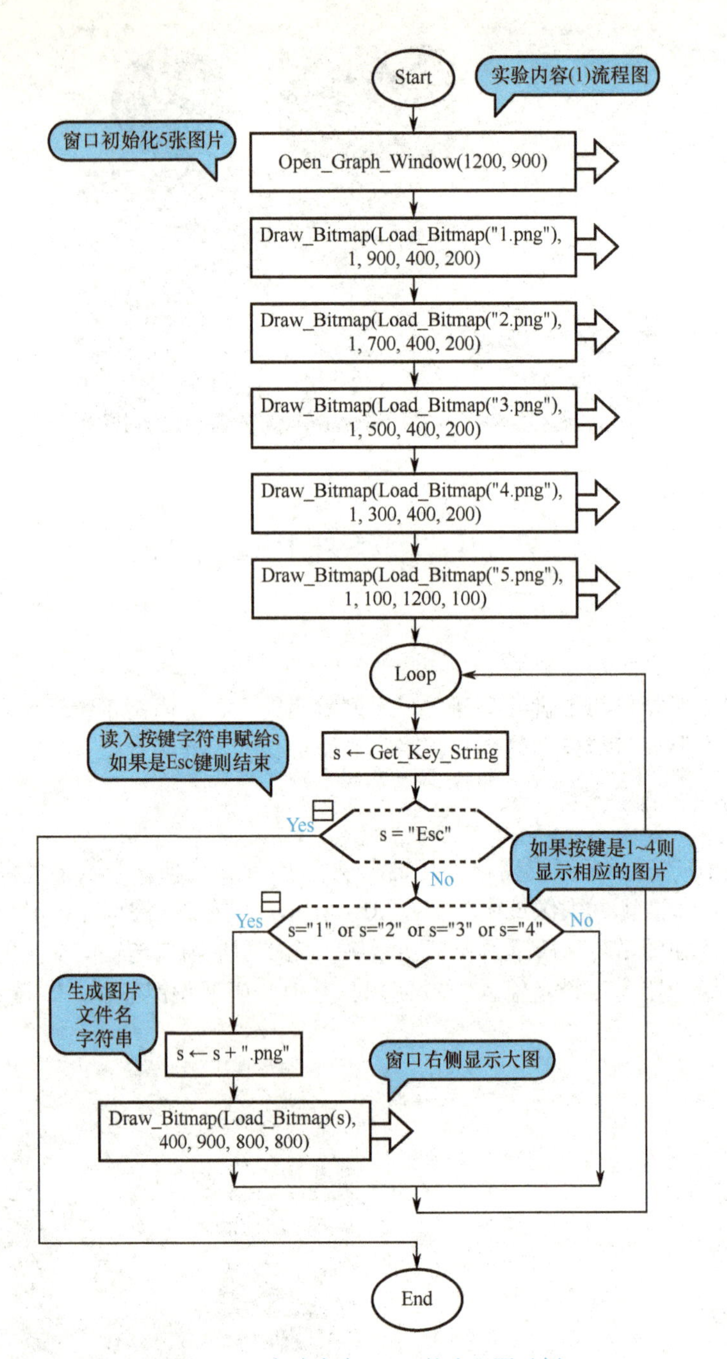

图 10-9　实验内容（1）的流程图示例

（2）如图 10-10 所示的图形窗口示例，窗口右侧循环显示一组图片，要求选取 4 张图片显示在左侧的小窗口中，按一次 Enter 键可选取当前看到的一张图片并将其显示在左侧的小窗口中，最终的运行结果如图 10-11 所示。结合本题的电子素材，阅读如图 10-12 所示的流程图示例，完成图形窗口与键盘的交互的程序设计。

注意：掌握“非阻塞型键盘输入”的使用。其他“非阻塞型键盘输入”读者自行完成。

图 10-10 实验内容（2）的初始窗口

图 10-11 实验内容（2）的运行结果

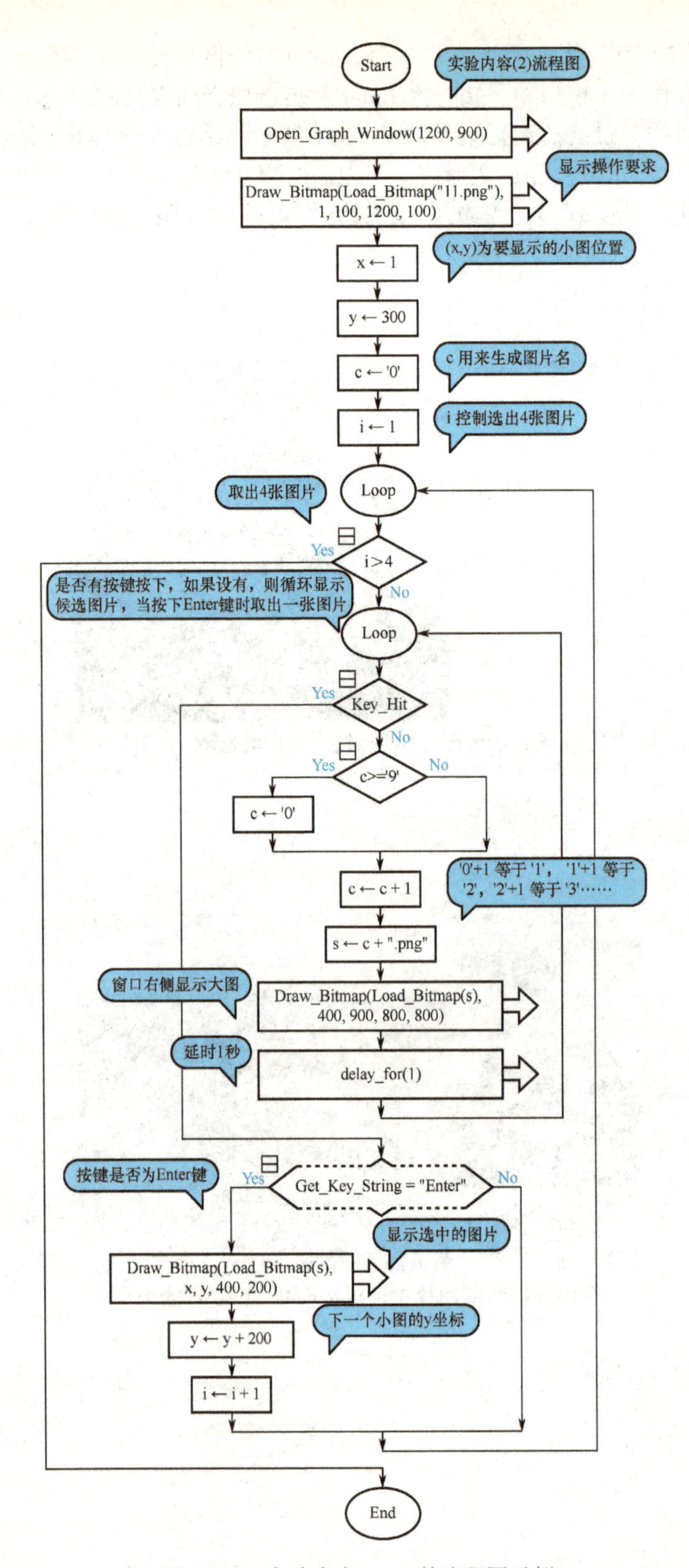

图 10-12 实验内容（2）的流程图示例

（3）如图 10-13 所示的图形窗口，当鼠标左键单击图形窗口左侧 4 张小图片中的一张时，该图片将以大图片的方式显示在窗口右侧，单击指定的区域程序运行结束，最终的运行结果如图 10-14 所示。结合本题的电子素材，阅读如图 10-15 所示的流程图示例，完成图形窗口与鼠标交互的程序设计。

注意：掌握“阻塞型鼠标输入”的使用。其他“阻塞型鼠标输入”读者自行完成。

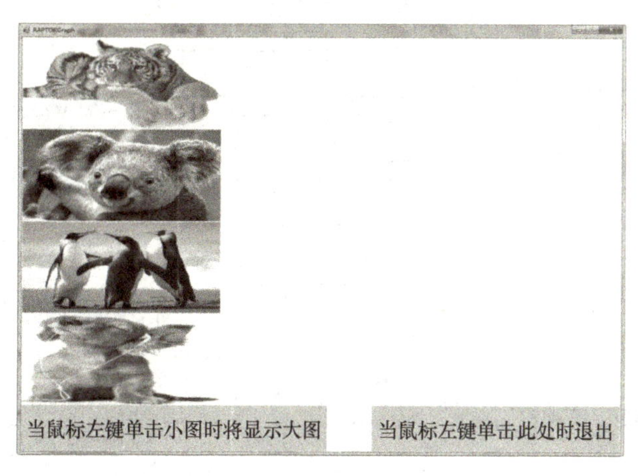

图 10-13　实验内容（3）的初始窗口

图 10-14　实验内容（3）的运行结果

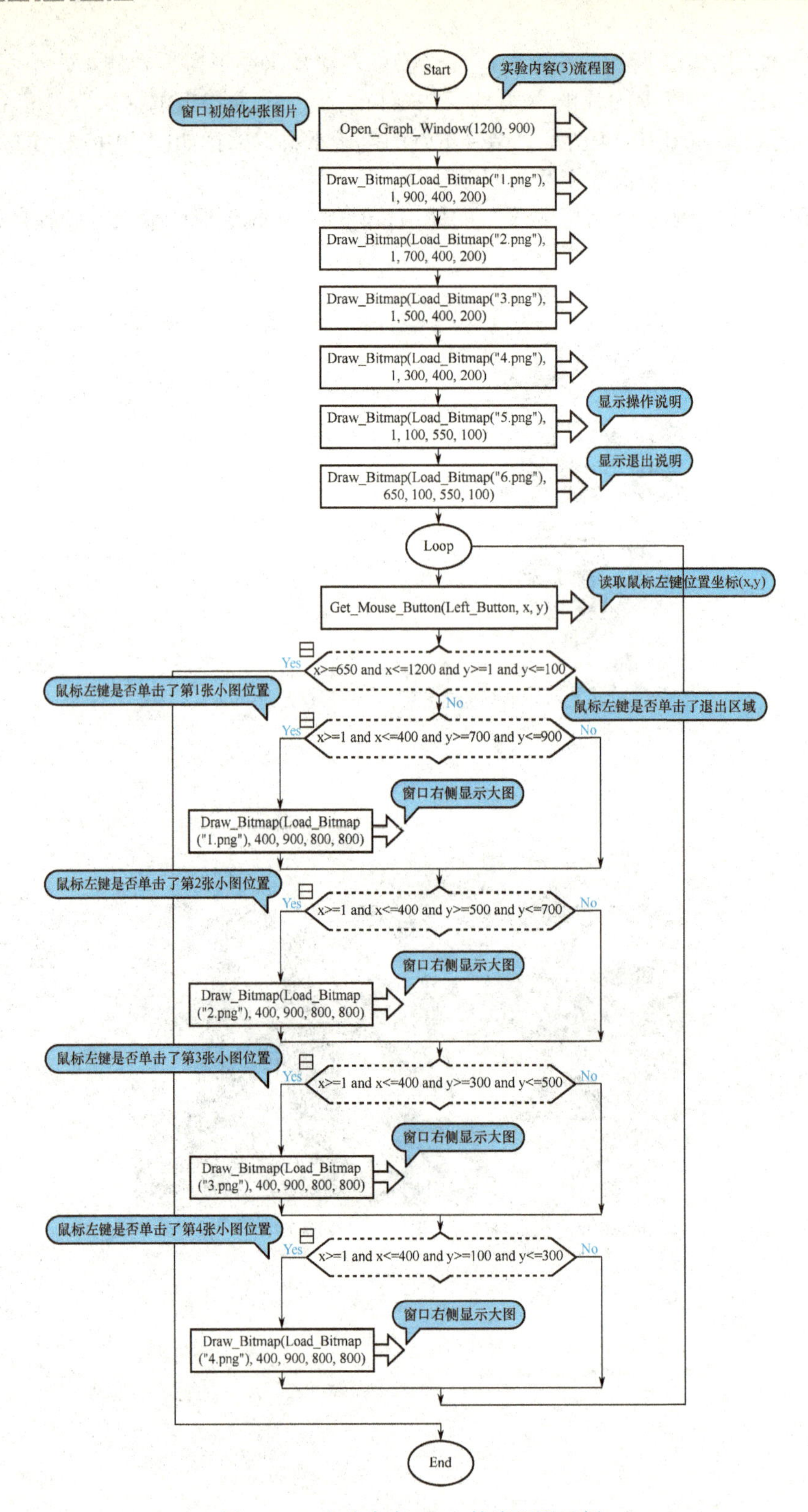

图 10-15 实验内容（3）的流程图示例

（4）如图10-16所示的图形窗口示例，窗口右侧循环显示一组图片，要求选取4张图片显示在左侧的小窗口中，当鼠标左键单击选中当前看到的大图片区域时，该图片将被选中并显示在左侧的小窗口中，最终的运行结果如图10-17所示。结合本题的电子素材，阅读如图10-18所示的流程图示例，完成图形窗口与鼠标交互的程序设计。

注意：掌握“非阻塞型鼠标输入”的使用。其他“非阻塞型鼠标输入”读者自行完成。

图10-16 实验内容（4）初始窗口

图10-17 实验内容（4）的运行结果

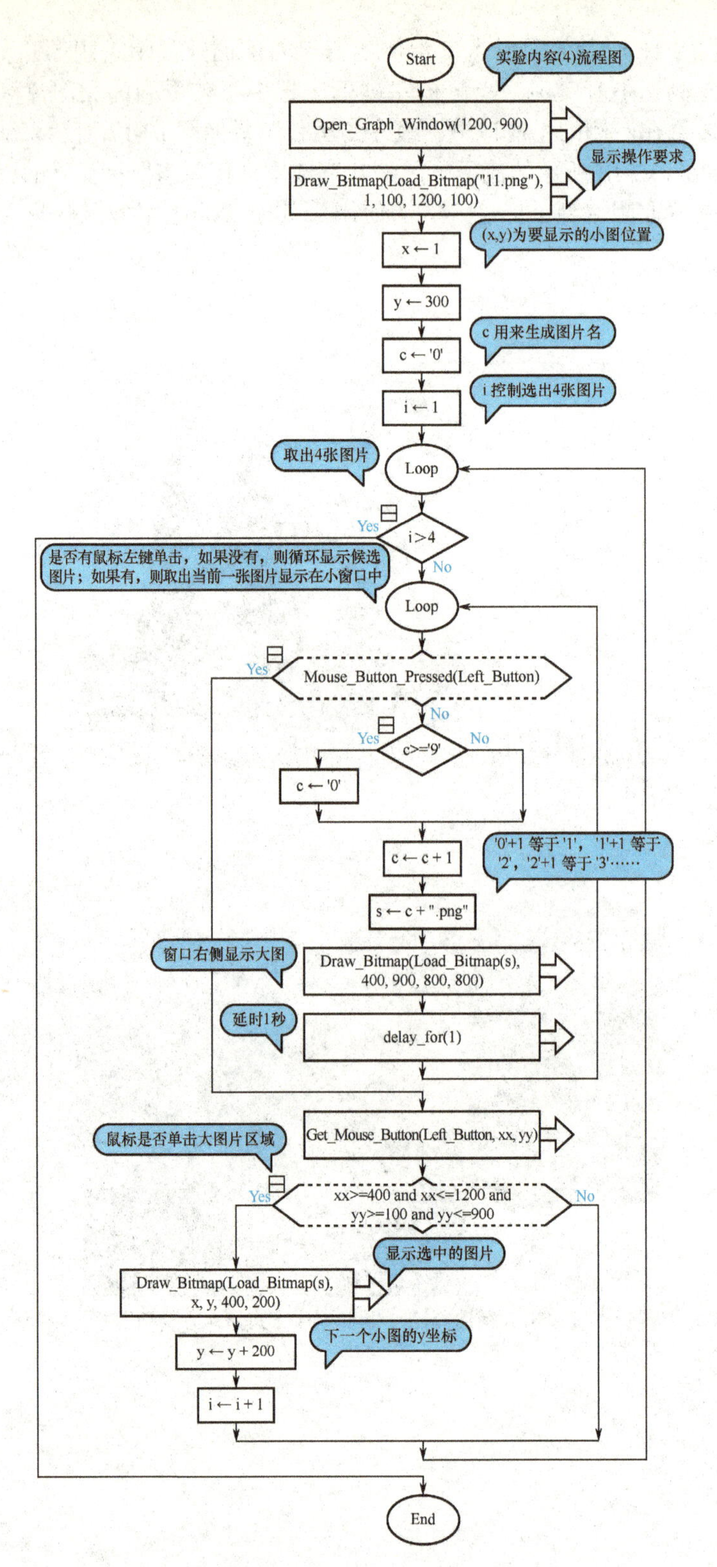

图10-18 实验内容（4）的流程图示例

10.8　实验八　简单动画设计

一、实验目的和要求

（1）了解简单动画的制作思想。

（2）掌握简单动画的制作方法：

利用图片边缘与窗口背景相同颜色部分错位覆盖显示产生动画效果；

利用背景色覆盖原位置上的图片，再错位显示图片产生动画效果。

二、实验内容

（1）如图 10-19 所示的图形窗口，通过单击鼠标左键开始显示动画，图片从窗口右侧向窗口左侧移动，按 Esc 键可结束动画，程序运行过程如图 10-20 所示。结合本题的电子素材，阅读如图 10-21 所示的流程图示例，完成图形窗口动画设计。

注意：本题利用图片边缘与窗口背景相同颜色部分错位覆盖显示产生动画效果。

图 10-19　实验内容（1）的初始窗口

图 10-20　实验内容（1）的运行过程

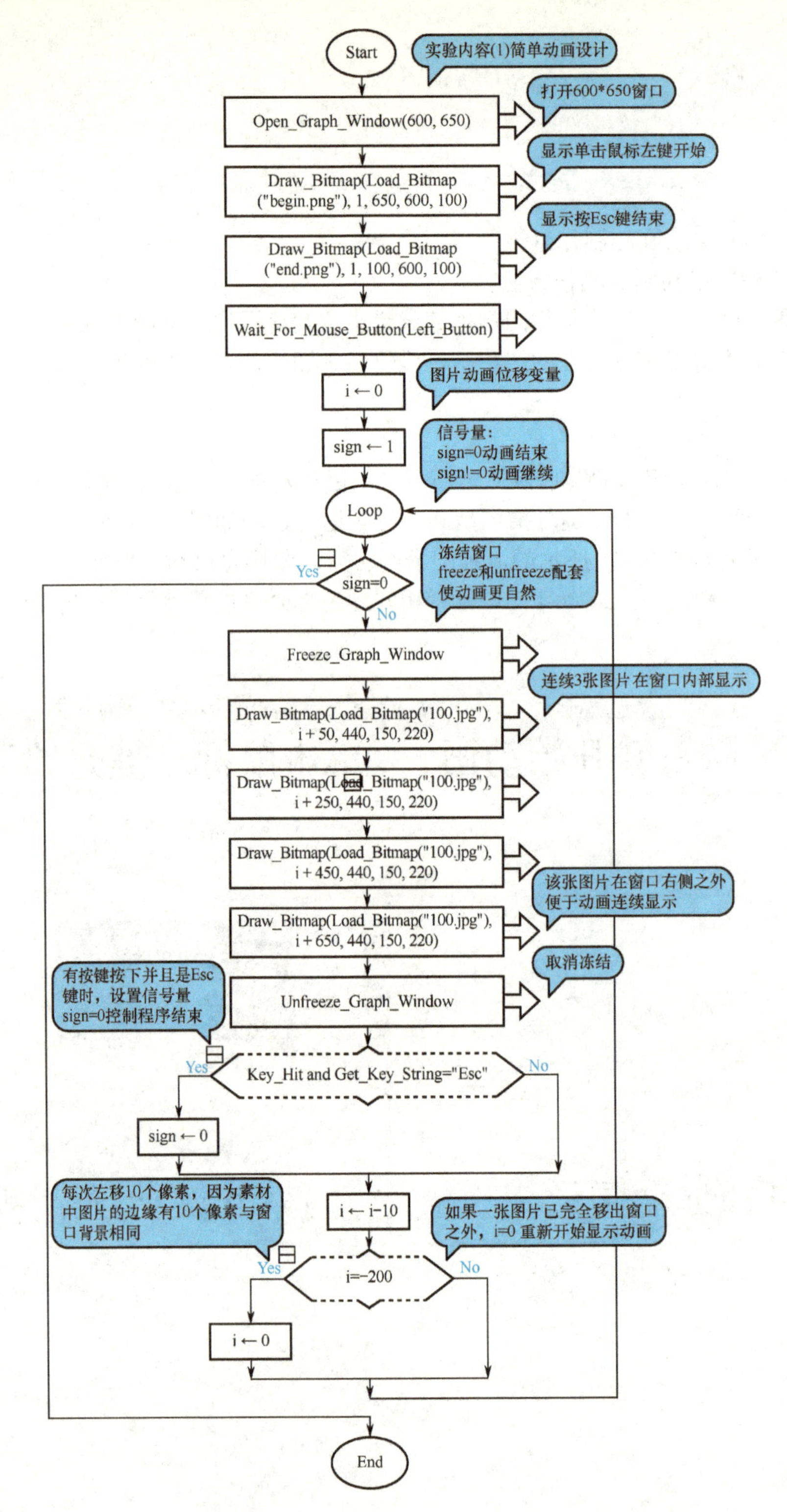

图 10-21　实验内容（1）的流程图示例

（2）如图 10-22 所示的图形窗口，单击鼠标左键开始显示动画，小球在水平方向来回运动，碰到左右两边的边缘便弹回开始反方向运动，并配有碰壁的声音，按 Esc 键可结束动画，程序运行过程如图 10-23 所示。结合本题的电子素材，阅读如图 10-24 所示的流程图示例，完成图形窗口动画设计。

注意：本题利用背景色覆盖原位置上的图形，再错位显示图形产生动画效果。

图 10-22　实验内容（2）初始窗口

图 10-23　实验内容（2）的运行过程

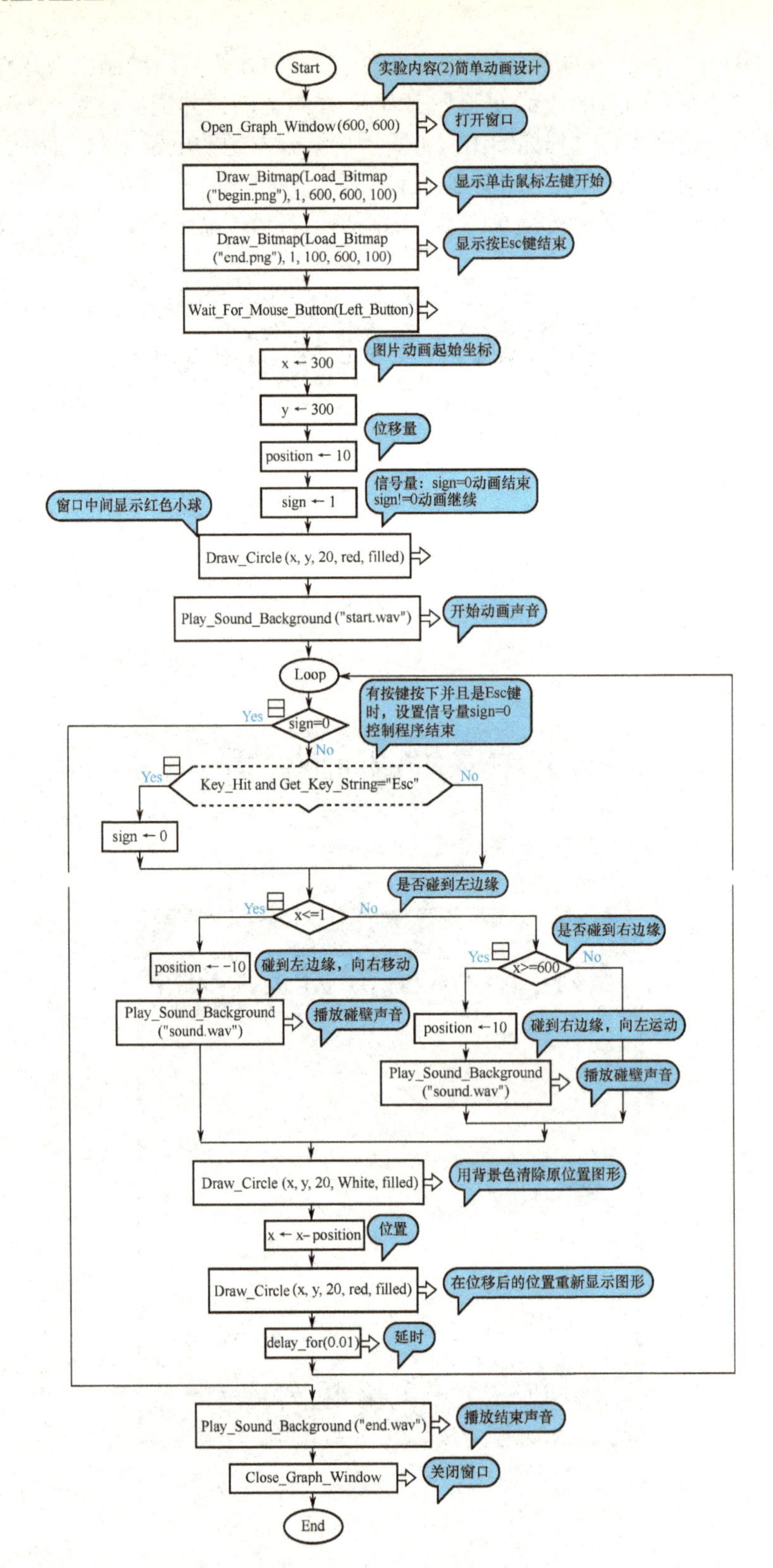

图 10-24　实验内容（2）的流程图示例

（3）小球运动的动画设计。

要求：

① 打开一个宽为 360 像素，高为 120 像素的图形窗口；

② 将窗口的标题（title）设置为自己的学号；

③ 将整个图形窗口设置成蓝色（blue）；

④ 画一个黄色（yellow）的矩形（只画边框，不填充），矩形的左上角坐标为（20，100），右下角坐标为（340，20）；

⑤ 在图形窗口中画一个运动的小球，小球的半径为 10 像素，颜色为红色（red），小球沿着矩形边框顺时针方向循环运动，圆心一直在矩形边框上；

⑥ 鼠标左键单击窗口时，小球暂停运动；按键盘上任意键小球继续运行；

⑦ 小球运动过程中按 Esc 键程序结束。

假设自己的学号为 10000，小球的运动过程如图 10-25 所示，阅读如图 10-27 所示的流程图主图“main”示例以及如图 10-26 所示的流程图子图“next_ xy”示例，完成图形窗口的动画设计。

图 10-25　实验内容（3）的图形窗口示例

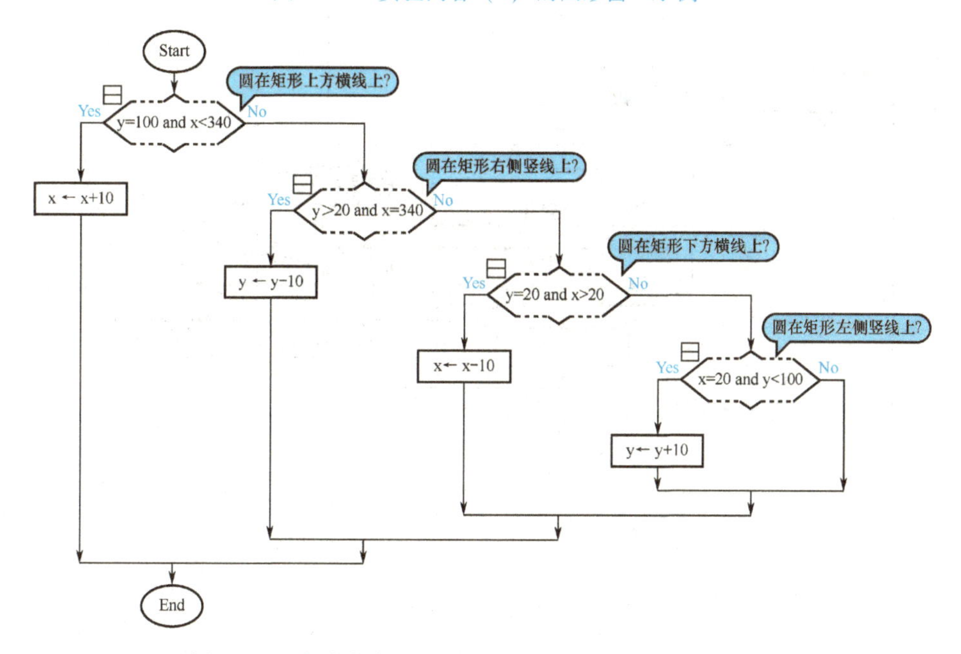

图 10-26　实验内容（3）的流程图子图“next_ xy”示例

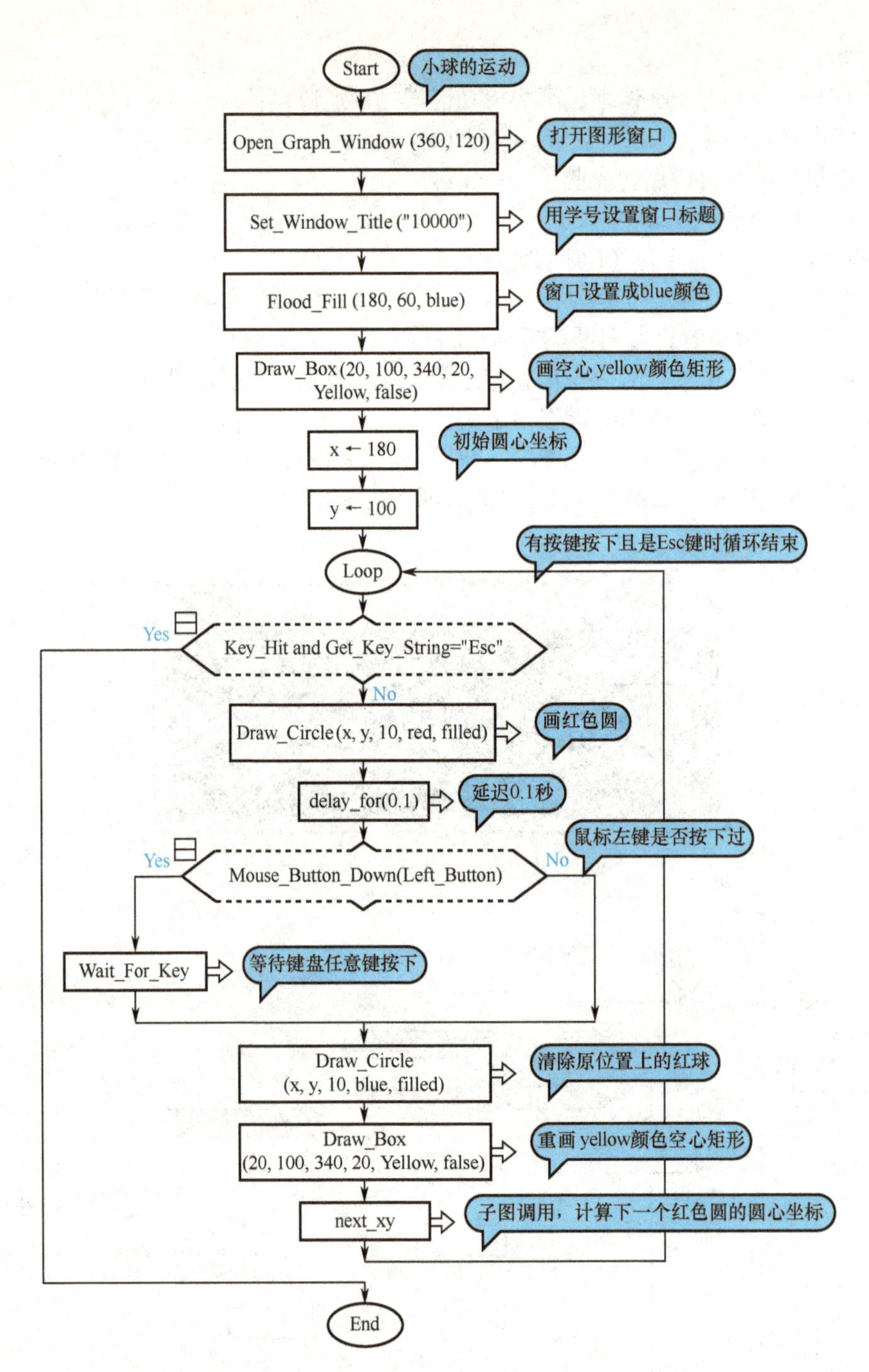

图 10-27　实验内容（3）的流程图主图“main”示例

10.9　实验九　综合实验一

一、实验目的和要求

综合运用所学的知识和工具、问题求解基本算法和基本策略以及实例中所运用的编程技巧求解实际问题。

二、实验内容

（1）编写如图 10-28 所示的打地鼠的游戏程序，**具体说明如下**：

- 游戏规则：打地鼠的次数假定为 10 次，每个被选中的活动地鼠活动时间假定为 1s（活动一次延迟 0.2s），在此时间内打中地鼠加 1 分，游戏结束时显示总分；
- 建立图形窗口（假设 500 * 500），窗口中画 16 个圆（圆心位置 x：100、200、300、400，y：100、200、300、400，半径：40）作为地鼠的出入洞口；
- 用 floor(random * 1000) mod 16 产生 0 ~ 15 之间的随机整数，决定哪一个地鼠将进入活动模式，计算出该活动地鼠的圆心位置；
- 活动地鼠用随机颜色圆的延时覆盖来表示，在此过程中，测试是否有鼠标左键按下，若有则获取鼠标位置，计算鼠标位置与当前活动地鼠圆心位置之间的距离是否小于或等于半径，是则认为该地鼠被打中并累计分数进入下一次活动地鼠的选择，否则在规定的活动次数后进入下一个活动地鼠的选择。

参考程序主图如图 10-29 所示，参考程序子图“hd”如图 10-30 所示。

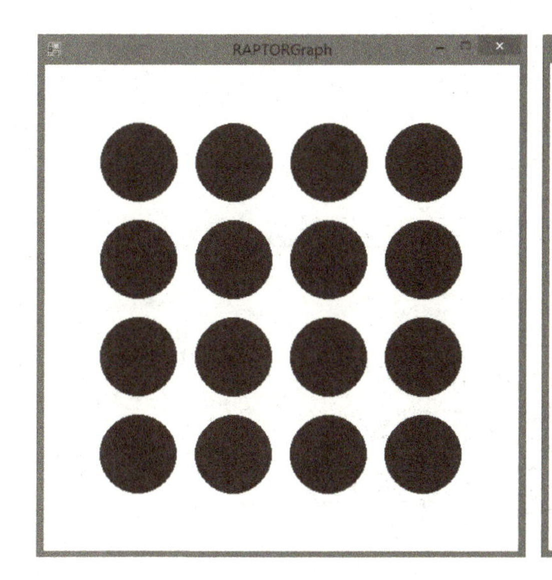

图 10-28　打地鼠游戏图形界面

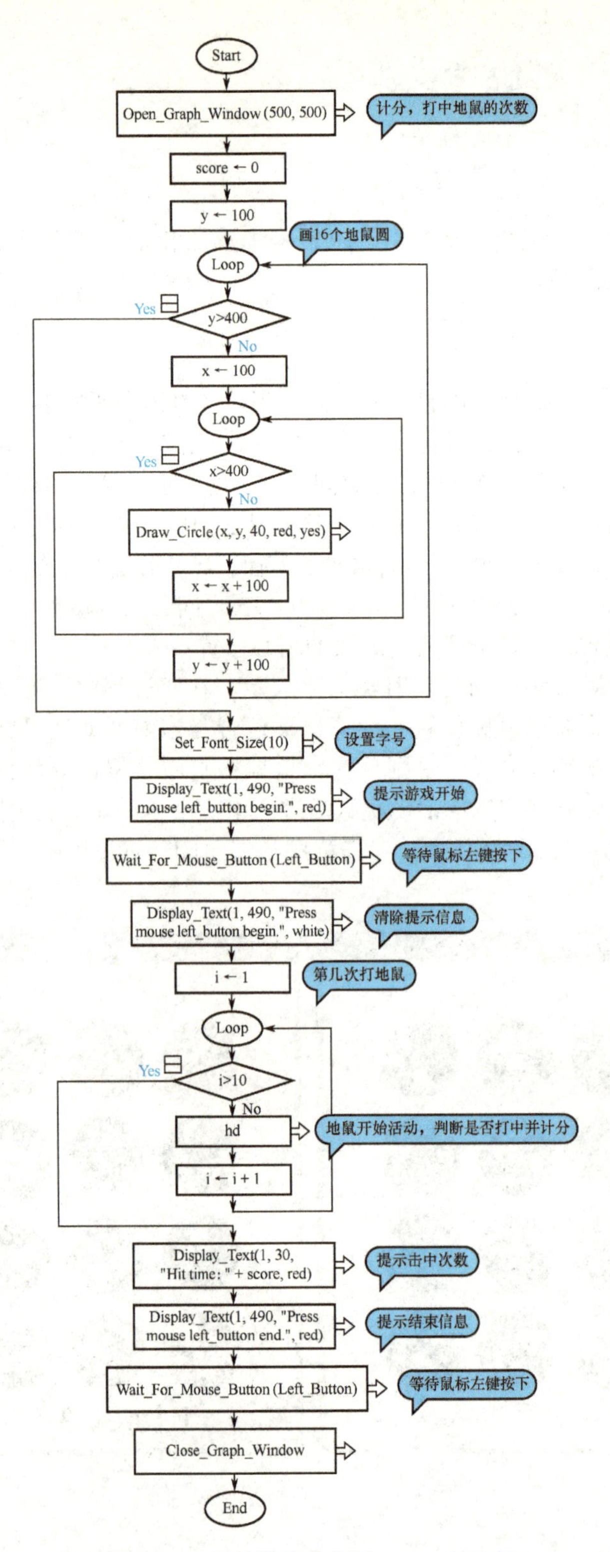

图 10-29　打地鼠游戏主图“main”示例

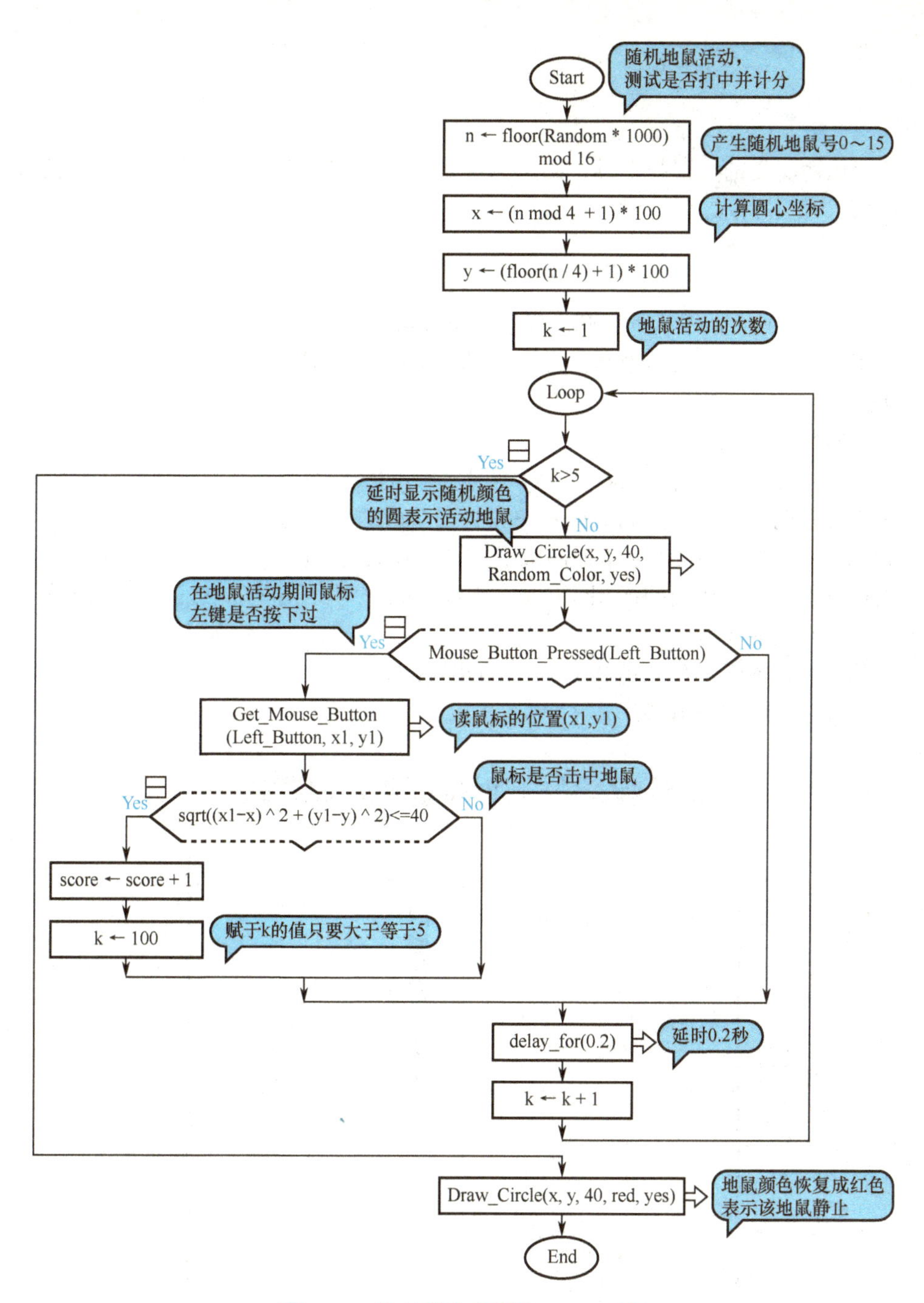

图 10-30　打地鼠游戏子图“hd”示例

10.10 实验十 综合实验二

一、实验目的和要求

综合运用所学的知识和工具、问题求解基本算法和基本策略以及实例中所运用的编程技巧求解实际问题。

二、实验内容

（1）如图10-31所示，计算圆的面积。**具体要求如下：**

· 用数值计算方法求图中圆的面积，圆的面积等于圆右上角即圆的四分之一面积乘以4。

算法思想：

将图中（300，300），（500，300）两点之间的线段 n 等分（本例选取 $n=1000$），每一等分相邻两点（x1，300），（x2，300）与对应的圆上两点的坐标（x1，y1），（x2，y2）构成了一个如图10-31所示的四边形；当 n 较大时，图中y1近似等于y2，小四边形的面积近似等于小块圆的面积；区间［300，500］里所有矩形的面积之和近似地等于四分之一圆的面积。

· 用圆面积数学计算公式PI * r^2计算出圆的面积。

参考程序主图如图10-32所示。

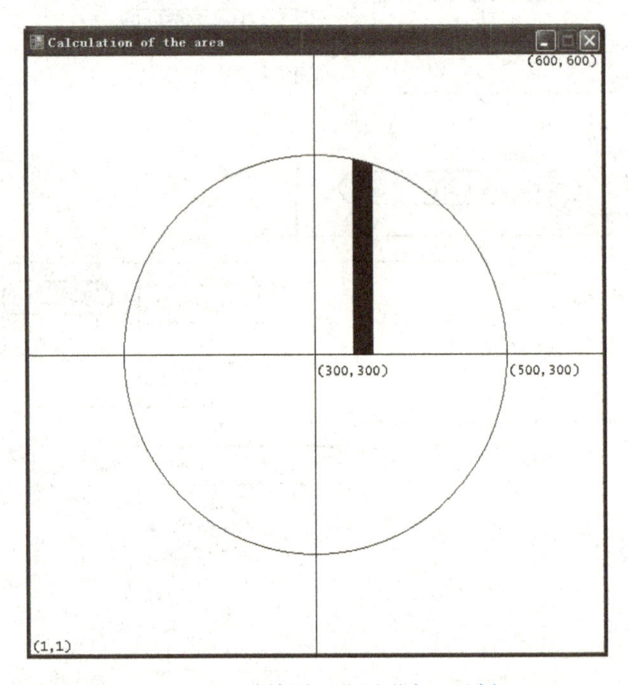

图10-31 计算圆面积图形窗口示例

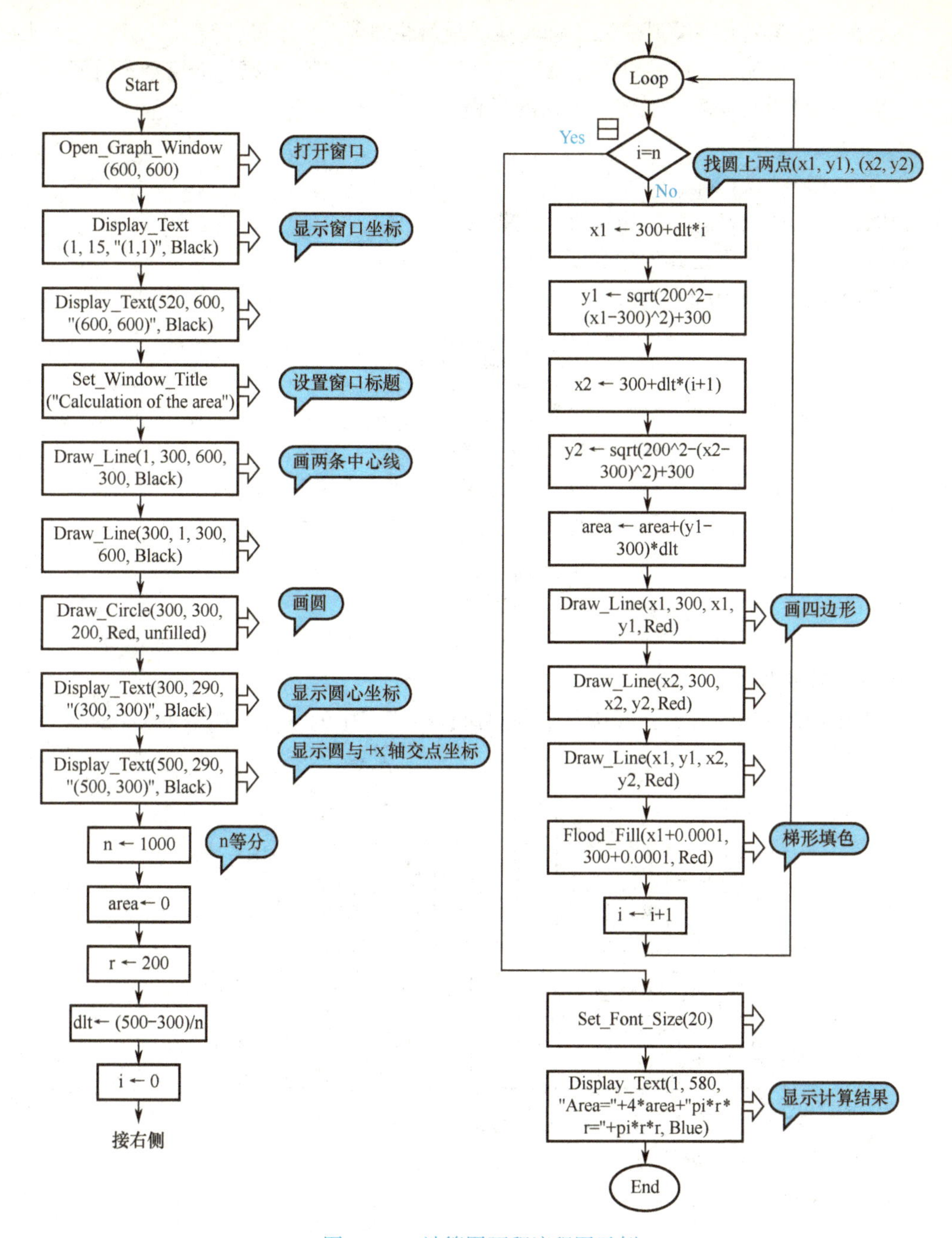

图 10-32 计算圆面积流程图示例

（2）学习本题中的数据加密知识，编程实现数据“对称密钥加密”的算法思想。要求如下：

- 明文由英文字母和空格组成；
- 对称密钥，如 k1 = k2 = 3；
- 加密时，遇英文字母则加 k1，即转换成其后面的第 3 个字母，‘x’，‘y’，‘z’ 用 ‘a’，‘b’，‘c’ 加密，‘X’，‘Y’，‘Z’ 用 ‘A’，‘B’，‘C’ 加密，遇空格不加密；

·解密时，遇英文字母则减k2，即转换成其前面的第3个字母，‘a’，‘b’，‘c’用‘x’，‘y’，‘z’解密，‘A’，‘B’，‘C’用‘X’，‘Y’，‘Z’解密，遇空格不解密。

·输入一段明文，演示加密、解密的过程。

数据加密知识介绍

① 数据加密的基本概念

目的：数据即使被窃取，也能保证数据安全；

重要性：数据加密是其他信息安全措施的基础；

基本概念：如图10-33所示。

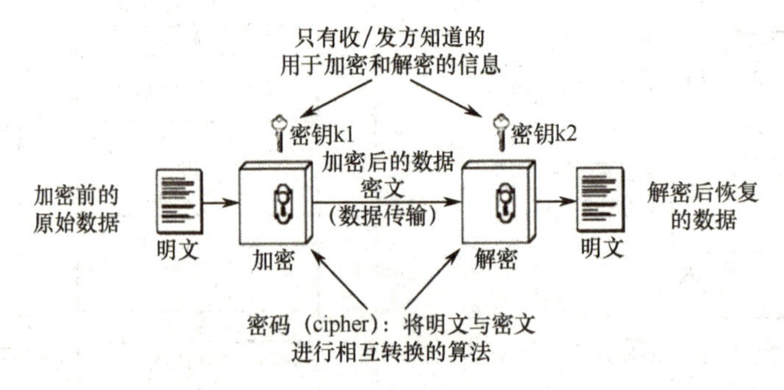

图10-33 数据加密的基本概念

② 加密算法的基本思想

改变明文中符号的排列，或按照某种规律置换明文中的符号，如图10-34所示。

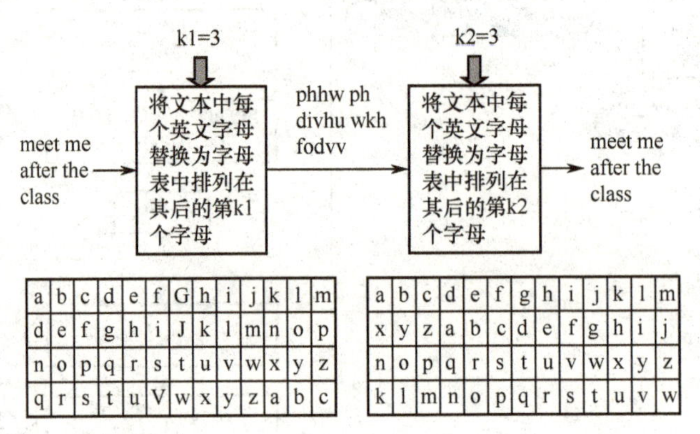

图10-34 加密算法基本思想及示例

③ 对称密钥加密解密方法

如图10-35所示。

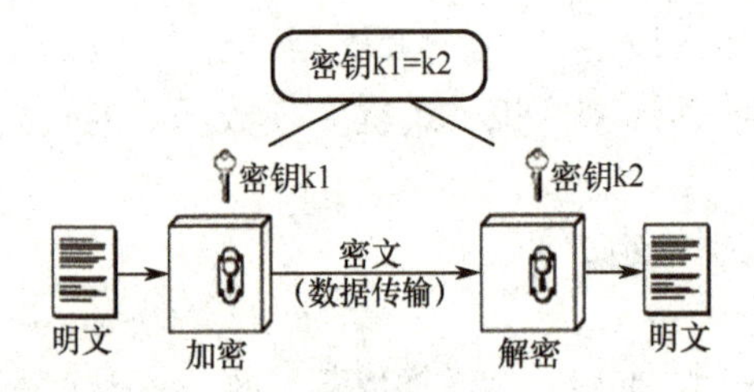

图10-35 对称密钥加密解密方法

特点：

加密的密钥也用于解密；

密钥越长，安全性越好；

计算量适中，速度快，适用于对大数据量消息的加密。

题目：对称密钥加密解密。

要求：

- 打开一个图形窗口，设置成宽为 360 像素，高为 150 像素；
- 将窗口的标题（title）设置为自己的学号；
- 将整个图形窗口设置成蓝色（blue）；
- 画三个矩形（并用 yellow 色填充）：
  第一个矩形的左上角坐标为（10，140），右下角坐标为（350，110）；
  第二个矩形的左上角坐标为（10，100），右下角坐标为（350，700）；
  第三个矩形的左上角坐标为（10，60），右下角坐标为（350，30）；
- 设置字体大小为 20；
- 利用输入语句从键盘输入由几个单词构成的字符串（单词之间用空格隔开）；
- 将输入的字符串显示在图形窗口的第一个矩形内（字母的显示颜色为红色）；
- 等待键盘按键进入加密阶段，调用加密子图（子图名：Convert_ ciphertext）完成加密（本例采用对称密钥加密解密，取 k1 = k2 = 3），将加密后的密文显示在图形窗口的第二个矩形框内（字母的显示颜色为红色）；
- 等待键盘按键进入解密阶段，调用解密子图（子图名：Deciphering）完成解密（本例采用对称密钥加密解密，取 k1 = k2 = 3），将解密后恢复的明文显示在图形窗口的第三个矩形框内（字母的显示颜色为红色）；
- 假设自己的学号为 10000，程序运行过程的效果如图 10-36 所示。

参考程序主图“main”如图 10-37 所示；

加密子图“Convert_ ciphertext”如图 10-38 所示；

解密子图“Deciphering”如图 10-39 所示。

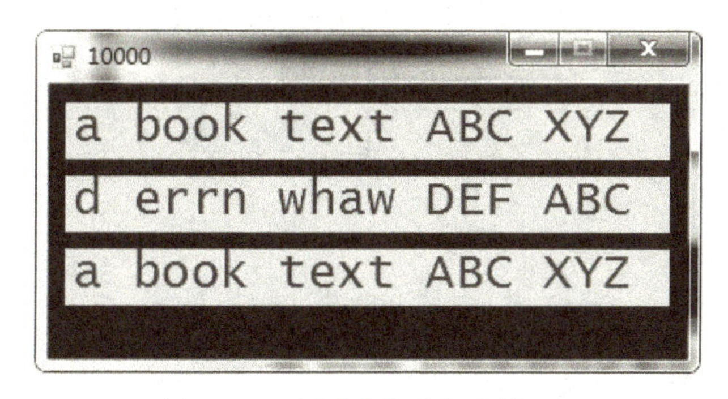

图 10-36 对称密钥加密解密效果图

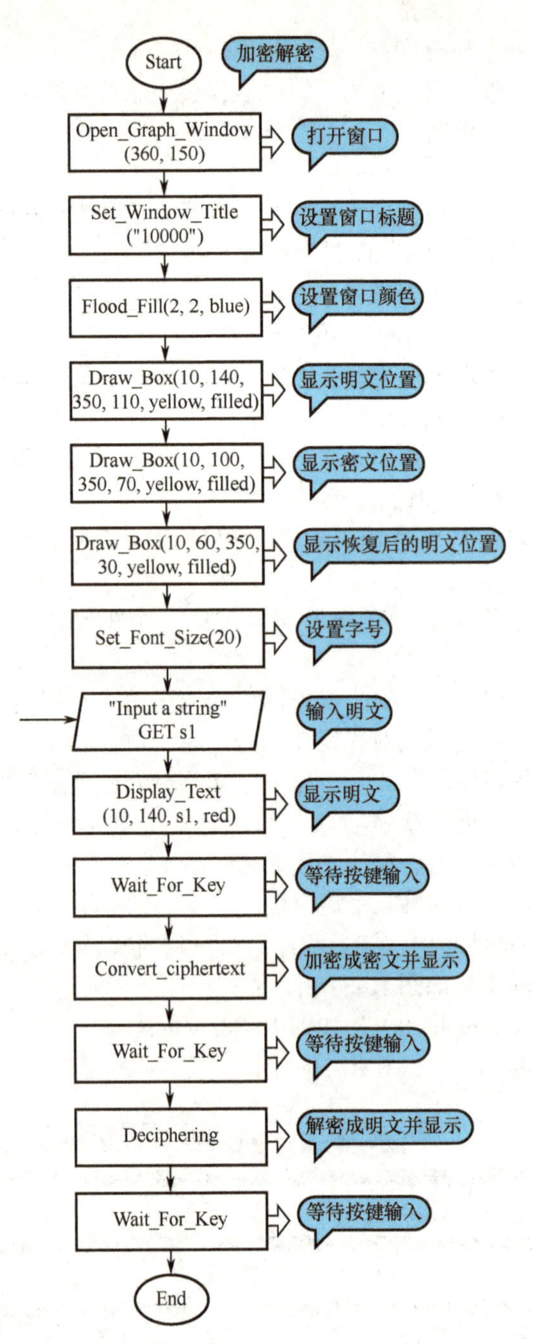

图 10-37 加密解密主图“main”示例

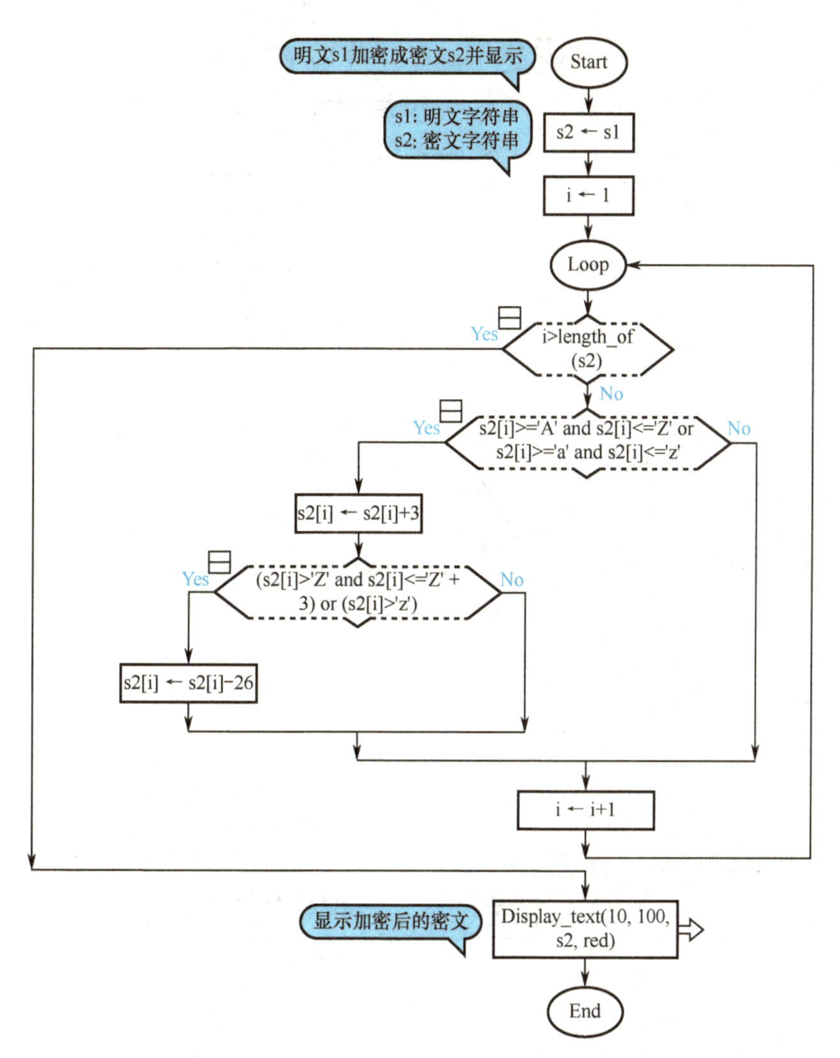

图 10-38　加密子图“Convert_ ciphertext”示例

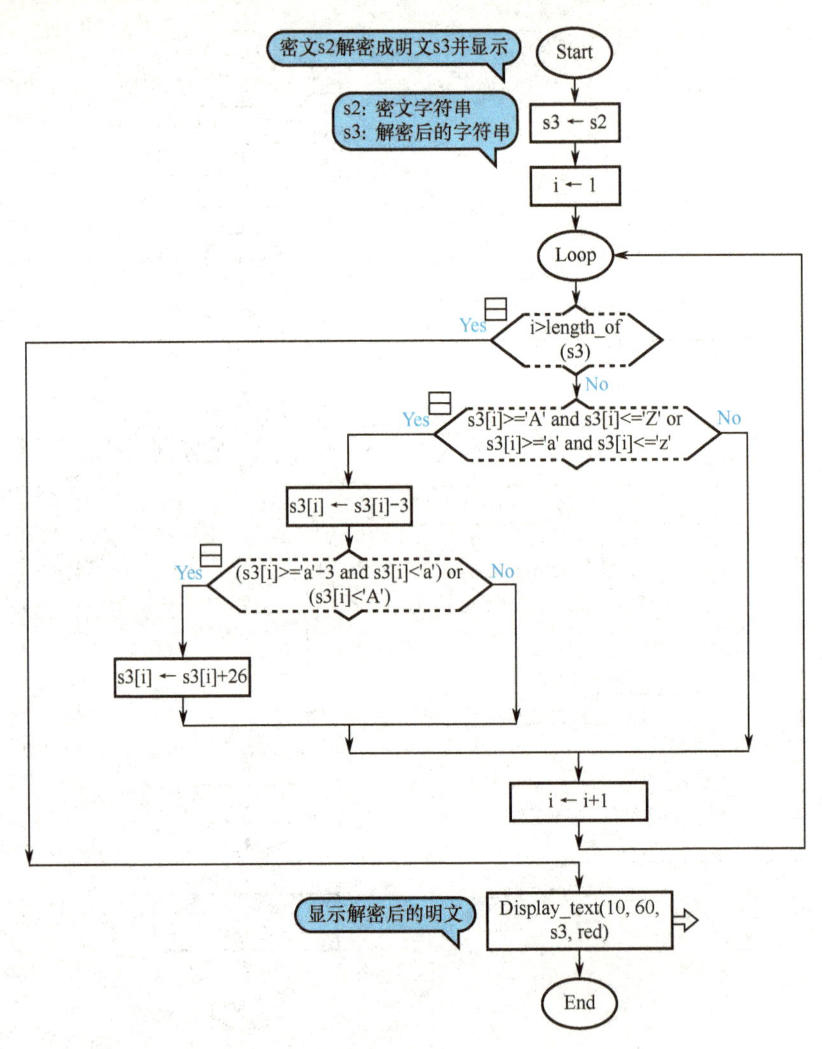

图 10-39　解密子图“Deciphering”示例

参 考 文 献

[1] Jeannette M. Wing. Computation thinking. Communications of the ACM, 49 (3), 2006.

[2] 陈国良，董荣胜．计算思维与大学计算机基础教育［J］．中国大学教育，2011，1：7-12.

[3] 战德臣，聂兰顺等．大学计算机——计算思维导论［M］．北京：电子工业出版社，2013.

[4] 战德臣，聂兰顺，徐晓飞．大学计算机——所有大学生都应学习的一门计算思维基础教育课程［J］．中国大学教学，2011（4）．

[5] 战德臣，聂兰顺，徐晓飞．计算之树——一种表述计算思维知识体系的多维框架［J］．工业和信息化教育．2013（6）．

[6] 何钦铭，陆汉权，冯博琴．计算机基础教学的核心任务是计算思维能力的培养［J］．中国大学教学，2010（9）．

[7] Tim Bell，Andrea Arpaci-Dusseau，Ian Witten，Isaac Freeman，Matt Powell，等著．孙俊峰，杨帆，译．不插电的计算机科学［M］．武汉：华中科技大学出版社，2010.

[8] 程向前，陈建明．可视化计算［M］．北京：清华大学出版社，2013.

[9] Martin C. Carlisle，Terry A. Wilson，Jeffrey W. Humphries，Steven M. Hadfield. RAPTOR：a visual programming environment for teaching algorithmic problem solving［C］．SIGCSE 05 Proceedings of the 36th SIGCSE technical symposium on Computer science education. 2005：176-180.

[10] Martin C. Carlisle，Terry A. Wilson，Jeffrey W. Humphries，Steven M. Hadfield. RAPTOR：introducing programming to non-majors with flowcharts［J］．Journal of Computing Sciences in Colleges. Volume 19 Issue 4，April，2004：52-60.

[11] Raptor 官网：http：//raptor. martincarlisle. com.

[12] Raptor 论坛：http：//raptorflowchart. freeforums. org.

[13] Niklaus Wirth. Algorithms + Data structure = Programs［M］．Prentice-hall Inc，1976.

[14] Thomas H. Cormen，Charles E. Leiserson，Ronald L. Rivest，Clifford Stein. 算法导论［M］．殷建平，徐云，王刚，等译．北京：机械工业出版社，2013.

[15] Mark AllenWeiss. 数据结构与算法分析：C 语言描述（原书第 2 版）［M］．冯舜玺译．北京：机械工业出版社，2004.

[16] Kenneth H. Rosen．离散数学及其应用（原书第 6 版）［M］．袁崇义，屈婉玲，张桂芸，等译．北京：机械工业出版社，2011.

[17] 战德臣，聂兰顺，等．大学计算机——计算与信息素养［M］．北京：高等教育出版社，2014.

[18] Randal E. Bryant，David R. O'Hallaron. 深入理解计算机系统（原书第 2 版）［M］．龚奕利，雷迎春，译．北京：机械工业出版社，2011.

[19] David Harel. Algorithmics. The Spirit of Computing. Addison-Wesley Educational Publishers Inc，3rd Revised edition，2004.

[20] Donald E. Knuth. 计算机程序设计艺术（第一卷 基本算法）［M］．苏运霖，译．北京：国防工业出版社，2007.